D. Gross • W. Hauger • J. Schröder
W.A. Wall • N. Rajapakse

Engenharia Mecânica

Estática

Tradução: Angelo Giuseppe Meira Costa (angico)

Revisão Técnica: Siderley Fernandes Albuquerque. Bel. em Engenharia Mecânica pela UFCG. Mestre e Doutor em Ciência e Engenharia de Materiais pela UFCG.

2ª Edição

EDITORA CIÊNCIA MODERNA

Do original:
Engineering Mechanics 1 – Statics (Second Edition)

Editor: Paulo André P. Marques
Produção Editorial: Dilene Sandes Pessanha
Capa: Daniel Jara
Diagramação: Daniel Jara
Tradução: Angelo Giuseppe Meira Costa (angico)
Revisão Técnica: Siderley Fernandes Albuquerque. Bel. em Engenharia Mecânica pela UFCG. Mestre e Doutor em Ciência e Engenharia de Materiais pela UFCG.

FICHA CATALOGRÁFICA

GROSS, Dietma, et al.

Engenharia Mecânica 1 - Estática - 2ª Edição

Rio de Janeiro: Editora Ciência Moderna Ltda., 2017.

1. Engenharia Mecânica
I — Título

ISBN: 978-85-399-0933-9 CDD 620.1

Editora Ciência Moderna Ltda.
R. Alice Figueiredo, 46 – Riachuelo
Rio de Janeiro, RJ – Brasil CEP: 20.950-150
Tel: (21) 2201-6662/ Fax: (21) 2201-6896
E-MAIL: LCM@LCM.COM.BR
WWW.LCM.COM.BR

06 /17

D. Gross • W. Hauger • J. Schröder
W.A. Wall • N. Rajapakse

Engenharia Mecânica

Estática

Tradução: Angelo Giuseppe Meira Costa (angico)

Revisão Técnica: Siderley Fernandes Albuquerque. Bel. em Engenharia Mecânica pela UFCG. Mestre e Doutor em Ciência e Engenharia de Materiais pela UFCG.

2ª Edição

Autores

Prof. Dr. Dietmar Gross
recebeu seu diploma de Engenharia em Mecânica Aplicada e seu Doutorado em Engenharia na Universidade de Rostock. Foi pesquisador associado na Universidade de Stuttgart e desde 1976 é professor de Mecânica na Universidade de Darmstadt. Seus interesses de pesquisa são principalmente focados em mecânica de sólidos modernos em macro e micro escala, incluindo materiais avançados

Prof. Dr. Werner Hauger
estudou Mecânica e Matemática Aplicada na Universidade de Karlsruhe e recebeu seu Ph.D. em Mecânica Teórica e Aplicada na Universidade Northwestern em Evanston. Trabalhou na indústria por vários anos; foi professor na Universidade Helmut-Schmidt em Hamburgo e foi para a Universidade de Darmstadt em 1978. Seus interesses de pesquisa são, dentre outros, a teoria da estabilidade, plasticidade dinâmica e biomecânica.

Prof. Dr. Jörg Schröder
estudou Engenharia Civil, recebeu seu Doutorado na Universidade de Hannover e qualificou-se na Universidade de Stuttgart. Foi professor de Mecânica na Universidade de Darmstadt e foi para a Universidade de Duisburg-Essen em 2001. Seus campos de pesquisa são a mecânica de continuum orientada por computador e teórica, a modelagem de materiais funcionais, bem como o prosseguimento do desenvolvimento do método de elemento finito.

Prof. Dr. Wolfgang A. Wall
estudou Engenharia Civil na Universidade de Innsbruck e recebeu seu Doutorado na Universidade de Stuttgart. Desde 2003 é professor de Mecânica na TU Munique e Chefe do Instituto de Mecânica Computacional. Seus interesses de pesquisa abrangem campos em mecânica computacional, incluindo tanto a mecânica de sólidos quanto a de fluidos. Seu foco recente está em problemas de multifísica e multiescala, bem como na biomecânica computacional.

Prof. Nimal Rajapakse
estudou Engenharia Civil na Universidade do Sri Lanka e recebeu o grau de Doutorado pelo Instituto de Tecnologia da Ásia, em 1983. Foi professor de Mecânica e Chefe de Departamento na Universidade de Manitoba e na Universidade de British Columbia. Atualmente é Coordenador de Ciências Aplicadas na Universidade Simon Fraser em Vancouver. Seus interesses de pesquisa incluem mecânica de materiais avançados e geomecânica.

Prefácio

Estática é mais um livro didático sobre Física/Mecânica. O segundo deles trata da *Dinâmica*. A versão original alemã desta série é bestseller didática de Engenharia Mecânica há quase três décadas e sua 11ª edição já foi publicada.

É nossa intenção apresentar a estudantes de engenharia os conceitos e princípios básicos de mecânica da maneira mais clara e simples possível. Um objetivo principal deste livro é auxiliar o estudante a desenvolver capacidades de solução de problemas de uma forma sistemática.

O livro é resultado de muitos anos de experiência de ensino adquirida pelos autores no ministério de cursos de mecânica para engenharia a estudantes de engenharia mecânica, civil e elétrica. O conteúdo do livro corresponde aos tópicos normalmente abordados em cursos de mecânica básica para engenharia em universidades e faculdades. A teoria é apresentada de uma forma tão simples quanto o assunto o permita, sem ser imprecisa. Esta estratégia torna o texto acessível a estudantes de diferentes disciplinas e com diferentes bases educacionais. Outro objetivo do livro é oferecer aos estudantes, bem como a engenheiros estagiários, uma base sólida para ajudá-los a preencher as lacunas entre os estudos de graduação, os cursos avançados de mecânica e os problemas práticos da engenharia.

Um entendimento profundo da teoria não ser adquirido pelo mero estudo de livros didáticos. A aplicação da teoria aparentemente simples a problemas reais de engenharia só pode ser dominada se o estudante assumir parte ativa na solução dos numerosos exemplos deste livro. Recomenda-se que o leitor tente resolver os problemas independentemente, sem recorrer às soluções dadas. Para demonstrar a principal forma de como aplicar a teoria, nós deliberadamente não pusemos nenhuma ênfase em soluções e resultados numéricos.

Como característica principal, o livro oferece as TM-Tools. Os estudantes podem resolver vários problemas de mecânica usando essas ferramentas. Elas podem ser encontradas no endereço web <www.springer.com/engineering/grundlagen/tm-tools>.

Na segunda edição, o texto foi revisado e parte da notação foi modificada para torná-la compatível com a notação comum nos países de língua inglesa. Para oferecer aos estudantes um material para desenvolvimento de seu potencial na solução de problemas, exemplos suplementares adicionais são fornecidos.

Reconhecemos gratamente o apoio e a cooperação da equipe da Springer que foi atenciosa com nossos anseios e nos ajudou a criar o arranjo atual dos livros.

Darmstadt, Essen, Munique e Vancouver, verão de 2012

D. Gross
W. Hauger
J. Schröder
W.A. Wall
N. Rajapakse

Introdução

A mecânica é a mais antiga dos ramos mais desenvolvidos da física. Como importante base da engenharia, sua relevância continua a aumentar com o crescimento de sua faixa de aplicações.

As atividades da mecânica incluem a descrição e determinação do movimento de corpos e a investigação das forças associadas ao movimento. Exemplos técnicos de tais movimentos são a roda giratória de um veículo, o fluxo de um fluido num duto, o voo de um avião e a órbita de um satélite. "Movimento", num sentido geral, inclui a deflexão de uma ponte ou a deformação de um elemento estrutural sob a influência de uma carga. Um caso especial importante é o estado de repouso; um prédio, uma barragem ou uma torre de televisão deve ser construída de tal forma que *não* se mova ou colapse.

A mecânica é baseada apenas em umas poucas leis da natureza que têm caráter *axiomático*. Estas são sentenças baseadas em numerosas observações e tidas como conhecimento de experiência. As conclusões tiradas dessas leis também são confirmadas pela experiência. Quantidades mecânicas tais como velocidade, massa, força, momento ou energia descrevendo as propriedades mecânicas de um sistema estão conectadas a esses axiomas e aos teoremas resultantes.

Corpos reais ou sistemas técnicos reais com suas propriedades multifacetadas não são considerados nos princípios básicos nem em suas aplicações a problemas técnicos. Em vez disso, modelos que possuem as características mecânicas essenciais dos corpos ou sistemas reais são investigados. Exemplos dessas idealizações são um *corpo rígido* ou uma *partícula*. É claro que um corpo ou um elemento estrutural real é sempre deformável em certo grau. Contudo, eles podem ser considerados *corpos rígidos* se a deformação não desempenhar um papel essencial no comportamento do sistema mecânico. Para investigar o caminho de uma pedra atirada pela mão ou a órbita de um planeta no sistema solar, normalmente basta visualizar esses corpos como *partículas*, já que suas dimensões são muito pequenas comparadas com as distâncias cobertas.

Em mecânica, usamos matemática como linguagem exata. Somente a matemática permite a formulação precisa sem referência a um certo lugar ou a um certo tempo, e permite descrever e compreender processos mecânicos. Se um engenheiro quiser resolver um problema técnico com o auxílio da mecânica, terá de substituir o sistema técnico real por um modelo que possa ser analisado matematicamente pela aplicação das leis básicas da mecânica. Por fim, a solução matemática tem de ser interpretada mecanicamente e avaliada tecnicamente.

Como é essencial aprender e entender os princípios básicos e sua correta aplicação desde o início, a questão da modelagem será omitida em grande parte deste texto, uma vez que ela exige um alto grau de competência e experiência. A análise mecânica de um sistema idealizado em que o sistema técnico real nem sempre pode ser reconhecido não é, no entanto, simplesmente um jogo irreal. Ele vai familiarizar os estudantes com os princípios da mecânica e, assim, permitir que eles resolvam problemas práticos de engenharia independentemente.

A mecânica pode ser classificada de acordo com vários critérios. Dependendo do estado do material sob consideração, fala-se da *mecânica dos sólidos*, da *hidrodinâmica* etc. Neste texto, vamos considerar apenas corpos sólidos, que podem ser classificados como *rígidos*, *elásticos* ou *plásticos*. No caso de um líquido, distingue-se entre um *sem atrito* e um *viscoso*. Novamente, as características *rígido*, *elástico* ou *viscoso* são idealizações que tornam as propriedades essenciais do material real acessíveis ao tratamento matemático.

De acordo com a principal atividade da mecânica, que é a investigação do estado de repouso ou movimento sob a ação de forças, a mecânica pode ser dividida em *estática* e *dinâmica*. A estática (do latim: status = permanência) lida com o equilíbrio de corpos sujeitos a forças. A dinâmica (do grego: dynamis = força) é subdividida em *cinemática* e *cinética*. A cinemática (do grego: kinesis = movimento) investiga o movimento de corpos sem referência a forças como causa ou resultado do movimento. Isso significa que ela lida com a geometria do movimento no tempo e no espaço, enquanto a cinética relaciona as forças envolvidas e o movimento.

Alternativamente, a mecânica pode ser dividida em *mecânica analítica* e *mecânica de engenharia*. Na mecânica analítica, os métodos analíticos da matemática são aplicados com o objetivo de se obter uma ideia principal das leis da mecânica. Aqui, detalhes dos problemas não têm nenhum interesse em particular. A mecânica de engenharia se concentra nas necessidades do profissional de engenharia. O engenheiro tem de analisar pontes, guindastes, prédios, máquinas, veículos ou componentes de microssistemas para determinar se eles são capazes de suportar certas cargas ou realizar certos movimentos.

A origem histórica da mecânica pode ser localizada na antiga Grécia, embora, claro, a ideia da mecânica derivada da experiência tenha sido aplicada a ferramentas e dispositivos muito antes. Vários marcos a respeito da estática foram dispostos pelos trabalhos de Arquimedes (287–212 aC): alavanca e fulcro, bloco e guindaste, centro de gravidade e flutuação. Nada mais de grande importância foi descoberto até o tempo da Renascença. Outros progressos foram feitos, então, por Leonardo da Vinci (1452–1519) com suas observações do equilíbrio sobre um plano inclinado, e por Simon Stevin (1548–1620) com sua descoberta da lei da composição de forças. As primeiras investigações sobre dinâmica podem ser encontradas em Galileo Galilei (1564–1642) que descobriu a lei da gravitação. As leis do movimento planetário de Johannes Kepler (1571–1630) e os numerosos trabalhos de Christian Huygens (1629–1695) levaram, por fim, à formulação das leis do movimento por Isaac Newton (1643–1727). Neste ponto, avanços tremendos foram iniciados, que seguiram de mãos dadas com o desenvolvimento da análise e estão associados à família Bernoulli (séculos 17 e 18), Leonhard Euler (1707–1783), Jean le Rond d'Alembert (1717–1783) e Joseph Louis Lagrange (1736–1813). Como resultado do progresso feito em métodos analíticos e numéricos – estes especialmente impulsionados pela tecnologia do computador – a mecânica, hoje, continua a expandir seu campo de aplicação e torna os problemas mais complexos acessíveis a análise exata. A mecânica também tem seu lugar em ramos de ciências tais como medicina, biologia e as ciências sociais através da aplicação da modelagem e da análise matemática.

Sumário

Capítulo 1

Capítulo 2

Capítulo 3

Capítulo 4

Capítulo 5

Capítulo 6

Capítulo 7

Capítulo 8

Capítulo 9

Apêndice A

Índice

Capítulo 1

Conceitos básicos

Objetivos: *Estática* é o estudo de forças que atuam sobre corpos que estão em equilíbrio. Para investigar problemas de estática, faz-se necessário estar familiarizado com alguns princípios de trabalho, termos e fórmulas básicos. De particular importância são o *método das seções*, a *lei da ação e reação* e o *diagrama de corpo livre*, uma vez que são usados para resolver quase todos os problemas de estática.

1.1 Força

O conceito de *força* pode ser tirado de nossa experiência diária. Embora as forças não possam ser vistas ou diretamente observadas, nós estamos familiarizados com seus efeitos. Por exemplo, uma mola helicoidal estica quando um peso é suspenso com ela ou quando ela é puxada. A tensão em nosso músculo contém uma sensação qualitativa da força na mola. Similarmente, uma pedra é acelerada pela força gravitacional durante a queda livre, ou por força muscular, quando ela é arremessada. Além disso, nós sentimos a pressão de um corpo sobre nossa mão, quando o levantamos. Considerando que a gravidade e seus efeitos são conhecidos por experiência, podemos caracterizar uma força como uma quantidade que é comparável à gravidade.

Na estática, corpos em repouso são investigados. Por experiência, sabemos que um corpo sujeito *apenas* ao efeito da gravidade, cai. Para impedir que uma pedra caia, para mantê-la em equilíbrio, precisamos exercer uma força sobre ela, por exemplo, nossa força muscular. Em outras palavras:

> Uma força é uma quantidade física que pode ser levada a equilíbrio com a gravidade.

1.2 Características e representação de uma força

Uma única força é caracterizada por três propriedades: magnitude, direção e ponto de aplicação.

O efeito quantitativo de uma força é dado por sua *magnitude*. Uma sensação qualitativa da magnitude é proporcionada por diferentes tensões musculares quando levantamos diferentes corpos ou quando pressionamos uma parede com intensidades variadas. A magnitude F de uma força pode ser medida comparando-a com a gravidade, isto é, com pesos calibrados ou padronizados. Se o corpo de peso W da figura 1.1 estiver em equilíbrio, então $F = W$. O "Newton", abreviado N (cf. seção 1.6), é usado como unidade de força.

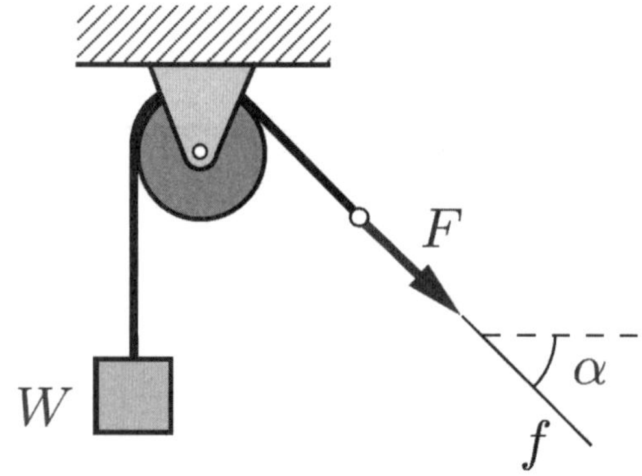

Figura 1.1

Por experiência, também sabemos que a força tem uma *direção*. Enquanto a gravidade tem sempre um efeito para baixo (na direção do centro da terra), podemos pressionar uma mesa de uma maneira perpendicular ou inclinada. A caixa sobre a superfície lisa na figura 1.2 vai se mover em diferentes direções, dependendo da direção da força exercida sobre ela. A direção da força pode ser descrita por sua *linha de ação* e seu senso de direção (orientação). Na figura 1.1, a linha de ação f da força F está inclinada a um ângulo α em relação à horizontal. O senso de direção é indicado pela seta.

Por fim, uma força única atua num certo *ponto de aplicação*. Dependendo da localização do ponto A da figura 1.2, a força causará diferentes movimentos da caixa.

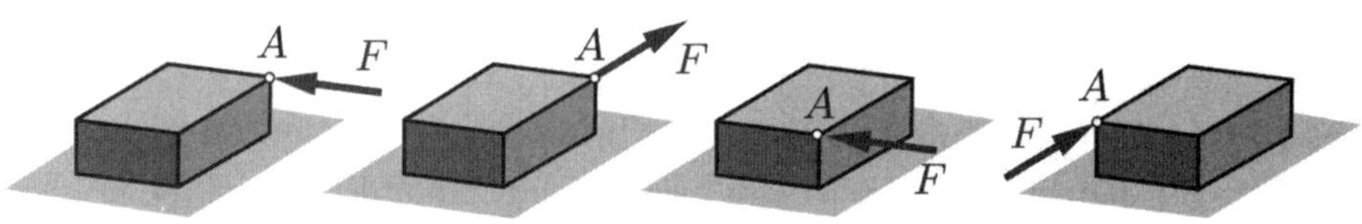

Figura 1.2

O valor determinado pela magnitude e pela direção é chamado de vetor. Em comparação com um vetor livre, que pode ser movido arbitrariamente no espaço, desde que mantenha sua direção, uma força está atrelada a sua linha de ação e tem um ponto de aplicação. Assim, concluímos:

A força é um vetor atrelado.

De acordo com a notação padrão de vetores, uma força é denotada por uma letra em negrito, por exemplo, por $\boldsymbol{F}$, e sua magnitude por $|\boldsymbol{F}|$ ou simplesmente por F. Em figuras, uma força é representada por uma seta, como mostrado nas figuras 1.1 e 1.2. Como o caráter de vetor é comumente determinado exclusivamente por meio da seta, normalmente basta escrever-se apenas a magnitude F da força ao lado da seta.

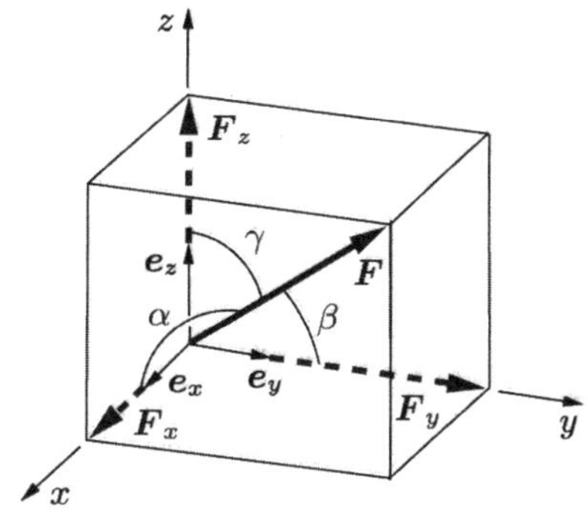

Figura 1.3

Em coordenadas cartesianas (veja a figura 1.3 e o apêndice A.1), o vetor força pode ser representado usando-se os vetores unitários $\boldsymbol{e}_x$, $\boldsymbol{e}_y$, $\boldsymbol{e}_z$ por

$$\boldsymbol{F} = \boldsymbol{F}_x + \boldsymbol{F}_y + \boldsymbol{F}_z = F_x\boldsymbol{e}_x + F_y\boldsymbol{e}_y + F_z\boldsymbol{e}_z. \tag{1.1}$$

Aplicando-se o teorema de Pitágoras no espaço, a magnitude F do vetor força é dada por

$$F = \sqrt{F_x^2 + F_y^2 + F_z^2}. \tag{1.2}$$

Os ângulos de direção e, consequentemente, a direção da força, segue de

$$\cos\alpha = \frac{F_x}{F}, \quad \cos\beta = \frac{F_y}{F}, \quad \cos\gamma = \frac{F_z}{F}. \tag{1.3}$$

1.3 O corpo rígido

Um corpo é dito *corpo rígido* se não se deformar sob a influência de forças; as distâncias entre diferentes pontos do corpo permanecem constantes. Esta é, claro, uma idealização de um corpo real composto de um material razoavelmente rígido, que, em muitos casos, serve de boa aproximação. Pela experiência com tais corpos, sabe-se que uma força única pode ser aplicada em qualquer ponto da linha de ação sem mudar seu efeito sobre o corpo como um todo (*princípio da transmissibilidade*).

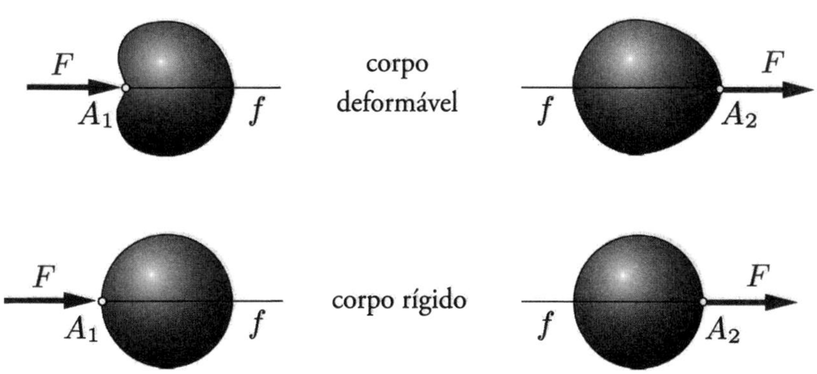

Figura 1.4

Este princípio é ilustrado na figura 1.4. No caso de uma esfera deformável, o efeito da força depende do ponto de aplicação. Ao contrário, numa esfera rígida, o efeito da força ***F*** sobre todo o corpo é o mesmo, independente do corpo ser puxado ou empurrado. Em outras palavras:

O efeito de uma força sobre um corpo rígido é independente da localização do ponto de aplicação na linha de ação. As forças atuantes sobre corpos rígidos são "vetores deslizantes": eles podem ser arbitrariamente movidos ao longo de suas linhas de ação.

Um deslocamento paralelo de forças muda seu efeito consideravelmente. Como a experiência mostra, um corpo com peso ***W*** pode ser mantido em equilíbrio se for apropriadamente apoiado (abaixo do centro de gravidade) pela força ***F***, onde ***F*** = ***W*** (figura 1.5a). Deslocando-se a força ***F*** de forma paralela, faz-se com que o corpo gire (figura 1.5b).

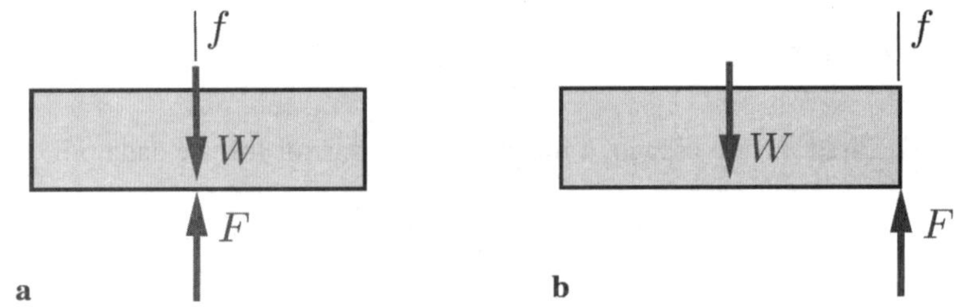

Figura 1.5

1.4 Classificação das forças, diagrama de corpo livre

Uma força única com uma linha de ação e um ponto de aplicação, chamada de *força concentrada*, é uma idealização que, na realidade, não existe. Ela é quase produzida quando um corpo é carregado sobre um arame fino ou a ponta de uma agulha. Na natureza, só existem dois tipos de força: forças de volume e forças de superfície ou área.

Uma *força de volume* é aquela que é distribuída pelo volume de um corpo, ou uma porção deste. O peso é um exemplo de força de volume. Cada ínfima partícula (elemento d*V* de volume infinitesimal) de todo o volume tem um certo peso d*W* pequeno (infinitesimal) (figura 1.6a). A soma dos elementos de força d*W*, que são igualmente distribuídos pelo volume, produz o peso total *W*. Outros exemplos de forças de volume incluem forças magnéticas e elétricas.

Forças de área ocorrem nas regiões em que dois corpos estão em contato. Exemplos de forças distribuídas por uma área incluem a pressão *p* da água numa represa (figura 1.6b), a carga da neve num telhado ou a pressão de um corpo sobre uma mão.

Uma idealização a mais usada em mecânica é a *força de linha*, que se compõe de forças que são igualmente distribuídas ao longo de uma linha. Se uma lâmina for pressionada contra um objeto, e a espessura finita da lâmina for desconsiderada, a força de linha *q* vai atuar ao longo da linha de contato (figura 1.6c).

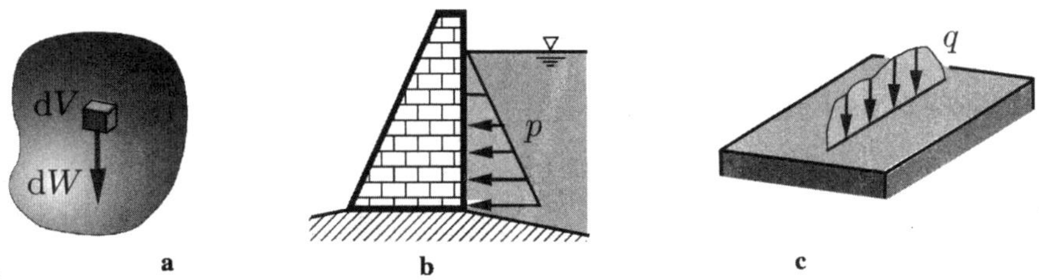

Figura 1.6

As forças também podem ser classificadas de acordo com outros critérios. *Forças ativas* referem-se a forças fisicamente prescritas num sistema mecânico, como, por exemplo, o peso, a pressão do vento ou a carga de neve sobre um telhado.

Forças de reação são geradas se a liberdade de movimento de um corpo for restrita. Por exemplo, uma pedra cadente está sujeita apenas a uma força ativa, devida à gravidade, isto é, seu peso. Porém, quando a pedra é segura na mão, sua liberdade de movimento é restrita; a mão exerce uma força de reação sobre a pedra.

Forças de reação só podem ser visualizadas se o corpo for separado de suas restrições geométricas. Este procedimento é chamado de *liberação* ou *isolamento* do corpo. Na figura 1.7a, uma viga é carregada com uma força ativa W. Os apoios A e B impedem que a viga se mova: eles agem sobre ela através das forças de reação que, para fins de simplicidade, são também denotadas por A e B. Essas forças de reação são tornadas visíveis nos chamados *diagramas de corpo livre* (figura 1.7b). Ele mostra as forças que atuam sobre o corpo, em vez das restrições geométricas dos apoios. Através desta "liberação", as forças relevantes se tornam acessíveis à análise (cf. capítulo 5). Este procedimento ainda é válido quando um sistema mecânico torna-se móvel (dinâmico) devido à liberação. Neste caso, o sistema é visto como imobilizado quando as forças de reação são determinadas. Isso é conhecido como o *princípio da solidificação* (cf. seção 5.3).

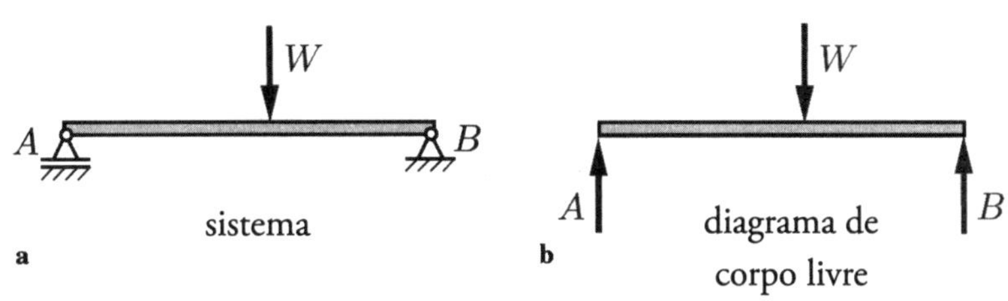

Figura 1.7

Uma classificação a mais é introduzida pela distinção entre *forças externas* e *forças internas*. Uma *força externa* atua de fora sobre um sistema mecânico. Forças ativas, bem como forças de reação, são forças externas. *Forças internas* atuam entre as partes de um sistema. Elas também só podem ser visualizadas por meio do corte imaginário, ou *seccionamento*, do corpo. Se o corpo da figura 1.8a for seccionado por um corte imaginário, as forças p da área interna distribuídas pela seção cruzada devem ser incluídas no diagrama de corpo livre; elas substituem a ligação inicialmente perfeita entre as duas superfícies expostas (figura 1.8b). Este procedimento é baseado na hipótese, que é confirmada pela experiência, de que as leis da mecânica são igualmente válidas para partes do sistema. Em conformidade, o sistema consiste inicialmente do corpo completo em repouso. Após o corte, ele consiste de duas partes que atuam uma sobre a outra através de forças de área de tal forma que cada parte está em equilíbrio. Este procedimento, que permite o cálculo das forças internas, é chamado de *método das seções*. Ele é válido tanto para sistemas em equilíbrio quanto para aqueles em movimento.

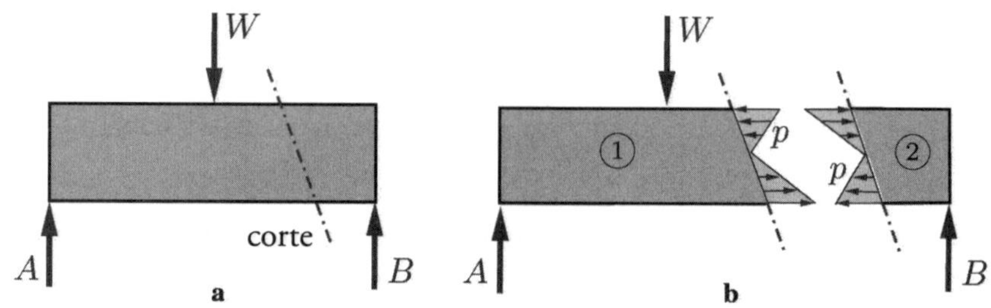

Figura 1.8

A classificação de uma força como externa ou interna depende do sistema a ser investigado. Se todo o corpo da figura 1.8a for considerado como o sistema, então as forças que se tornam expostas pelo corte são internas: elas atuam entre as partes do sistema. Por outro lado, se apenas a parte ① ou apenas a parte ② do corpo da figura 1.8b for considerada como o sistema, as forças correspondentes serão externas.

Como dito na seção 1.3, uma força que atua sobre um corpo rígido pode ser deslocada ao longo de sua linha de ação sem mudar seu efeito sobre o corpo. Consequentemente, o princípio da transmissibilidade pode ser usado na análise das forças externas. Contudo, em geral, esse princípio não pode ser aplicado a forças internas. Neste caso, o corpo é seccionado por cortes imaginários; importa, portanto, se uma força externa atua sobre uma ou outra parte.

A importância, na engenharia, de forças internas é derivada do fato de que suas magnitudes é uma medida da tensão no material.

1.5 Lei da ação e reação

Uma lei universalmente aceita, com base na experiência diária, é a *lei da ação e reação*. Este axioma afirma que uma força sempre tem uma força de contrapartida da mesma magnitude, mas em direção oposta. Assim, uma força jamais pode existir isolada. Se uma mão é pressionada contra uma parede, a mão exerce uma força F sobre a parede (figura 1.9a). Uma força oposta, da mesma magnitude, atua da parede sobre a mão. Essas forças podem ser tornadas visíveis se os dois corpos forem separados na área de contato. Note que as forças atuam sobre dois corpos diferentes. Analogamente, um corpo sobre a terra tem um certo peso W devido à gravidade. Porém, o corpo atua sobre a terra com uma força de igual magnitude: eles se atraem um ao outro (figura 1.9b).

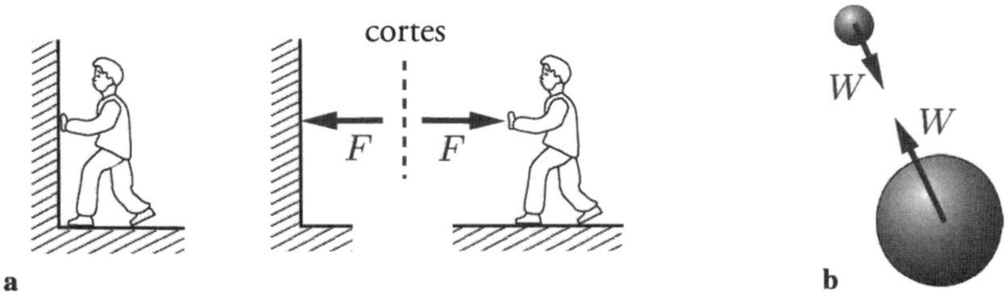

Figura 1.9

Em resumo:

> As forças que dois corpos exercem um sobre o outro são da mesma magnitude mas de direções opostas e se encontram na mesma linha de ação.

Este princípio, que Newton sucintamente expressou em latim como

> actio = reactio

é o terceiro dos axiomas de Newton. Ele é válido tanto para forças de ampla faixa, quanto para as de faixa reduzida, e é independente dos corpos estarem em repouso ou em movimento.

1.6 Dimensões e unidades

Em mecânica, as três quantidades físicas básicas – comprimento, tempo e massa – são consideradas. Força é outro importante elemento a ser considerado; porém, do ponto de vista físico, força é uma quantidade derivada. Todas as demais quantidades mecânicas, tais como velocidade, momento ou energia podem ser expressos por essas quatro quantidades. O espaço geométrico em que os processos mecânicos ocorrem é tridimensional. No entanto, como simplificação, a discussão é limitada, às vezes, a problemas bidimensionais ou, em alguns casos, a unidimensionais.

Associadas ao comprimento, ao tempo, à massa e à força estão suas dimensões $[l]$, $[t]$, $[M]$ e $[F]$. De acordo com o sistema internacional de unidades SI (Système International d'Unités), elas são expressas usando-se as unidades básicas metro (m), segundo (s) e quilograma (kg) e a unidade derivada newton (N). Uma força de 1 N dá a uma massa de 1 kg a aceleração de 1 m/s^2: 1 N = 1 kg m/s^2. Forças de volume têm a dimensão de força por volume $[F/l^3]$ e são medidas, por exemplo, como múltiplos da unidade N/m^3. Similarmente, forças de área e de linha têm as dimensões $[F/l^2]$ e $[F/l]$, e as unidades N/m^2 e N/m, respectivamente.

A magnitude de uma quantidade física é completamente expressa por um número e uma unidade. As notações F = 17 N ou l = 3 m representam uma força de 17 newtons ou uma distância de 3 metros, respectivamente. Em cálculos numéricos, as unidades são tratadas da mesma forma que os números. Por exemplo, usando-se as quantidades acima, $F \cdot l$ = 17 N · 3 m = 17 · 3 Nm = 51 Nm. Em equações físicas, cada lado e cada termos aditivo deve ter a mesma dimensão. Deve-se ter isso sempre em mente quando equações forem formuladas ou verificadas.

Quantidades muito grandes ou muito pequenas são geralmente expressas acrescentando-se prefixos às unidades de metro, segundo, newton e assim por diante: k (kilo = 10^3), M (mega = 10^6), G (giga = 10^9) e m (mili = 10^{-3}), μ (micro = 10^{-6}), n (nano = 10^{-9}), respectivamente; por exemplo, 1 kN = 10^3 N.

Tabela 1.1

	Unidade padrão nos EUA	Equivalente no SI
Extensão	1 pé	0,3048 m
	1 polegada (12 pol = 1 pé)	25.4 mm
	1 jarda (1 jd = 3 péś)	0,9144 m
	1 milha	1,609344 km
Força	1 libra	4,4482 N
Massa	1 slug	14,5939 kg

Nos Estados Unidos e em alguns países falantes do inglês, o sistema padrão americano de unidades ainda é frequentemente usado, embora o sistema SI seja recomendado. Nesse sistema, comprimento, tempo, força e massa são expressos usando-se as unidades básicas pé, segundo (s), libra (lb) e a unidade derivada de massa, chamada *slug*: 1 slug = 1 lbs^2/pé. Como múltiplos e submúltiplo de comprimento, a polegada (pol), a jarda (jd) e a milha (mi) são usadas. Na tabela 1.1 fatores de conversão comuns são listados.

1.7 Solução de problemas de estática, precisão

Para resolver problemas de engenharia, no campo da mecânica, é necessário um cuidadoso procedimento que depende até certo ponto do tipo de problema. De qualquer forma, é importante que os engenheiros se expressem claramente e de um modo que possa ser prontamente entendido, já que têm de apresentar a formulação bem como a solução de um problema a outros engenheiros e a pessoas sem nenhuma base de engenharia. Essa clareza é igualmente importante para seu próprio processo de entendimento, uma vez que formulações claras e precisas são a chave para uma correta solução. Embora, como já mencionado, não haja nenhum esquema fixo para o tratamento de problemas de mecânica, os passos seguintes são normalmente necessários:

1. Formulação do problema de engenharia;
2. Estabelecimento de um modelo mecânico que mapeie todas as características essenciais do sistema real. Considerações relacionadas com a qualidade do mapeamento;
3. Solução do problema mecânico usando o modelo estabelecido. Isso inclui:
   - Identificação dos valores dados e incógnitos. Isso normalmente é feito com o auxílio de um esboço do sistema mecânico. Símbolos devem ser atribuídos aos valores incógnitos;
   - Desenho do diagrama de corpo livre com todas as forças atuantes sobre o sistema;
   - Formulação das equações mecânicas, p.ex., as condições de equilíbrio;
   - Formulação das relações geométricas (se necessário);

- Solução das equações para as incógnitas. Deve-se assegurar, antecipadamente, que o número de equações seja igual ao número de incógnitas;
- Exposição dos resultados;

4. Discussão e interpretação da solução.

Nos exemplos dados neste livro, normalmente o modelo mecânico é fornecido, e o passo 3 é concentrado nele, especificamente a solução de problemas mecânicos na base de modelos. De qualquer forma, deve-se ter em mente que esses modelos são mapeamentos de corpos ou sistemas reais, cujos comportamentos podem, às vezes, ser julgados a partir da experiência do dia a dia. Portanto, é sempre útil comparar os resultados de um cálculo com expectativas baseadas na experiência.

Com relação à precisão dos resultados, é necessário distinguir-se entre a precisão numérica dos cálculos e a precisão do modelo. Um resultado numérico depende da precisão dos dados de entrada e da precisão de nosso cálculo. Assim, os resultados jamais podem ser mais precisos que os dados de entrada. Consequentemente, os resultados jamais devem ser expressos de uma maneira que sugira uma precisão não existente (p.ex., por tantos dígitos na casa decimal).

A precisão do resultado com relação ao comportamento do sistema real depende da qualidade do modelo. Por exemplo, a trajetória de uma pedra que foi lançada pode ser determinada levando-se em conta a resistência do ar ou ignorando-se esta. Os resultados, em cada caso, vão ser diferentes, claro. É trabalho do engenheiro desenvolver um modelo de tal forma que ele tenha o potencial de fornecer a precisão necessária para o problema concreto.

1.8 Resumo

- A estática lida com corpos que estão em equilíbrio.
- Uma força que atua sobre um corpo rígido pode ser representada por um vetor que pode ser deslocado arbitrariamente ao longo de sua linha de ação.
- Uma força ativa é regida por uma lei da física. Exemplo: o peso de um corpo devido ao campo gravitacional da terra.
- Uma força de reação é induzida pela liberdade restrita de movimento de um corpo.
- Método das seções: forças de reação e forças internas podem ser tornadas visíveis por meio de cortes virtuais e, desta forma, tornadas acessíveis para uma análise.
- Diagrama de corpo livre: representação de todas as forças ativas e de reação que atuam sobre um corpo isolado. Nota: partes móveis do corpo podem ser vistas como "congeladas" (princípio da solidificação).
- Lei de ação e reação: actio = reactio.
- As quantidades físicas básicas são comprimento, massa e tempo. A força é uma quantidade derivada: 1 N = 1 kg m/s^2.
- Em mecânica, modelos idealizados são investigados, os quais têm as características essenciais dos corpos ou sistemas reais. Exemplos de tais idealizações: corpo rígido, força concentrada.

Capítulo 2

Forças com um ponto de aplicação comum

Objetivos: Neste capítulo, sistemas de forças concentradas que têm um ponto de aplicação comum são investigadas. Tais forças são chamadas de *forças concorrentes*. Note que forças sempre atuam sobre um corpo; não existe força sem ação sobre um corpo. No caso de um corpo rígido, as forças que atuam sobre ele não têm de ter o mesmo ponto de aplicação; basta que ocorra a interseção de suas linhas de ação num ponto comum. Como, neste caso, os vetores força são vetores deslizantes, eles podem ser aplicados a qualquer ponto ao longo de suas linhas de ação, sem mudar seu efeito sobre o corpo (princípio da transmissibilidade). Se todas as forças atuantes sobre um corpo atuarem num plano, elas serão chamadas de *forças coplanares*.

Os estudantes vão aprender, neste capítulo, a determinar a resultante de um sistema de forças concorrentes e a resolver vetores força nas direções dadas. Também vão aprender a isolar corretamente o corpo sob consideração e traçar um diagrama de corpo livre para poder formular as condições de equilíbrio.

2.1 Soma de forças num plano

Considere um corpo que está sujeito a duas forças $\boldsymbol{F}_1$ e $\boldsymbol{F}_2$, cujas linhas de ação fazem interseção num ponto A (figura 2.1a). Postula-se que as duas forças podem ser substituídas por uma força $\boldsymbol{R}$ estaticamente equivalente. Este postulado é um axioma; ele é conhecido como o *lei do paralelogramo de forças*. A força $\boldsymbol{R}$ é chamada de *resultante* de $\boldsymbol{F}_1$ e $\boldsymbol{F}_2$. Ela é a diagonal do paralelogramo para a qual $\boldsymbol{F}_1$ e $\boldsymbol{F}_2$ são lados adjacentes. O axioma pode ser expresso da seguinte maneira:

> O efeito de duas forças não paralelas $\boldsymbol{F}_1$ e $\boldsymbol{F}_2$ que atuam num ponto A de um corpo é o mesmo que o de uma força única $\boldsymbol{R}$ que atue no mesmo ponto e que é obtida como a diagonal do paralelogramo formado por $\boldsymbol{F}_1$ e $\boldsymbol{F}_2$.

A construção do paralelogramo é a representação geométrica da soma dos vetores (veja o apêndice A.1):

$$\boldsymbol{R} = \boldsymbol{F}_1 + \boldsymbol{F}_2. \tag{2.1}$$

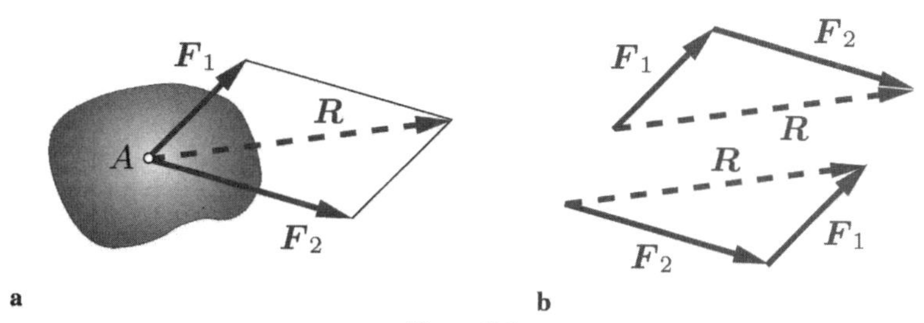

Figura 2.1

Agora, considere um sistema de *n* forças que se encontram num plano e cujas linhas de ação fazem interseção num ponto *A* (figura 2.2a). Tal sistema é chamado de *coplanar* de *forças concorrentes*. A resultante pode ser obtida pela aplicação sucessiva da lei do paralelogramo de forças. Matematicamente, a soma pode ser escrita na forma da seguinte equação vetorial:

$$\boldsymbol{R} = \boldsymbol{F}_1 + \boldsymbol{F}_2 + \ldots + \boldsymbol{F}_n = \sum \boldsymbol{F}_i \qquad (2.2)$$

Como o sistema de forças é reduzido a uma única força, este processo é chamado de *redução*. Note que as forças que atuam sobre um corpo rígido são vetores deslizantes. Portanto, elas não têm de atuar no ponto *A*; apenas suas linhas de ação têm de fazer interseção neste ponto.

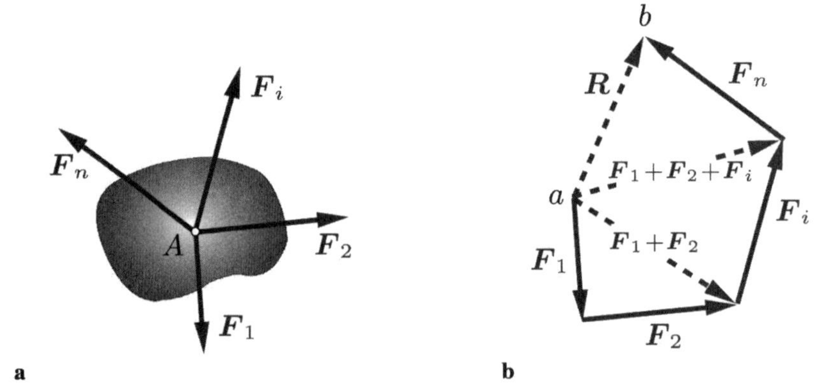

Figura 2.2

Não é necessário desenhar todo o paralelogramo para se determinar graficamente a resultante; basta traçar o *triângulo de forças*, como mostrado na figura 2.1b. Esse procedimento tem a desvantagem de as linhas de ação não poderem ser vistas fazendo interseção num ponto. Essa desvantagem, porém, é mais que compensada pelo fato de que a construção pode ser facilmente estendida para um número arbitrário de forças, cujos vetores são adicionados, origem de um na extremidade do anterior, como mostrado na figura 2.2.b. A sequência da adição é arbitrária; em particular, é irrelevante qual vetor é escolhido para ser o primeiro. A resultante $\boldsymbol{R}$ é o vetor que aponta do ponto inicial *a* para a extremidade final *b* do *polígono de forças*.

É apropriado usar um *plano de arranjo* (também chamado de diagrama de arranjo) para resolver um problema graficamente. Esse plano de arranjo representa as especificações geométricas do problema; em geral, ele tem de ser desenhado em escala (p.ex., 1 cm ≙ 1 m). No caso de um sistema de forças concorrentes, ele só contém as linhas de ação das forças. O polígono de forças é construído num plano de forças. No caso de uma solução gráfica, ele deve ser desenhado usando-se uma escala (p.ex., 1 cm ≙ 10 N).

Alguns problemas são resolvidos apenas com a ajuda de um esboço do plano de forças. A solução é obtida do plano de forças, por exemplo, por trigonometria. Então, é necessário desenhar o plano em escala. O método correspondente é parcialmente gráfico e parcialmente analítico e pode ser chamado de método "gráfico-analítico". Este procedimento é aplicado, por exemplo, nos exemplos 2.1 e 2.4.

Exemplo 2.1 Um gancho suporta duas forças F_1 e F_2, que definem o ângulo α (figura 2.3a).

Determine a magnitude e a direção da resultante.

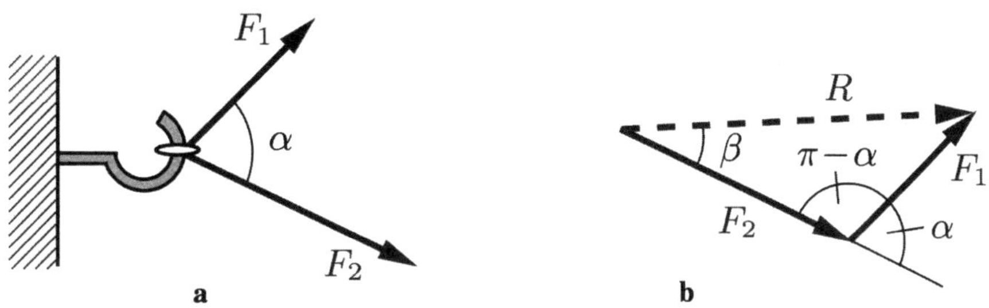

Figura 2.3

Solução Como o problema será resolvido por trigonometria (e como as magnitudes das forças não são dadas numericamente), um esboço do triângulo de forças é desenhado, mas não em escala (figura 2.3b).

Consideramos que as magnitudes das forças F_1 e F_2 e o ângulo α são valores conhecidos neste plano de forças. Então, a magnitude da resultante provém da lei dos cossenos:

$$R^2 = F_1^2 + F_2^2 - 2F_1F_2 \cos(\pi - \alpha)$$

ou

$$R = \sqrt{F_1^2 + F_2^2 + 2F_1F_2 \cos\alpha}.$$

O ângulo β fornece a direção da resultante R com relação à força F_2 (figura 2.3b). A lei dos senos resulta em

$$\frac{sen\beta}{sen(\pi - \alpha)} = \frac{F_1}{R}.$$

Introduzindo o resultado de R e usando a relação trigonométrica sen $(\pi - \alpha)$ = sen α, obtemos

$$sen\beta = \frac{F_1 sen\alpha}{\sqrt{F_1^2 + F_2^2 + 2F_1F_2 \cos\alpha}}.$$

Os estudantes podem resolver este problema e muitos outros relacionados à adição de forças coplanares com o auxílio da TM-Tool "Resultante de Sistemas de Forças Coplanares" (veja captura de tela). Esta e outras TM-Tools podem ser encontradas no endereço web dado no prefácio.

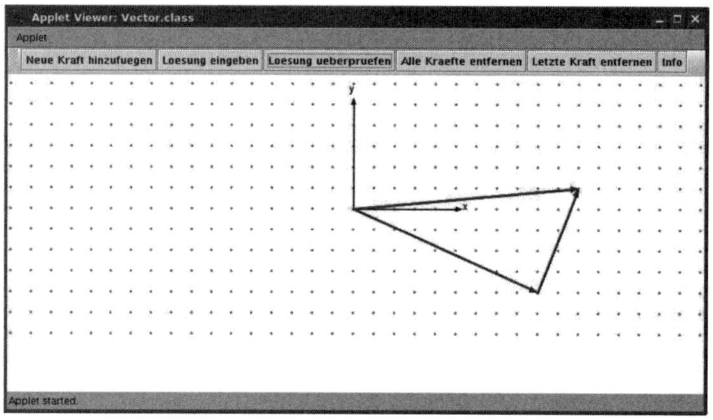

Exemplo 2.2 Uma argola de suporte está sujeita a quatro forças (F_1 = 12 kN, F_2 = 8 kN, F_3 = 18 kN, F_4 = 4 kN) que atuam em ângulos dados (α_1 = 45°, α_2 = 100°, α_3 = 205°, α_4 = 270°) com relação à horizontal (figura 2.4a).

Determine a magnitude e a direção da resultante.

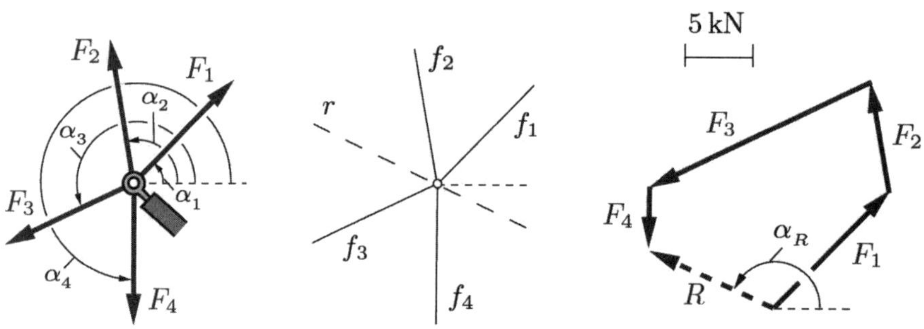

a b plano de arranjo c plano de forças

Figura 2.4

Solução O problema pode ser resolvido graficamente. Primeiro, o plano de arranjo é desenhado, mostrando as linhas de ação f_1, ..., f_4 das forças F_1, ..., F_4 com suas direções dadas α_1, ..., α_4 (figura 2.4b). Depois, o plano de forças é desenhado numa escala escolhida, adicionando-se os vetores dados, origem de um na extremidade do anterior (veja a figura 2.4c e compare com a figura 2.2b). Dentro dos limites da precisão do desenho, o resultado

$$\underline{\underline{R = 10{,}5 \text{ kN}}}, \quad \underline{\underline{\alpha_R = 155°}}$$

é obtido. Por fim, a linha de ação r da resultante R é traçada no plano de arranjo.

Há várias maneiras possíveis de se desenhar o polígono de forças. Dependendo da escolha do primeiro vetor e da sequência dos demais, diferentes polígono são obtidos. Todas as maneiras levam à mesma resultante R.

2.2 Decomposição de forças num plano, representação em coordenadas cartesianas

Em vez de somar forças para obter sua resultante, frequentemente é desejável substituir uma força $\boldsymbol{R}$ por duas forças que atuam nas direções de linhas de ação f_1 e f_2 dadas (figura 2.5a). Neste caso, o triângulo de forças é construído pelo traçado de linhas retas nas direções de f_1 e f_2 através dos pontos inicial e final de $\boldsymbol{R}$, respectivamente. Assim, dois triângulos de forças diferentes são obtidos, os quais, inequivocamente, produzem os dois vetores forças incógnitos (figura 2.5b).

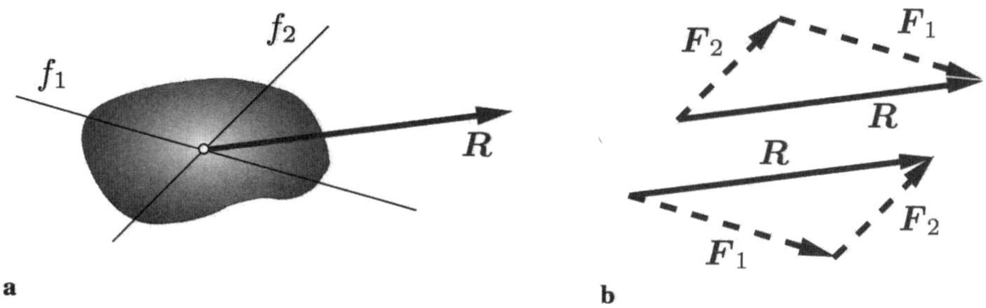

Figura 2.5

As forças $\boldsymbol{F}_1$ e $\boldsymbol{F}_2$ são chamadas de *componentes* de $\boldsymbol{R}$ nas direções f_1 e f_2, respectivamente. Em problemas coplanares, a decomposição de uma força em duas direções diferentes é inequivocamente possível. Note que a resolução em mais de duas direções não pode ser feita exclusivamente; há um número infinito de maneiras de se resolver a força.

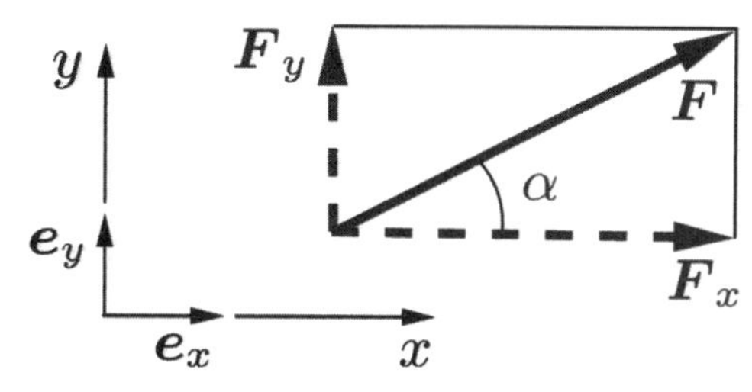

Figura 2.6

Normalmente, é conveniente resolver-se forças em duas componentes perpendiculares uma à outra. As direções das componentes pode, então, ser dada pelos eixos x e y de um sistema de coordenadas cartesianas (figura 2.6). Com os vetores unitários $\boldsymbol{e}_x$ e $\boldsymbol{e}_y$, as componentes de $\boldsymbol{F}$ são, então, escritas como (compare com o apêndice A.1)

$$\boldsymbol{F}_x = F_x \boldsymbol{e}_x, \qquad \boldsymbol{F}_y = F_y \boldsymbol{e}_y \tag{2.3}$$

e a força $\boldsymbol{F}$ é representada por

$$\boldsymbol{F} = \boldsymbol{F}_x + \boldsymbol{F}_y = F_x \boldsymbol{e}_x + F_y \boldsymbol{e}_y. \tag{2.4}$$

Os valores F_x e F_y são chamados de *coordenadas* do vetor $\boldsymbol{F}$. Note que eles também são muitas vezes chamados de componentes de $\boldsymbol{F}$, muito embora, estritamente falando, as componentes de $\boldsymbol{F}$ sejam os vetores $\boldsymbol{F}_x$ e $\boldsymbol{F}_y$. Como mencionado na seção 1.2, um vetor frequentemente vai ser referido pela simples escrita de F (em vez de $\boldsymbol{F}$) ou F_x (em vez de $\boldsymbol{F}_x$), especialmente quando esta notação puder não levar a confusão (veja, por exemplo, as figuras 1.1 e 1.2).

Da figura 2.6, pode-se encontrar

$$F_x = F\cos\alpha, \qquad F_y = F sen\alpha,$$
$$F = \sqrt{F_x^2 + F_y^2}, \qquad \text{tg}\ \alpha = \frac{F_y}{F_x}. \tag{2.5}$$

No que segue, vamos mostrar que as coordenadas da resultante de um sistema de forças concorrentes podem ser obtidas pela simples adição das respectivas coordenadas das forças. Este procedimento é demonstrado na figura 2.7 com o auxílio do exemplo de duas forças. As componentes x e y, respectivamente, da força $\boldsymbol{F}_i$ são denotadas por $\boldsymbol{F}_{ix} = F_{ix}\boldsymbol{e}_x$ e $\boldsymbol{F}_{iy} = F_{iy}\boldsymbol{e}_y$.

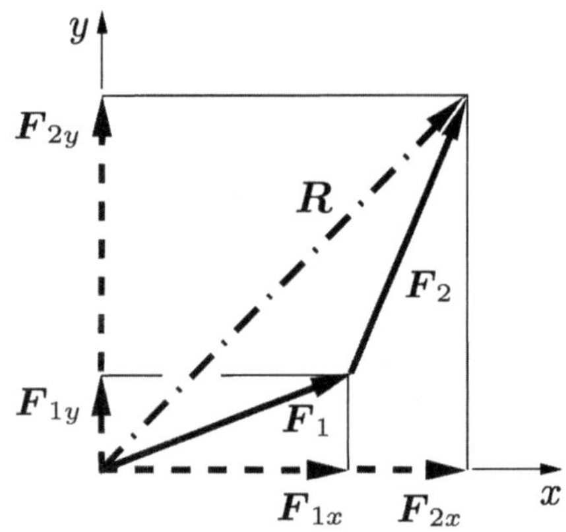

Figura 2.7

A resultante, então, pode ser escrita como

$$\begin{aligned}\boldsymbol{R} &= R_x\boldsymbol{e}_x + R_y\boldsymbol{e}_y = \boldsymbol{F}_1 + \boldsymbol{F}_2 = \boldsymbol{F}_{1x} + \boldsymbol{F}_{1y} + \boldsymbol{F}_{2x} + \boldsymbol{F}_{2y}\\ &= F_{1x}\boldsymbol{e}_x + F_{1y}\boldsymbol{e}_y + F_{2x}\boldsymbol{e}_x + F_{2y}\boldsymbol{e}_y = (F_{1x} + F_{2x})\boldsymbol{e}_x\ (F_{1y} + F_{2y})\boldsymbol{e}_y.\end{aligned}$$

Portanto, as coordenadas da resultante são obtidas como

$$R_x = F_{1x} + F_{2x}, \qquad R_y = F_{1y} + F_{2y}.$$

No caso de um sistema de n forças, a resultante é dada por

$$\begin{aligned}\boldsymbol{R} &= R_x\boldsymbol{e}_x + R_y\boldsymbol{e}_y = \sum \boldsymbol{F}_i = \sum (F_{ix}\boldsymbol{e}_x + F_{iy}\boldsymbol{e}_y)\\ &= (\sum F_{ix})\boldsymbol{e}_x + (\sum F_{iy})\boldsymbol{e}_y\end{aligned} \tag{2.6}$$

e as coordenadas da resultante $\boldsymbol{R}$ vêm da somatória das coordenadas das forças:

$$R_x = \sum F_{ix}, \qquad R_y = \sum F_{iy}. \tag{2.7}$$

A magnitude e a direção da resultante são dadas por (compare com (2.5))

$$R = \sqrt{R_x^2 + R_y^2}, \qquad tg\ \alpha_R = \frac{R_y}{R_x}. \tag{2.8}$$

No caso de um grupo de forças coplanares, as duas equações escalares (2.7) são equivalentes à equação vetorial (2.2).

Exemplo 2.3 Resolva o exemplo 2.2 com o auxílio da representação dos vetores em coordenadas cartesianas.

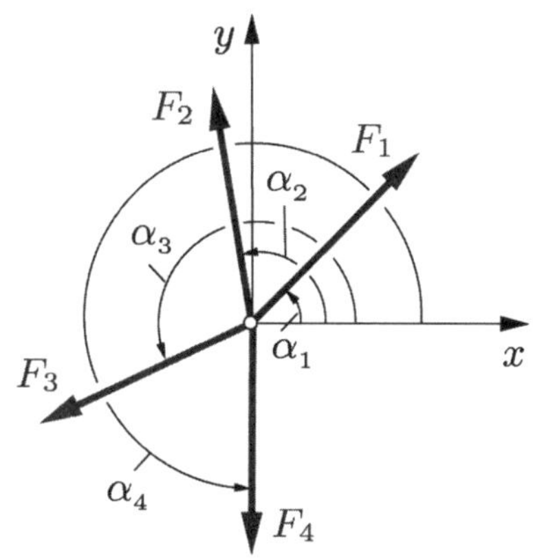

Figura 2.8

Solução Escolhemos o sistema de coordenadas mostrado na figura 2.8, de tal forma que o eixo *x* coincide com a horizontal. Os ângulos são medidos a partir deste eixo. Então, de acordo com (2.7), as coordenadas

$$\begin{aligned} R_x &= F_{1x} + F_{2x} + F_{3x} + F_{4x} \\ &= F_1 \cos \alpha_1 + F_2 \cos \alpha_2 + F_3 \cos \alpha_3 + F_4 \cos \alpha_4 \\ &= 12 \cos 45^\circ + 8 \cos 100^\circ + 18 \cos 205^\circ + 4 \cos 270^\circ \\ &= -9{,}22 \text{ kN} \end{aligned}$$

e

$$\begin{aligned} R_y &= F_{1y} + F_{2y} + F_{3y} + F_{4y} \\ &= F_1 \operatorname{sen} \alpha_1 + F_2 \operatorname{sen} \alpha_2 + F_3 \operatorname{sen} \alpha_3 + F_4 \operatorname{sen} \alpha_4 = 4{,}76 \text{ kN} \end{aligned}$$

são obtidas. A magnitude e a direção da resultante vêm de (2.8):

$$\underline{\underline{R}} = \sqrt{R_x^2 + R_y^2} = \sqrt{9.22^2 + 4.76^2} = \underline{\underline{10.4 kN}},$$

$$tg\ \alpha_R \frac{R_y}{R_x} = -\frac{4.76}{9.22} = -0.52 \rightarrow \underline{\underline{\alpha_R = 152.5^0}}$$

2.3 Equilíbrio num plano

Agora, vamos investigar as condições sob as quais um corpo está em *equilíbrio* quando sujeito à ação de forças. Sabe-se, por experiência, que um corpo que estava originalmente em repouso permanece em repouso se duas forças de igual magnitude forem aplicadas, tendo a mesma linha de ação e sendo diretamente opostas (figura 2.9). Em outras palavras:

> Duas forças estão em equilíbrio se forem diretamente opostas na mesma linha de ação e tiverem a mesma magnitude.

Isso significa que a soma das duas forças, isto é, sua resultante, tem de ser o vetor zero:

$$\boldsymbol{R} = \boldsymbol{F}_1 + \boldsymbol{F}_2 = \boldsymbol{0}. \tag{2.9}$$

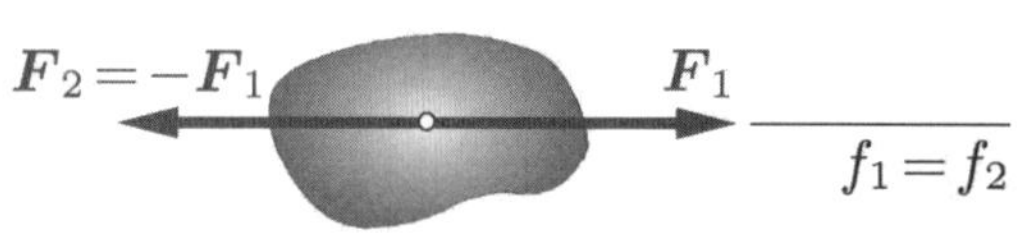

Figura 2.9

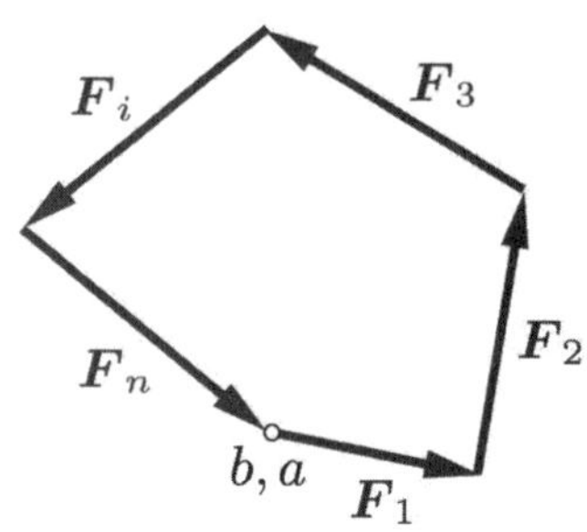

Figura 2.10

Sabe-se, também, da seção 2.1, que um sistema de *n* forças $\boldsymbol{F}_i$ concorrentes pode sempre inequivocamente ser substituído por sua resultante

$$\boldsymbol{R} = \sum \boldsymbol{F}_i.$$

Consequentemente, a *condição de equilíbrio* (2.9) pode imediatamente ser estendida a um número arbitrário de forças. Um sistema de forças concorrentes está em equilíbrio se a resultante for zero:

$$\boldsymbol{R} = \sum \boldsymbol{F}_i = \boldsymbol{0}. \tag{2.10}$$

A interpretação geométrica de (2.10) é a de um polígono fechado de forças, isto é, o ponto inicial *a* e o ponto final *b* têm de coincidir (figura 2.10).

A força resultante é zero se suas componentes forem zero. Portanto, no caso de um sistema de forças coplanares, as duas condições de equilíbrio escalar

$$\sum F_{ix} = 0, \qquad \sum F_{iy} = 0 \tag{2.11}$$

são equivalentes à condição vetorial (2.10) (compare com (2.7)). Assim, um sistema de forças concorrentes coplanares está em equilíbrio se as somas das respectivas coordenadas dos vetores força (aqui, as coordenadas x e y) desaparecer.

Considere um problema em que as magnitudes e/ou as direções das forças precisem ser determinadas. Como temos duas condições de equilíbrio (2.11), apenas duas incógnitas podem ser calculadas. Problemas que podem ser resolvidos pela simples aplicação das condições de equilíbrio são chamados de *estaticamente determinados*. Se houver mais de duas incógnitas, o problema será chamado de *estaticamente indeterminado*. Problemas estaticamente indeterminados não podem ser resolvidos apenas com o auxílio das condições de equilíbrio.

Antes das condições de equilíbrio para um dado problema serem anotadas, um diagrama de corpo livre deve ser construído. Consequentemente, o corpo em consideração deve ser isolado por cortes imaginários, e todas as forças atuando *sobre* este corpo (conhecidas e incógnitas) devem ser traçadas no diagrama. Apenas essas forças devem aparecer nas condições de equilíbrio. Note que as forças exercidas *pelo* corpo sobre o entorno não são traçadas no diagrama de corpo livre.

Para resolver um dado problema analiticamente, geralmente é necessário introduzir um sistema de coordenadas. Em princípio, as direções dos eixos de coordenadas podem ser escolhidas arbitrariamente. Contudo, uma escolha apropriada dos eixos pode poupar trabalho computacional. Para aplicar as condições de equilíbrio (2.11), basta determinar-se as coordenadas das forças; em problemas coplanares, os vetores força não precisam ser anotados explicitamente (compare, p.ex., com o exemplo 2.4).

2.4 Exemplos de sistemas de forças coplanares

Para poder aplicar a teoria acima a problemas específicos, algumas idealizações de elementos estruturais simples devem ser introduzidas. Um elemento estrutural cujo comprimento seja grande, quando comparado a suas dimensões de seção cruzada, e que só possa suportar forças tensionais na direção de seu eixo, é chamado de *cabo* ou *corda* (figura 2.11a). Normalmente, o peso do cabo pode ser ignorado em comparação com a força que atua nele.

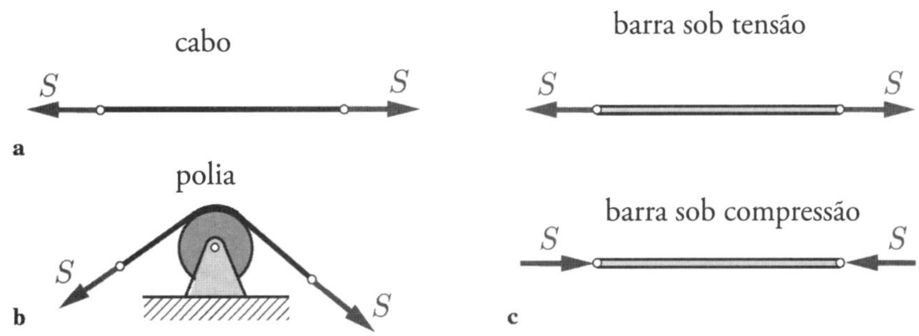

Figura 2.11

Frequentemente, um cabo é guiado por uma polia (figura 2.11b). Se o atrito da polia for desprezível (polia ideal), as forças em ambas as extremidades do cabo serão iguais em magnitude (veja os exemplos 2.6 e 3.3).

Um membro estrutural reto com comprimento muito maior que suas dimensões de seção cruzada que possa transferir forças compressivas e tensionais na direção de seu eixo é chamado de *barra* ou *haste* (figura 2.11c) (compare com a seção 5.1.1).

Como explicado na seção 1.5, a força que atua no ponto de contato entre dois corpos pode ser tornada visível pela separação dos corpos (figura 2.12a,b). De acordo com a terceira lei de Newton (actio = reactio), a força de contato K atua com a mesma magnitude e numa direção oposta sobre os respectivos corpos (figura 2.12b). Ela pode ser resolvida em duas componentes, especificamente a *força normal* N e a *força tangencial* T, respectivamente. A força normal é perpendicular ao plano de contato, enquanto a força tangencial reside neste plano. Se os dois corpos estiverem meramente tocando um no outro (isto é, se não existir nenhum elemento de conexão), eles só poderão ser pressionados um contra o outro (tração não será possível). Então, a força normal será orientada para o interior do respectivo corpo. A força tangencial é devida à existência de uma aspereza das superfícies dos corpos. No caso de uma superfície completamente lisa de um dos corpos (= idealização), a força tangencial T desaparece. A força de contato, então, coincide com a força normal N.

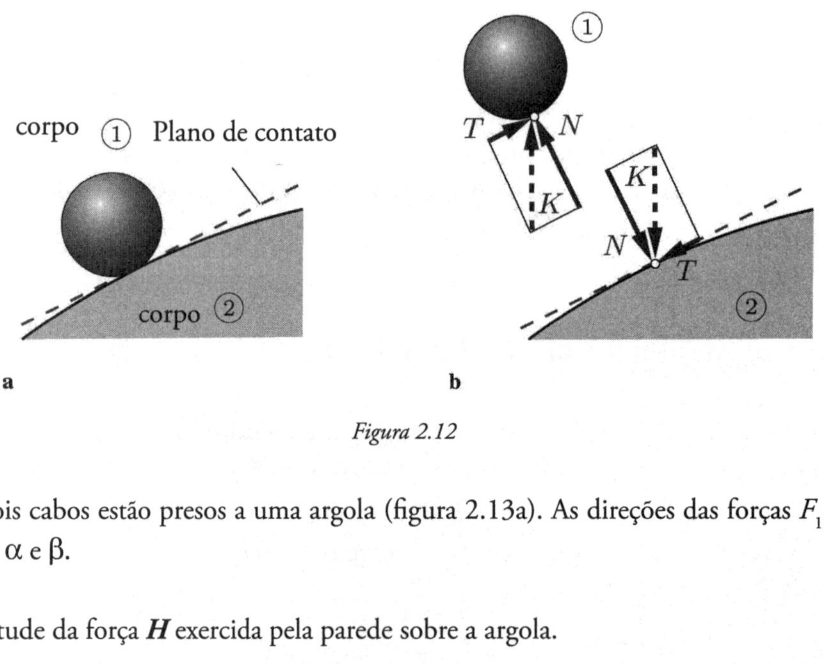

Figura 2.12

Exemplo 2.4 Dois cabos estão presos a uma argola (figura 2.13a). As direções das forças F_1 e F_2 nos cabos são dadas pelos ângulos α e β.

Determine a magnitude da força $\boldsymbol{H}$ exercida pela parede sobre a argola.

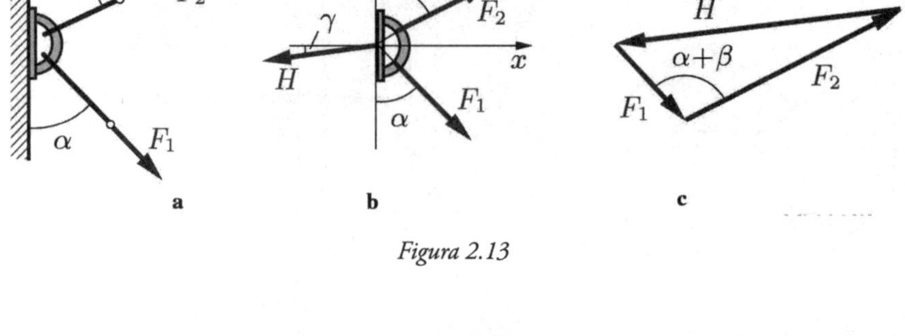

Figura 2.13

Solução O diagrama de corpo livre (figura 2.13b) é traçado como primeiro passo. Para tal, a argola é separada da parede por um corte imaginário. Em seguida, todas as forças atuantes sobre a argola são traçadas na figura: as duas forças F_1 e F_2 dadas e a força H. Essas três forças estão em equilíbrio. O diagrama de corpo livre contém duas incógnitas, especificamente, a magnitude da força H e o ângulo γ.

As condições de equilíbrio são formuladas e resolvidas no segundo passo. Primeiro, vamos apresentar uma solução "gráfico-analítica", isto é, uma solução parcialmente gráfica e parcialmente analítica. Para tanto, a condição geométrica de equilíbrio é esboçada: o triângulo de forças fechado (figura 2.13c). Como a trigonometria vai ser agora aplicada ao plano de forças, ele não precisa ser desenhado em escala. A lei dos cossenos produz

$$\underline{\underline{H = \sqrt{F_1^2 + F_2^2 - 2F_1F_2\cos(\alpha+\beta)}.}}$$

O problema também pode ser resolvido analiticamente pela aplicação das condições de equilíbrio escalar (2.11). Depois, escolhemos um sistema de coordenadas (veja a figura 2.13b) e as coordenadas dos vetores força serão determinadas e inseridas em (2.11):

$$\begin{aligned}\Sigma F_{ix} = 0 : {}& F_1 \operatorname{sen}\alpha + F_2 \operatorname{sen}\beta - H\cos\gamma = 0\\ &\rightarrow \quad H\cos\gamma = F_1 \operatorname{sen}\alpha + F_2 \operatorname{sen}\beta,\end{aligned}$$

$$\begin{aligned}\Sigma F_{iy} = 0 : {}& F_1 \cos\alpha + F_2 \cos\beta - H\operatorname{sen}\gamma = 0\\ &\rightarrow \quad H\operatorname{sen}\gamma = -F_1 \cos\alpha + F_2 \cos\beta.\end{aligned}$$

Estas são as duas equações para as duas incógnitas H e γ. Para se obter H, as duas equações são elevadas ao quadrado e somadas. Usando a relação trigonométrica

$$\cos(\alpha+\beta) = \cos\alpha\cos\beta - \operatorname{sen}\alpha \operatorname{sen}\beta,$$

temos

$$H^2 = F_1^2 + F_2^2 - 2F_1F_2\cos(\alpha+\beta).$$

Este resultado coincide, claro, com o que foi obtido acima.

Exemplo 2.5 Uma roda com peso W está presa sobre um plano inclinado *liso* por um cabo (figura 2.14a).

Determine a força no cabo e a força de contato entre o plano e a roda.

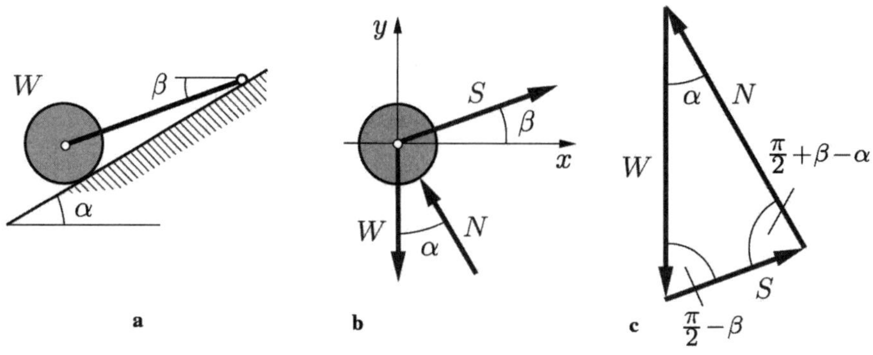

Figura 2.14

Solução As forças atuantes na roda devem satisfazer as condições de equilíbrio (2.10). Para tornar essas forças visíveis, o cabo é cortado e a roda é separada do plano inclinado. O diagrama de corpo livre (figura 2.14b) mostra o peso W, a força S no cabo (atuando na direção do cabo) e a força de contato N (atuando perpendicularmente ao plano inclinado: superfície lisa, $T = 0$!). As três forças S, N e W são concorrentes; as incógnitas são S e N.

Primeiro, resolvemos o problema por meio gráfico-analítico, esboçando (não em escala) a condição de equilíbrio geométrico, especificamente, um triângulo fechado de forças (figura 2.14c). A lei dos senos produz

$$\underline{\underline{S}} = W\frac{sen\alpha}{sen\left(\frac{\pi}{2}+\beta-\alpha\right)} = \underline{\underline{W\frac{sen\alpha}{\cos(\alpha-\beta)}}},$$

$$\underline{\underline{N}} = W\frac{sen\left(\frac{\pi}{2}-\beta\right)}{sen\left(\frac{\pi}{2}+\beta-\alpha\right)} = \underline{\underline{W\frac{\cos\beta}{\cos(\alpha-\beta)}}}.$$

Para resolver o problema analiticamente com o auxílio das condições de equilíbrio (2.11), escolhemos um sistema de coordenadas (veja a figura 2.14b). Inserindo as coordenadas das forças em (2.11), temos as duas equações para as duas incógnitas:

$$\sum F_{ix} = 0: \qquad S\cos\beta - N\,\text{sen}\,\alpha = 0,$$

$$\sum F_{iy} = 0: \qquad S\,\text{sen}\,\beta + N\cos\alpha - W = 0.$$

Suas soluções coincidem com a solução dada acima.

Exemplo 2.6 Três caixas (pesos W_1, W_2 e W_3) estão presas a dois cabos como mostrado na figura 2.15a. As polias não têm atrito.

Calcule os ângulos α_1 e α_2 na configuração de equilíbrio.

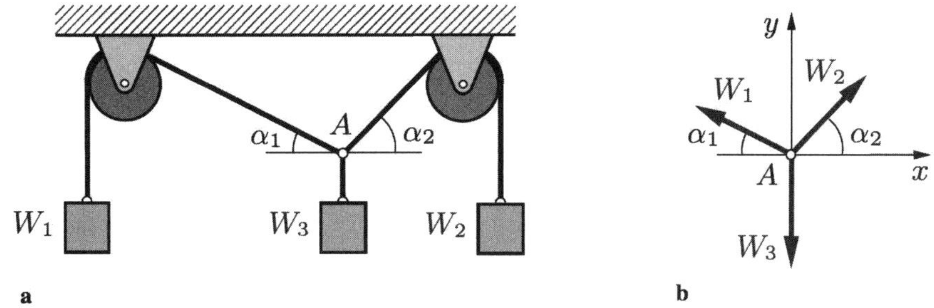

Figura 2.15

Solução Primeiro, o ponto A é isolado, passando-se cortes imaginários adjacentes a ele. O diagrama de corpo livre (figura 2.15b) mostra as forças que atuam em A; os ângulos α_1 e α_2 são desconhecidos. Em seguida, o sistema de coordenadas mostrado na figura 2.15b é escolhido e as condições de equilíbrio são anotadas. Em problemas de planos, vamos adotar, de agora em diante, a seguinte notação: em vez de $\sum F_{ix} = 0$ e $\sum F_{iy} = 0$, os símbolos $\rightarrow$ e $\uparrow$, respectivamente, serão usados (a soma de todas as componentes de força nas direções das setas é igual a zero). Assim,

$$\rightarrow: \quad -W_1 \cos \alpha_1 + W_2 \cos \alpha_2 = 0,$$

$$\uparrow: \quad W_1 \operatorname{sen} \alpha_1 + W_2 \operatorname{sen} \alpha_2 - W_3 = 0.$$

Para calcular α_1, o ângulo α_2 é eliminado, reescrevendo-se as equações:

$$W_1 \cos \alpha_1 = W_2 \cos \alpha_2,$$

$$W_1 \operatorname{sen} \alpha_1 - W_3 = -W_2 \operatorname{sen} \alpha_2.$$

Elevando essas equações ao quadrado e, depois, somando-as, temos

$$sen\alpha_1 = \frac{W_3^2 + W_1^2 + W_2^2}{2W_1 \; W_3}$$

Similarmente, obtemos

$$sen\alpha_2 = \frac{W_3^2 + W_2^2 + W_1^2}{2W_2 \; W_3}$$

Uma solução fisicamente significativa (isto é, uma configuração de equilíbrio) só existe para ângulos α_1 e α_2 que satisfaçam as condições $0 < \alpha_1, \alpha_2 < \pi/2$. Portanto, os pesos das três caixas devem ser escolhidos de tal forma que ambos os numeradores sejam positivos e menores que os denominadores.

Exemplo 2.7 Duas barras 1 e 2 estão presas em A e B a uma parede por pinos lisos. Elas estão presas uma à outra por um pino em C e são submetidas a um peso W (figura 2.16a).

Calcule as forças nas barras.

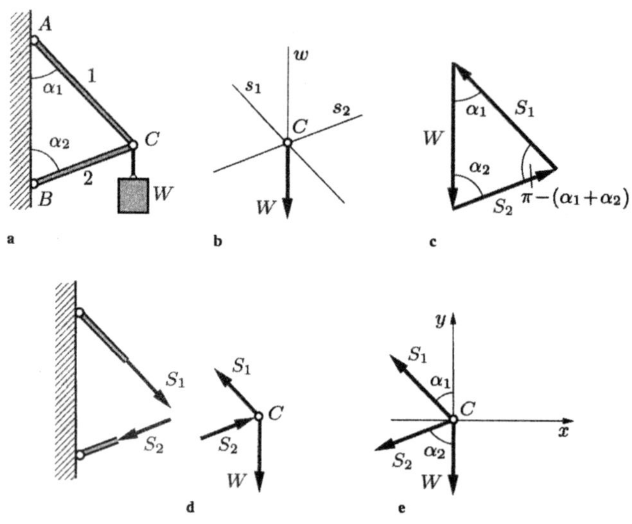

Figura 2.16

Solução O pino C é isolado passando-se cortes pelas barras. As forças que atuam em C são mostradas na figura 2.16d.

Primeiro, a solução gráfica é indicada. O plano de arranjo é apresentado na figura 2.16b. Ele contém as linhas de ação dadas w, s_1 e s_2 (dadas pelos ângulos α_1 e α_2) das forças W, S_1 e S_2, que nos permitem traçar o triângulo fechado de forças (condição de equilíbrio!) da figura 2.16c. Para obter a solução gráfica, seria necessário traçar o plano de forças em escala; no caso de uma solução gráfico-analítica, nenhuma escala é necessária. A lei dos senos, então, produz

$$S_1 = W\frac{sen\alpha_2}{sen(\alpha_1+\alpha_2)}, \qquad S_2 = W\frac{sen\alpha_2}{sen(\alpha_1+\alpha_2)}.$$

A orientação das forças S_1 e S_2 pode ser vista no plano de forças. Este plano mostra as forças que são exercidas a partir das barras sobre o pino C. As forças exercidas do pino sobre as barras têm a mesma magnitude; porém, de acordo com a terceira lei de Newton, elas estão na direção inversa (figura 2.16d). Pode-se ver que a barra 1 está submetida a tensão e que a barra 2 está sob compressão.

O problema agora será resolvido analiticamente com o auxílio das condições de equilíbrio (2.11). O diagrama de corpo livre é mostrado na figura 2.16e. As linhas de ação das forças S_1 e S_2 são dadas. As orientações das forças ao longo de suas linhas de ação podem, em princípio, ser escolhidas arbitrariamente no diagrama de corpo livre. Porém, é prática comum considerar que as forças em barras são forças tensoras, como mostrado na figura 2.16e (veja também as seções 5.1.3 e 6.3.1). Se a análise produzir um valor negativo para a força numa barra, esta barra estará, em verdade, sujeita a compressão.

As condições de equilíbrio nas direções horizontal e vertical

$$\rightarrow: \quad -S_1 \text{ sen } \alpha_1 - S_2 \text{ sen } \alpha_2 = 0,$$

$$\uparrow: \quad S_1 \cos\alpha_1 - S_2 \cos\alpha_2 - W = 0,$$

levam a

$$S_1 = W\frac{sen\alpha_2}{sen(\alpha_1+\alpha_2)}, \quad S_2 = -W\frac{sen\alpha_1}{sen(\alpha_1+\alpha_2)}.$$

Como S_2 é negativo, a orientação do vetor $\boldsymbol{S}_2$ ao longo de sua linha de ação é oposta à orientação escolhida no diagrama de corpo livre. Portanto, em realidade, a barra 2 está sujeita a compressão.

2.5 Sistemas de forças concorrentes no espaço

Mostramos, na seção 2.2, que uma força pode inequivocamente ser resolvida em duas componentes num plano. Analogamente, uma força pode ser inequivocamente resolvida em três componentes no espaço. Como indicado na seção 1.2, uma força $\boldsymbol{F}$ pode ser representada por

$$\boldsymbol{F} = \boldsymbol{F}_x + \boldsymbol{F}_y + \boldsymbol{F}_z = F_x\boldsymbol{e}_x + F_y\boldsymbol{e}_y + F_z\boldsymbol{e}_z \tag{2.12}$$

num sistema de coordenadas cartesianas x, y, z (figura 2.17).

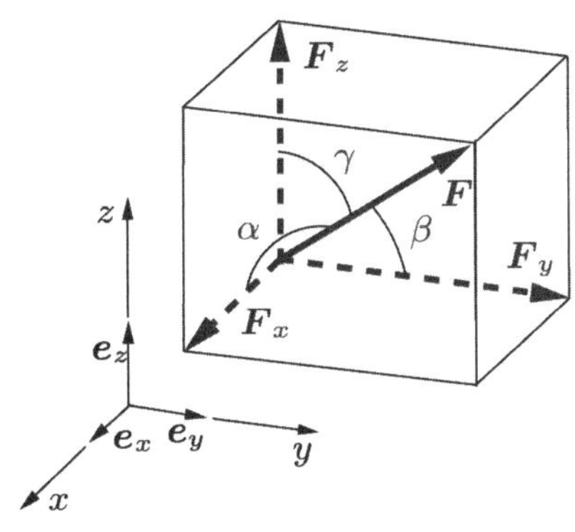

Figura 2.17

A magnitude e a direção de $\boldsymbol{F}$ são dadas por

$$F = \sqrt{F_x^2 + F_y^2 + F_z^2}, \qquad \cos\alpha = \frac{F_x}{F}, \quad \cos\beta = \frac{F_y}{F}, \quad \cos\gamma = \frac{F_z}{F}. \tag{2.13}$$

Os ângulos α, β e γ não são independentes uns dos outros. Se a primeira equação em (2.13) for elevada ao quadrado e Fx, Fy e Fz forem inseridas de acordo com a segunda equação, a relação seguinte será obtida:

$$\cos^2\alpha + \cos^2\beta + \cos^2\gamma = 1. \tag{2.14}$$

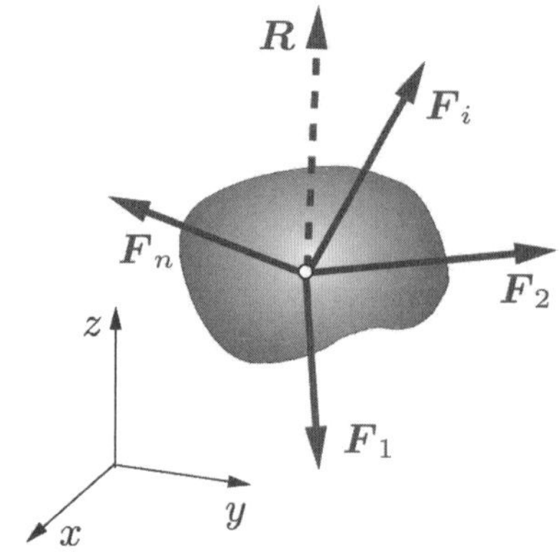

Figura 2.18

A resultante $\boldsymbol{R}$ de duas forças $\boldsymbol{F}_1$ e $\boldsymbol{F}_2$ é obtida pela construção do paralelogramo das forças (veja a seção 2.1), o que é expresso matematicamente pela equação vetorial

$$\boldsymbol{R} = \boldsymbol{F}_1 + \boldsymbol{F}_2. \tag{2.15}$$

No caso de um sistema espacial de *n* forças concorrentes (figura 2.18), a resultante é encontrada por meio de uma sucessiva aplicação da lei do paralelogramo de forças no espaço. Como no caso de um sistema de forças coplanares, a resultante é a soma dos vetores força. Matematicamente, isso é escrito como (compare com (2.2.))

$$\boldsymbol{R} = \sum \boldsymbol{F}_i. \tag{2.16}$$

Se as forças $\boldsymbol{F}_i$ forem representadas por suas componentes $\boldsymbol{F}_{ix}$, $\boldsymbol{F}_{iy}$ e $\boldsymbol{F}_{iz}$, de acordo com (2.12), obteremos

$$\begin{aligned}\boldsymbol{R} &= R_x\boldsymbol{e}_x + R_y\boldsymbol{e}_y + R_z\boldsymbol{e}_z = \sum (\boldsymbol{F}_{ix} + \boldsymbol{F}_{iy} + \boldsymbol{F}_{iz}) \\ &= \sum (F_{ix}\boldsymbol{e}_x + F_{iy}\boldsymbol{e}_y + F_{iz}\boldsymbol{e}_z) \\ &= \sum (F_{ix})\boldsymbol{e}_x + (F_{iy})\boldsymbol{e}_y + (F_{iz})\boldsymbol{e}_z.\end{aligned}$$

As coordenadas da resultante no espaço são dadas por

$$R_x = \sum (\boldsymbol{F}_{ix}), \qquad R_y = \sum (\boldsymbol{F}_{iy}), \qquad R_z = \sum (\boldsymbol{F}_{iz}). \tag{2.17}$$

A magnitude e a direção de $\boldsymbol{R}$ seguem como (compare com (2.13))

$$\begin{aligned}&R = \sqrt{R_x^2 + R_y^2 + R_z^2}, \\ &\cos\alpha_R = \frac{R_x}{R}, \quad \cos\beta_R = \frac{R_y}{R}, \quad \cos\gamma_R = \frac{R_z}{R}.\end{aligned} \tag{2.18}$$

Um sistema espacial de forças concorrentes está em *equilíbrio* se a resultante for o vetor zero (compare com (2.10)):

$$\boldsymbol{R} = \sum \boldsymbol{F}_i = \boldsymbol{0}. \tag{2.19}$$

Esta equação vetorial é equivalente às *três condições de equilíbrio* escalares

$$\sum F_{ix} = 0, \qquad \sum F_{iy} = 0, \qquad \sum F_{iz} = 0, \tag{2.20}$$

que representam um sistema de três equações para três incógnitas.

Exemplo 2.8 Uma estrutura consiste de duas barras 1 e 2 e uma corda 3 (pesos desprezíveis). Ela é carregada em A por uma caixa de peso W (figura 2.19a).

Determine as forças nas barras e na corda.

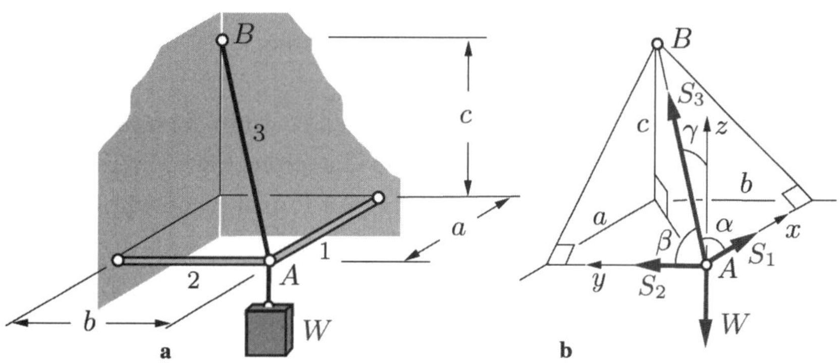

Figura 2.19

Solução Isolamos o pino A passando seções imaginárias através das barras e da corda. As forças internas são tornadas visíveis no diagrama de corpo livre (figura 2.19b); elas são consideradas forças tensoras. As condições de equilíbrio são

$$\begin{aligned} \sum F_{ix} = 0: &\quad S_1 + S_3 \cos\alpha = 0, \\ \sum F_{iy} = 0: &\quad S_2 + S_3 \cos\beta = 0, \\ \sum F_{iz} = 0: &\quad S_3 \cos\gamma - W = 0. \end{aligned} \tag{a}$$

Com a diagonal $\overline{AB} = \sqrt{a^2 + b^2 + c^2}$, os ângulos α, β e γ podem ser tirados da figura 2.19b:

$$\cos\alpha = \frac{a}{\sqrt{a^2+b^2+c^2}}, \qquad \cos\beta = \frac{b}{\sqrt{a^2+b^2+c^2}},$$

$$\cos\gamma = \frac{c}{\sqrt{a^2+b^2+c^2}}.$$

Isso produz

$$\underline{\underline{S_3}} = \frac{W}{\cos\gamma} = \underline{\underline{W\frac{\sqrt{a^2+b^2+c^2}}{c}}},$$

$$\underline{\underline{S_1}} = -S_3\cos\alpha = -W\frac{\cos\alpha}{\cos\gamma} = \underline{\underline{-W\frac{a}{c}}},$$

$$\underline{\underline{S_2}} = -S_3\cos\beta = -W\frac{\cos\beta}{\cos\gamma} = \underline{\underline{-W\frac{b}{c}}}.$$

Os sinais negativos para as forças nas barras indicam que as barras estão, em verdade, num estado de compressão; a corda está sujeita a tensão. Isso pode ser facilmente verificado por inspeção.

Como pode ser visto, a geometria deste problema é muito simples. Portanto, foi possível aplicar-se as condições de equilíbrio sem se recorrer ao formalismo vetorial. No caso de uma geometria complicada, porém, é recomendado que as forças sejam anotadas na forma vetorial. Esta maneira mais formal e, consequentemente, mais segura de se resolver o problema é agora apresentada.

Os vetores força

$$S_1 = S_1\begin{pmatrix}1\\0\\0\end{pmatrix}, \quad S_2 = S_2\begin{pmatrix}0\\1\\0\end{pmatrix}, \quad W = W\begin{pmatrix}0\\0\\-1\end{pmatrix}$$

(representados como vetores colunas, veja o apêndice A.1) podem ser facilmente anotados. Para obter o vetor $\boldsymbol{S}_3$, primeiro representamos o vetor $\boldsymbol{r}_{AB}$, que é direcionado de A para B:

$$r_{AB} = \begin{pmatrix}a\\b\\c\end{pmatrix}.$$

Se este vetor for dividido por sua magnitude $r_{AB} = \sqrt{a^2+b^2+c^2}$, o vetor unitário

$$e_{AB} = \frac{1}{\sqrt{a^2+b^2+c^2}}\begin{pmatrix}a\\b\\c\end{pmatrix}$$

na direção de A para B será obtido. O vetor força $\boldsymbol{S}_3$ tem a mesma direção; ele é dado, então, por

$$\boldsymbol{S}_3 = S_3\, \boldsymbol{e}_{AB} = \frac{S_3}{\sqrt{a^2+b^2+c^2}} \begin{pmatrix} a \\ b \\ c \end{pmatrix}.$$

A condição de equilíbrio $\sum \boldsymbol{F}_i = \boldsymbol{0}$, isto é,

$$\boldsymbol{S}_1 + \boldsymbol{S}_2 + \boldsymbol{S}_3 + \boldsymbol{W} = \boldsymbol{0}$$

ficará

$$S_1 \begin{pmatrix} 1 \\ 0 \\ 0 \end{pmatrix} + S_2 \begin{pmatrix} 0 \\ 1 \\ 0 \end{pmatrix} + \frac{S_3}{\sqrt{a^2+b^2+c^2}} \begin{pmatrix} a \\ b \\ c \end{pmatrix} + W \begin{pmatrix} 0 \\ 0 \\ -1 \end{pmatrix} = \begin{pmatrix} 0 \\ 0 \\ 0 \end{pmatrix}$$

Resolvendo, temos

$$\sum F_{ix} = 0: \quad S_1 + \frac{aS_3}{\sqrt{a^2+b^2+c^2}} = 0,$$

$$\sum F_{iy} = 0: \quad S_2 + \frac{bS_3}{\sqrt{a^2+b^2+c^2}} = 0,$$

$$\sum F_{iz} = 0: \quad -W_1 + \frac{cS_3}{\sqrt{a^2+b^2+c^2}} = 0.$$

Estas equações coincidem com as equações (a).

Note que os valores S_j são as forças nas barras e na corda, respectivamente, que foram consideradas forças tensoras. Elas *não* são as magnitudes dos vetores $\boldsymbol{S}_j$. A determinação das forças leva a $S_1 < 0$ e $S_2 < 0$ (barras sob compressão), enquanto as magnitudes dos vetores são sempre valores não negativos.

Exemplo 2.9 Um mastro vertical M está apoiado por duas cordas 1 e 2. A força F na corda 3 é dada (figura 2.20a).

Determine as forças nas cordas 1 e 2 e no mastro.

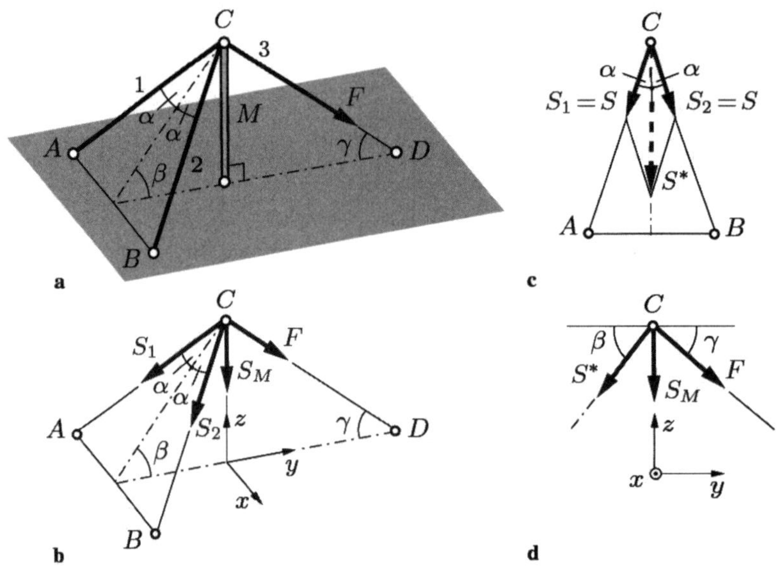

Figura 2.20

Solução Isolamos o ponto C passando cortes imaginários pelas cordas e pelo mastro. As forças internas são consideradas tensoras, e são mostradas no diagrama de corpo livre (figura 2.20b). como o plano y,z é um plano de simetria, as forças S_1 e S_2 têm de ser iguais: $S_1 = S_2 = S$ (isso pode ser confirmado pela aplicação da condição de equilíbrio na direção x). As forças S_1 e S_2 são somadas para se obter sua resultante (figura 2.20c)

$$S^* = 2S\cos\alpha.$$

As forças S^*, S_M e F atuam no plano y,z (figura 2.20d). As condições de equilíbrio

$$\sum F_{iy} = 0: \qquad -S^*\cos\beta + F\cos\gamma = 0,$$

$$\sum F_{iz} = 0: \qquad -S^*\,\text{sen}\,\beta - S_M - F\,\text{sen}\,\gamma = 0$$

produzem, após a inserção da relação para S^*,

$$\underline{\underline{S = F\frac{\cos\gamma}{2\cos\alpha\cos\beta}}}, \qquad \underline{\underline{S_M = -F\frac{sen(\beta+\gamma)}{\cos\beta}}}.$$

Como se pode esperar, as cordas estão sujeitas a tensão ($S > 0$), enquanto o mastro está sob compressão ($S_M < 0$).

O caso especial $\gamma = \pi / 2$ é usado como verificação simples. Assim, a força F atua na direção do mastro, e $S = 0$ e $S_M = -F$ são obtidas com $\cos(\pi / 2) = 0$ e $\text{sen}(\beta + \pi / 2) = \cos\beta$.

2.6 Problemas suplementares

Soluções detalhadas para a maioria dos exemplos seguintes são dadas em (**A**) D. Gross et al. *Formeln und Aufgaben zur Technischen Mechanik 1*, Springer, Berlin 2011, ou (**B**) W. Hauger et al. *Aufgaben zur Technischen Mechanik 1-3*, Springer, Berlin 2011.

Exemplo 2.10 Um gancho é submetido a três forças (F_1 = 180 N, α_1 = 45°, F_2 = 50 N, α_2 = 60°, F_3 = 30 N) como mostrado na figura 2.21.

Determine a magnitude e a direção da resultante.

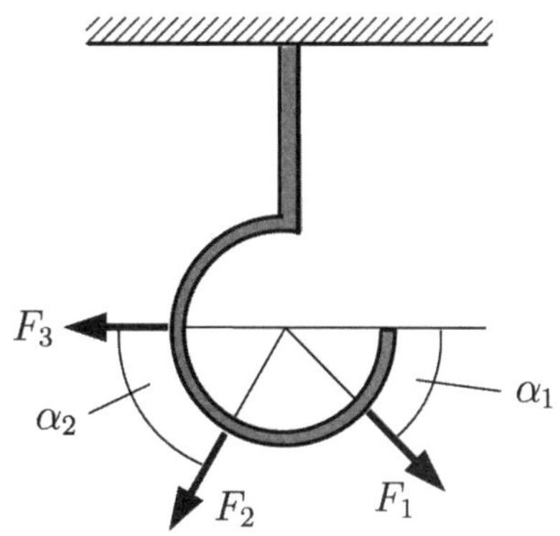

Figura 2.21

Resultados: R = 185 N, α_R = 67°.

Exemplo 2.11 Determine as magnitudes F_1 e F_2 das componentes da força $\boldsymbol{F}$ com magnitude F = 5 kN nas direções f_1 e f_2 (figura 2.22).

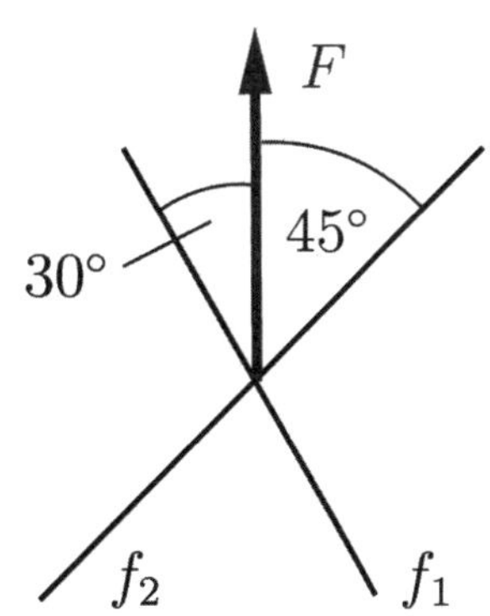

Figura 2.22

Resultados: F_1 = 3,7 kN, F_2 = 2,6 kN.

Exemplo 2.12 Uma esfera lisa (peso W = 20 N, raio r = 20 cm) é suspensa por um fio (comprimento a = 60 cm), como mostrado na figura 2.23.

Determine a magnitude da força S no fio.

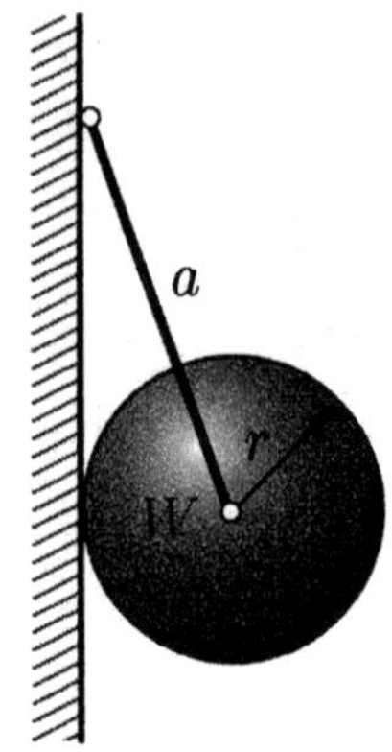

Figura 2.23

Resultado: veja (A) $S = 21{,}2$ N.

Exemplo 2.13 A figura 2.24 mostra um elevador de carga. O cabo do motor passa por um pino liso K. Uma caixa (peso W) é suspensa na extremidade do cabo.

Determine a magnitude das forças S_1 e S_2 nas barras 1 e 2.

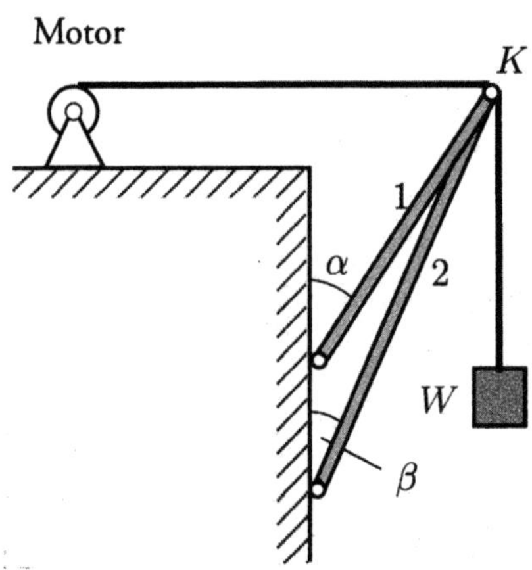

Figura 2.24

Resultados: veja (B)

$$S_1 = \frac{sen\beta - \cos\beta}{sen(\alpha - \beta)} W, \quad S_2 = \frac{\cos\alpha - sen\alpha}{sen(\alpha - \beta)} W.$$

Exemplo 2.14 Um cilindro circular liso (peso W, raio r) toca um obstáculo (altura h), como mostrado na figura 2.25.

Encontre a magnitude da força F necessária para rolar o cilindro por sobre o obstáculo.

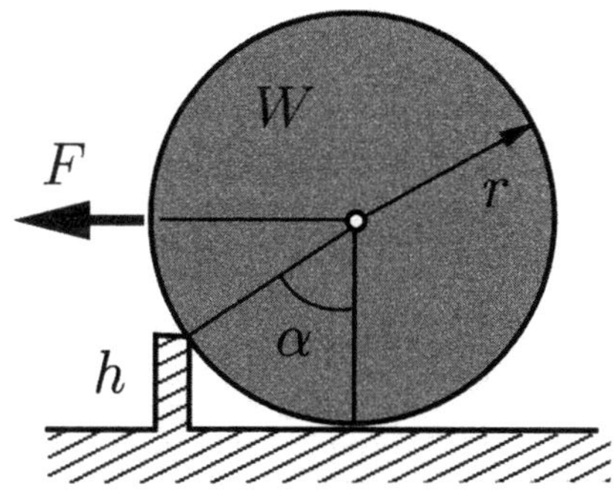

Figura 2.25

Resultado: veja (A) $F = W \operatorname{tg} \alpha$.

Exemplo 2.15 Um cilindro grande (peso $4W$, raio $2r$) encontra-se sobre dois cilindros pequenos (cada um tendo peso W e raio r) como mostrado na figura 2.26. Os cilindros pequenos estão conectados por um fio S (comprimento $3r$). Todas as superfícies são lisas.

Determine todas as forças de contato e a magnitude da força S no fio.

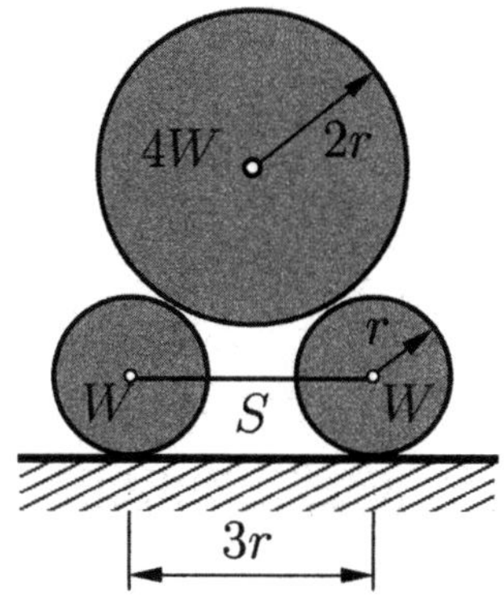

Figura 2.26

Resultados: veja (A) $N_1 = \frac{4}{\sqrt{3}}W, \quad N_2 = 3W, \quad S = \frac{2}{\sqrt{3}}W$.

Exemplo 2.16 Um cabo (comprimento l, peso desprezível) está preso a duas paredes em A e B (figura 2.27). Um cubo (peso W) sobre uma polia sem atrito (raio desprezível) é suspensa pelo cabo.

Encontre a distância d do cubo, partindo do lado esquerdo, na posição de equilíbrio e calcule a força S no cabo.

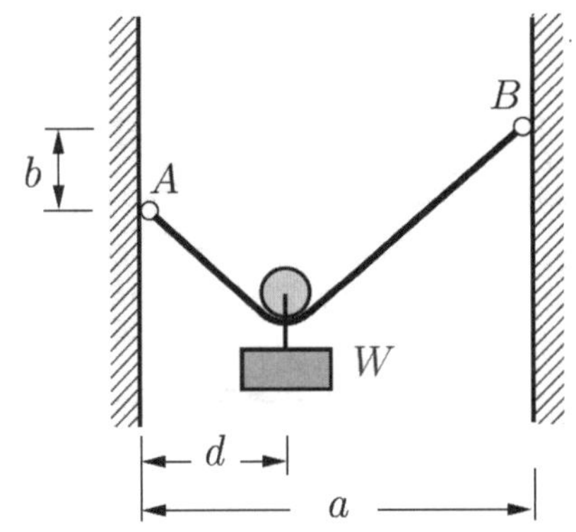

Figura 2.27

Resultados: veja (B) $S = \dfrac{Wl}{2\sqrt{l^2 - a^2}}, \quad d = \dfrac{a}{2}\left(1 - \dfrac{b}{\sqrt{l^2 - a^2}}\right).$

Exemplo 2.17 Um cilindro circular liso (peso W = 500 N) descansa sobre dois suportes fixos como mostrado na figura 2.28. Ele é submetido a uma força F = 200 N.

a) Calcule as forças de contato.

b) Determine a magnitude permissível de F para evitar que o cilindro saia de sua posição.

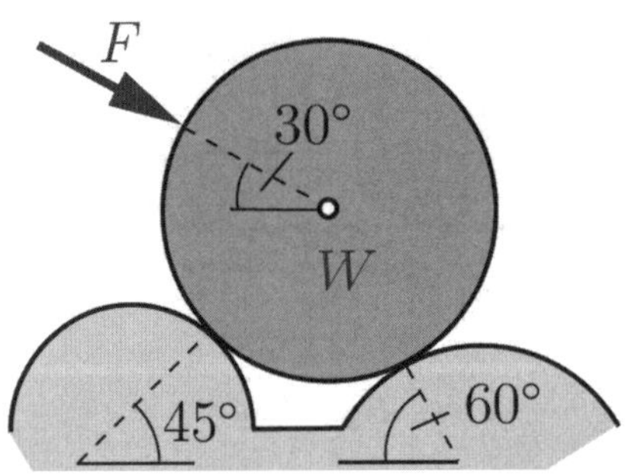

Figura 2.28

Resultados: a) N_l = 155 N, N_r = 566 N, b) $F_{permis} \leq$ 500 N.

Exemplo 2.18 Dois cilindros (pesos W_1 e W_2) estão presos por pinos através de uma barra (peso desprezível). Eles descansam sobre dois planos inclinados lisos, como mostrado na figura 2.29. Dados: W_1 = 200 N, W_2 = 300 N, α = 60°.

Calcule o ângulo φ na posição de equilíbrio e a força S correspondente na barra.

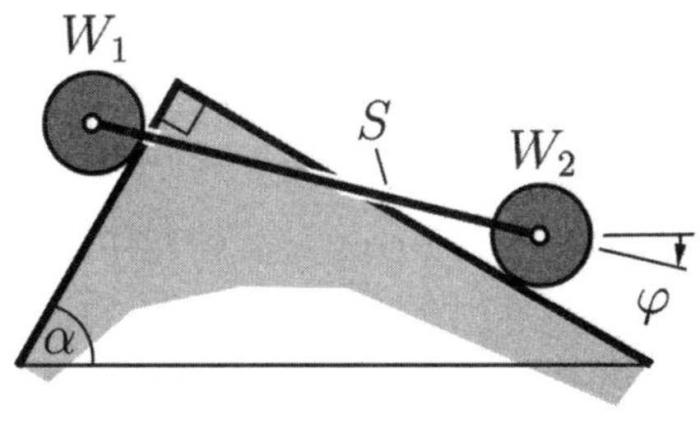

Figura 2.29

Resultados: $\varphi = -19°$, $S = 229$ N.

Exemplo 2.19 Um sistema espacial de forças concorrentes consiste das três forças

$$F_1 = a_1 \begin{pmatrix} 1 \\ 2 \\ 0 \end{pmatrix}, \quad F_2 = a_2 \begin{pmatrix} -9 \\ 6 \\ 9 \end{pmatrix}, \quad F_3 = a_3 \begin{pmatrix} 8 \\ -7 \\ 1 \end{pmatrix}.$$

Sua resultante é dada por $R = \begin{pmatrix} 30 \\ -28 \\ 44 \end{pmatrix}$ kN.

Determine as constantes incógnitas a_1, a_2, a_3, as magnitudes das forças $\boldsymbol{F}_1$, $\boldsymbol{F}_2$, $\boldsymbol{F}_3$ e o ângulo α entre $\boldsymbol{F}_2$ e $\boldsymbol{F}_3$.

Resultados: (valores selecionados) $a_1 = 2$ kN, $a_2 = 4$ kN, $\alpha = 134{,}3°$.

Exemplo 2.20 Uma esfera lisa (peso *W*, raio *R*) repousa sobre três pontos *A*, *B* e *C*. Esses três pontos formam um triângulo equilátero num plano horizontal. A altura do triângulo é $3a = \frac{3}{4}\sqrt{3}\,R$ (veja a figura 2.30). A linha de ação da força *F* aplicada passa pelo centro da esfera.

Determine as forças de contato em *A*, *B* e *C*. Encontre a força *F* necessária para erguer a esfera em *C*.

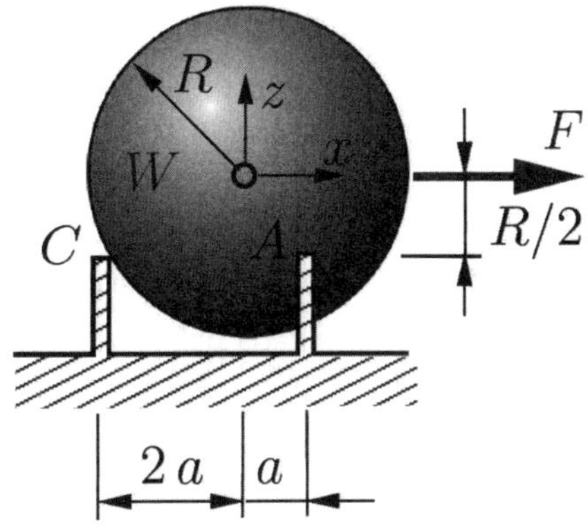

Figura 2.30

$$A = B = \frac{2}{3}\left(W + \frac{1}{\sqrt{3}}F\right), \quad C = \frac{2}{3}\left(W + \frac{2}{\sqrt{3}}F\right),$$

$$A = \frac{A}{4}\begin{pmatrix} -\sqrt{3} \\ 3 \\ 2 \end{pmatrix}, B = \frac{B}{4}\begin{pmatrix} -\sqrt{3} \\ -3 \\ 2 \end{pmatrix}, C = \frac{C}{4}\begin{pmatrix} 2\sqrt{3} \\ 0 \\ 2 \end{pmatrix},$$

$$F = \frac{\sqrt{3}}{2}W.$$

Resultados: veja (A)

Exemplo 2.21 A construção mostrada na figura 2.31 consiste de três barras que estão presas por pinos em *K*. Uma corda amarrada a uma parede é guiada sem atrito por um furo em *K*. A extremidade livre da corda suspende uma caixa (peso *W*).

Calcule as forças nas barras.

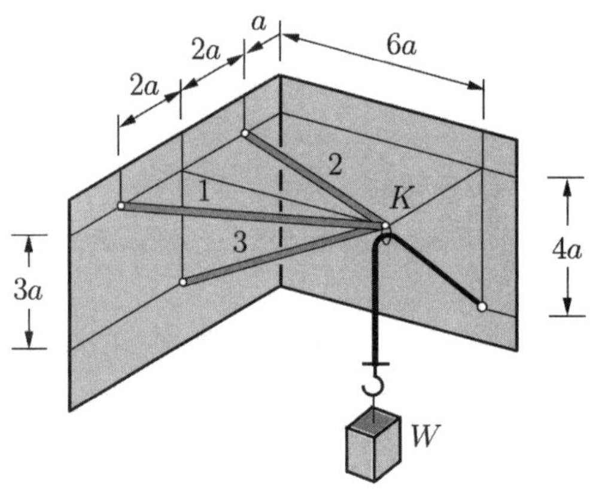

Figura 2.31

Resultados: veja (B) $\quad S_1 = \frac{9}{\sqrt{10}}W, \quad S_2 = \frac{3}{\sqrt{10}}W, \quad S_3 = \frac{9}{\sqrt{5}}W.$

2.7 Resumo

- As linhas de ação de um sistema de forças concorrentes faz interseção em um ponto.
- A resultante de um sistema de forças concorrentes é dada pelo vetor $\boldsymbol{R} = \sum \boldsymbol{F}_i$. Em coordenadas,

$$R_x = \sum F_{ix}, \quad R_y = \sum F_{iy}, \quad R_z = \sum F_{iz}.$$

No caso de um sistema coplanar, as componentes *z* desaparecem. Note: o sistema de coordenadas pode ser escolhido arbitrariamente; uma escolha apropriada pode poupar trabalho computacional.

- A condição de equilíbrio para um sistema de forças concorrentes é $\sum \boldsymbol{F}_i = \mathbf{0}$. Em coordenadas,

$$\sum F_{ix} = 0, \qquad \sum F_{iy} = 0, \qquad \sum F_{iz} = 0.$$

No caso de um problema coplanar, as componentes z desaparecem.

- Para resolver problemas de força, os passos seguintes são normalmente necessários:
  - Isolar o corpo (ponto).
  - Esboçar o diagrama de corpo livre: introduzir todas as forças exercidas *sobre* o corpo; considere as forças internas em barras com sendo forças tensoras.
  - Escolher um sistema de coordenadas.
  - Formular as condições de equilíbrio (3 equações em problemas espaciais, 2 equações em problemas coplanares).
  - Resolver as condições de equilíbrio.

- A força que atua no ponto de contato entre dois corpos pode ser tornada visível pela separação dos corpos. No caso de superfícies lisas, ela é perpendicular ao plano de contato.

Capítulo 3

Sistemas gerais de forças, equilíbrio de um corpo rígido

Objetivos: Neste capítulo, sistemas gerais de forças são considerados, isto é, forças cujas linhas de ação não fazem interseção num ponto. Para a análise, a noção de *momento* tem de ser introduzida. Os estudantes devem aprender como sistemas de forças coplanares e espaciais podem ser reduzidos e sob quais condições eles estão em equilíbrio. Eles também devem aprender a aplicar o método de seções para obter um diagrama de corpo livre. Um tal diagrama correto e uma aplicação apropriada das condições de equilíbrio são a chave para a solução de um problema coplanar ou espacial.

3.1 Sistemas gerais de forças num plano

3.1.1 Acoplamento e momento de um acoplamento

Na seção 2.1, foi mostrado que um sistema de *forças concorrentes* sempre pode ser reduzido a uma força resultante. No que segue, demonstramos como a resultante $\boldsymbol{R}$ de duas *forças paralelas* $\boldsymbol{F}_1$ e $\boldsymbol{F}_2$ pode ser encontrada (figura 3.1). Como primeiro passo, as duas forças $\boldsymbol{K}$ e $-\boldsymbol{K}$, que têm a mesma linha de ação, são somadas. Como elas estão em equilíbrio, não têm nenhum efeito sobre um corpo rígido. Então, dois paralelogramos (aqui, retângulos) são desenhados para se obter as forças $\boldsymbol{R}_1 = \boldsymbol{F}_1 + \boldsymbol{K}$ e $\boldsymbol{R}_2 = \boldsymbol{F}_2 + (-\boldsymbol{K})$. Estas forças, que são estaticamente equivalentes ao sistema dado de forças paralelas, representam um sistema de forças concorrentes. Elas podem ser movidas ao longo de suas respectivas linhas de ação (vetores deslizantes!) até seu ponto de interseção. Lá, outro paralelogramo de forças é construído, que produz a resultante

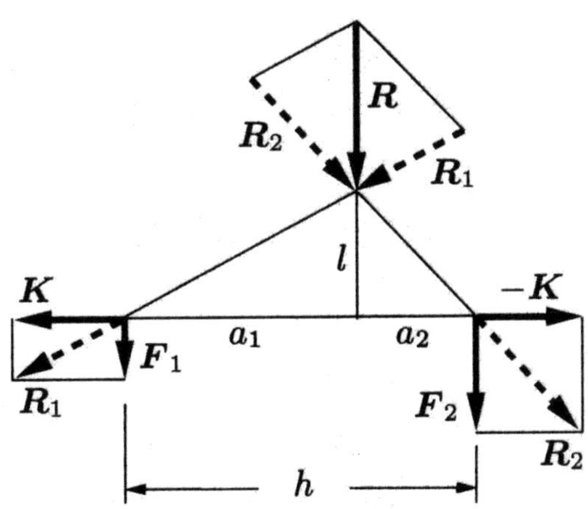

Figura 3.1

$$\boldsymbol{R} = \boldsymbol{R}_1 + \boldsymbol{R}_2 = \boldsymbol{F}_1 + \boldsymbol{F}_2. \tag{3.1}$$

Esta solução gráfica produz a magnitude R da resultante, bem como a localização de sua linha de ação. Partindo-se da figura 3.1, pode-se descobrir que

$$R = F_1 + F_2,$$

$$h = a_1 + a_2, \quad \frac{a_1}{l} = \frac{K}{F_1}, \quad \frac{a_2}{l} = \frac{K}{F_2} \tag{3.2}$$

Desta forma, a magnitude da resultante $\boldsymbol{R}$ das forças paralelas é simplesmente a soma algébrica das magnitudes das forças. A equação (3.2) também produz o *princípio da alavanca* de Arquimedes

$$a_1 F_1 = a_2 F_2 \tag{3.3}$$

e as distâncias

$$a_1 = \frac{F_2}{F_1 + F_2} h = \frac{F_2}{R} h, \qquad a_2 = \frac{F_1}{F_1 + F_2} h = \frac{F_1}{R} h. \tag{3.4}$$

Assim, o método descrito acima sempre fornece a força resultante e a localização de sua linha de ação, a menos que o denominador em (3.4) seja zero. Neste caso, diz-se que as duas forças formam um *acoplamento*.

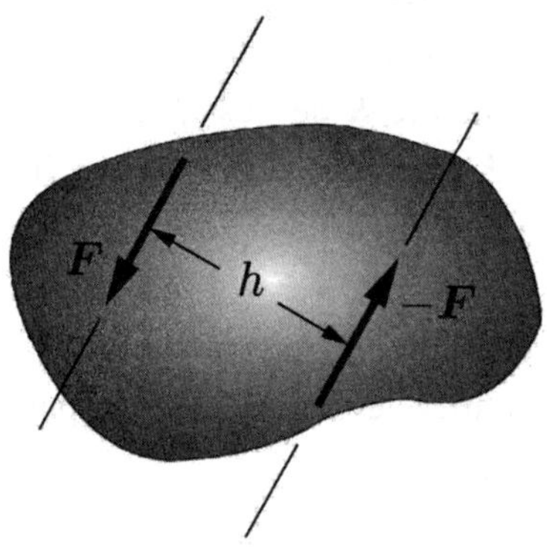

Figura 3.2

Um *acoplamento* consiste de duas forças de igual magnitude, linhas de ação paralelas e direções opostas (figura 3.2). Neste caso, o método para se encontrar a resultante não funciona. Com $F_2 = -F_1$, as equações (3.2) e (3.4) levam a $R = 0$ e a_1, $a_2 \to \pm\infty$. Portanto, um acoplamento *não* pode ser reduzido a uma única força resultante.

Embora a força resultante de um acoplamento seja zero, o acoplamento tem um efeito sobre o corpo sobre o qual ele atua: ele tende a girar o corpo. A figura 3.3 mostra três exemplos de acoplamentos: a) um timão que está para ser girado, b) uma chave de fenda atuando sobre a cabeça de um parafuso e c) uma barra "presa" cuja extremidade livre é torcida. Como se pode ver, um acoplamento tem um *sentido de rotação*: ou horário, ou anti-horário. Similar à noção de força "concentrada", o acoplamento é uma idealização que substitui a ação das forças de área.

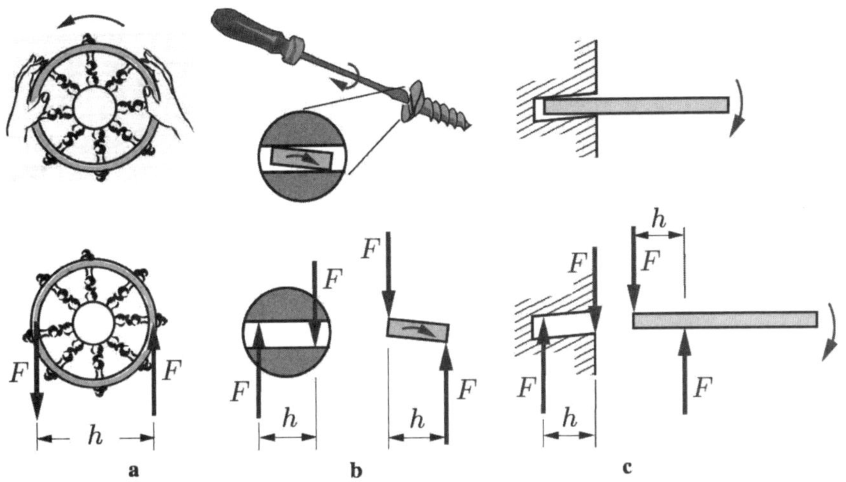

Figura 3.3

Agora, vamos investigar os valores que definem um acoplamento e suas propriedades. O efeito de um acoplamento sobre um corpo rígido é inequivocamente determinado por seu *momento*. O momento incorpora dois valores: primeiro, sua magnitude M que é dada pelo produto da distância perpendicular h das linhas de ação (figura 3.2) e a magnitude F das forças

$$M = hF, \tag{3.5}$$

e, segundo, seu sentido de rotação. Nas figuras, o sentido de rotação é representado por uma seta curva (↶ ou ↷). Os valores de *magnitude* M e de sentido de rotação ↶ indicam que um momento de acoplamento é um vetor no espaço tridimensional. O momento tem a dimensão comprimento vezes força [lF] e é expresso, por exemplo, na unidade Nm. Para evitar confusão com a unidade mN ≙ mili-Newton, a sequência das unidades de comprimento e força é trocada: Nm ≙ Newton-metro.

A figura 3.4 mostra que um acoplamento com um dado momento pode ser produzido por muitos pares de forças diferentes. Se as forças K e $-K$ forem somadas para o dado acoplamento (forças F, distância perpendicular h), um acoplamento estaticamente equivalente será obtido (forças F', distância perpendicular h'). O momento do acoplamento, isto é, o sentido da rotação e a magnitude do momento

$$M = h'F' = (h\, sen\, \alpha)\left(\frac{F}{sen\, \alpha}\right) = hF$$

permanecem inalterados. Pela sucessiva aplicação deste procedimento, um acoplamento pode ser movido arbitrariamente no plano, sem qualquer alteração de seu momento. Destarte, em contraste com uma força, um acoplamento *não* está preso a uma linha de ação. Consequentemente, ele pode ser aplicado a pontos arbitrários de um corpo rígido: sempre terá o mesmo efeito de rotação.

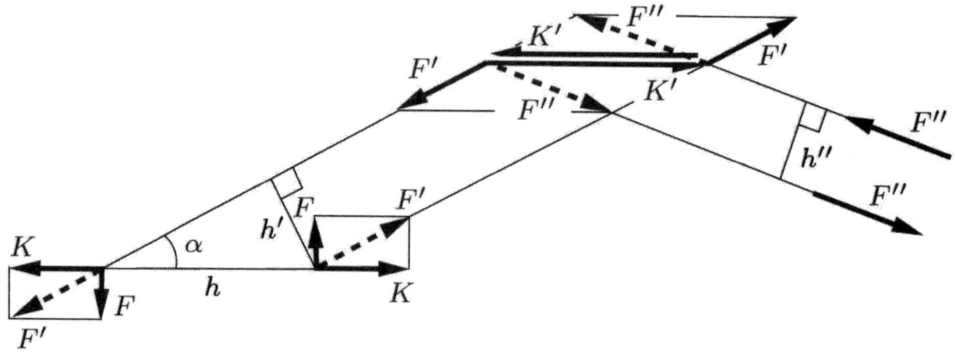

Figura 3.4

Um acoplamento é exclusivamente descrito por seu momento. Assim, as duas forças F e $-F$ no que segue são substituídas pelo momento do acoplamento. Em particular, nas figuras, vamos substituir as duas forças por uma seta curva, isto é, ↶ M, como mostrado na figura 3.5. Esta notação incorpora a magnitude M do momento do acoplamento e o sentido de rotação (seta curva); ela é análoga à notação ↗ F (seta e magnitude da força).

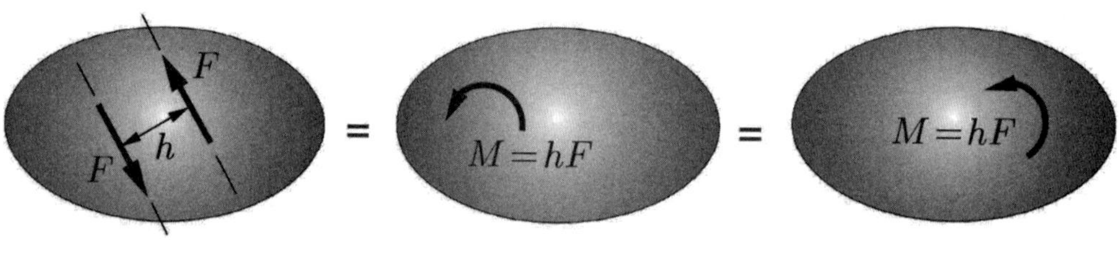

Figura 3.5

A lei de ação e reação (seção 1.5) afirma que toda força tem um força contrária de mesma magnitude, mas de sentido oposto. Por analogia, todo momento de acoplamento tem um momento de acoplamento contrário de igual magnitude, mas de sentido de rotação oposto. Por exemplo, a chave de fenda da figura 3.3b exerce um momento $M = hF$ sobre o parafuso que atua no sentido horário, enquanto o parafuso exerce um momento de igual magnitude na direção anti-horária sobre a chave de fenda.

Se vários acoplamentos atuarem sobre um corpo rígido, eles poderão ser apropriadamente movidos e girados, e depois somados para produzir um momento resultante M_R (figura 3.6). Os momentos de acoplamento são somados algebricamente, levando-se em conta seus sinais algébricos (dados por seus respectivos sentidos de rotação):

$$M_R = \sum M_i. \tag{3.6}$$

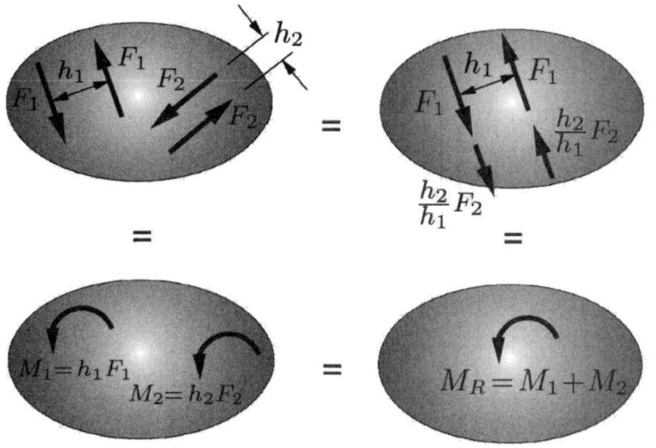

Figura 3.6

Se a soma dos momentos for zero, o momento de acoplamento resultante, e, consequentemente, a tendência a girar o corpo, desaparecerá. Deste modo, a condição de equilíbrio para um sistema de momentos de acoplamento é

$$M_R = \sum M_i = 0. \tag{3.7}$$

3.1.2 Momento de uma força

Uma força atuando sobre um corpo rígido é um vetor deslizante: ele pode ser movido ao longo de sua linha de ação sem mudar o efeito sobre o corpo. Com o auxílio da noção do momento de acoplamento, vamos agora investigar como uma força pode ser movida para uma linha de ação paralela. Considere, na figura 3.7, uma força F cuja linha de ação f é considerada como movida para a posição f', que é paralela a f e passa pelo ponto 0. a distância perpendicular das duas linhas é dada por h. Como primeiro passo, as forças F e $-F$ são introduzidas na linha f'. Essas duas forças estão em equilíbrio. Uma das forças e a força originalmente dada (linha de ação f) representam um acoplamento. O momento de acoplamento é dado pela sua magnitude $M^{(0)} = hF$ e pelo sentido de rotação. O sistema consistindo da força F com linha de ação f' e momento de acoplamento $M^{(0)} = hF$ é estaticamente equivalente à força F com linha de ação f. O valor $M^{(0)} = hF$ é chamado de *momento da força F* em torno (com relação ao) ponto 0. O sobrescrito (0) indica o *ponto de referência*. A distância perpendicular do ponto 0 até a linha de ação f é chamado de *braço de alavanca* da força F com relação a 0. O *sentido de rotação* do momento é dado pelo sentido de rotação da força F em torno de 0.

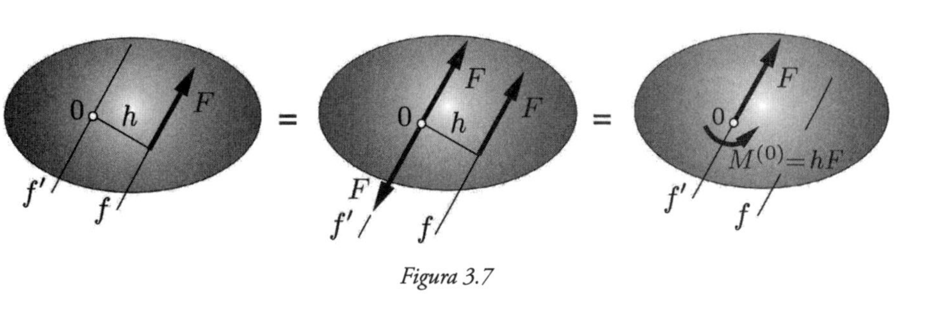

Figura 3.7

Deve-se notar que um momento de acoplamento é independente do ponto de referência, enquanto a magnitude e o sentido de rotação do momento de uma força dependem desse ponto.

Muitas vezes, é vantajoso substituir uma força $\boldsymbol{F}$ por suas componentes cartesianas $\boldsymbol{F}_x = F_x\boldsymbol{e}_x$ e $\boldsymbol{F}_y = F_y\boldsymbol{e}_y$ (figura 3.8). Adotando-se a convenção de sinal comumente usada de que um momento é *positivo* se tender a girar o corpo no sentido *anti-horário* quando visto de cima (↶), o momento da força F em torno do ponto 0 na figura 3.8 é dado por $M^{(0)} = hF$. Usando-se as relações

$h = x \operatorname{sen} \alpha - y \cos \alpha$

e

$\operatorname{sen} \alpha = F_y / F, \quad \cos \alpha = F_x / F,$

o momento também pode ser representado como

$$M^{(0)} = hF = \left(x\frac{F_y}{F} - y\frac{F_x}{F} \right) F = xF_y - yF_x. \tag{3.8}$$

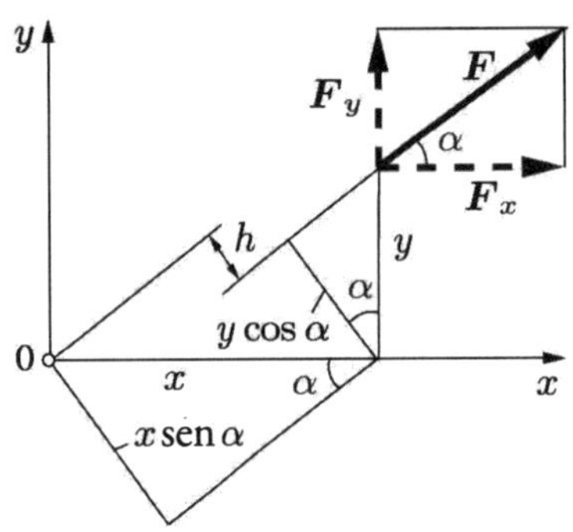

Figura 3.8

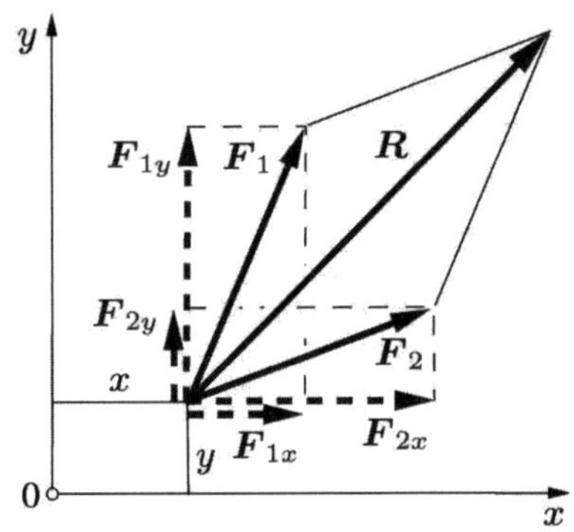

Figura 3.9

Assim, o momento é igual à soma dos momentos das componentes da força em torno de 0. Note os sentidos de rotação das respectivas componentes: eles determinam os sinais algébricos na somatória.

Considere, agora, duas forças F1 e F2 e sua respectiva resultante R (figura 3.9). Os momentos das duas forças com relação ao ponto 0 são

$M_1^{(0)} = xF_{1y} - yF_{1x}, \qquad M_2^{(0)} = xF_{2y} - yF_{2x},$

e sua soma é dada por

$M_1^{(0)} + M_2^{(0)} = x(F_{1y} + F_{2y}) - y(F_{1x} + F_{2x}) = xR_y - yR_x = M_R^{(0)}.$

Desta forma, é irrelevante se as forças são somadas primeiro e depois o momento é determinado, ou se a soma dos momentos individuais é calculada. Essa propriedade vale para um número arbitrário de forças:

A soma dos momentos de forças únicas é igual ao momento de suas resultantes.

3.1.3 Resultante de sistemas de forças coplanares

Considere um corpo rígido que é submetido a um sistema geral de forças coplanares (figura 3.10). Para investigar como esse sistema pode ser reduzido a um sistema mais simples, um ponto de referência A é escolhido e as linhas de ação das forças são movidas sem alterar suas direções, até que passem por A.

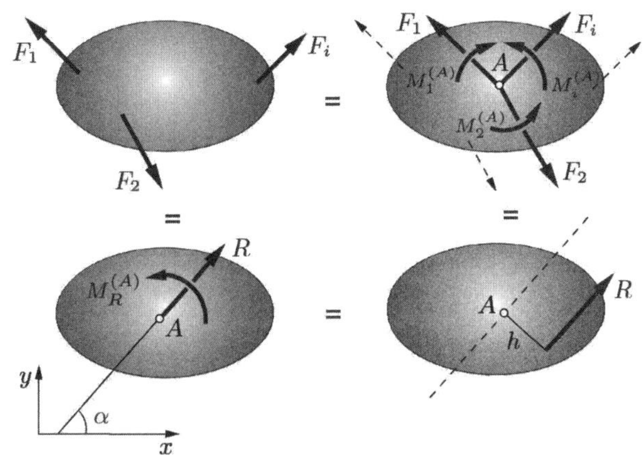

Figura 3.10

Para evitar a alteração do efeito das forças sobre o corpo, os momentos respectivos das forças em torno de A devem ser introduzidos. Então, o sistema geral de forças dado é substituído por um sistema de forças concorrentes e um sistema de momentos. Esses dois sistemas podem ser reduzidos a uma força resultante R com as componentes R_x e R_y e um momento resultante $M_R^{(A)}$. De acordo com (2.7) e (3.6), eles são dados por

$$R_x = \sum F_{ix}, \qquad R_y = \sum F_{iy}, \qquad M_R^{(A)} = \sum M_i^{(A)}. \tag{3.9}$$

A magnitude e a direção da força resultante pode ser calculada a partir de

$$R = \sqrt{R_x^2 + R_y^2}, \qquad tg\,\alpha = \frac{R_y}{R_x} \tag{3.10}$$

O sistema da resultante R (linha de ação passando por A) e o momento $M_R^{(A)}$ podem ser ainda mais simplificados. Ele é equivalente à força única R isolada se a linha de ação for movida apropriadamente. A distância perpendicular h (figura 3.10) deve ser escolhida de tal forma que o momento $M_R^{(A)}$ seja igual a hR, isto é, $hR = M_R^{(A)}$, o que dá

$$h = \frac{M_R^{(A)}}{R}. \tag{3.11}$$

Se $M_R^{(A)} = 0$ e $R \neq 0$, a equação (3.11) dá $h = 0$. Neste caso, a linha de ação da resultante do sistema de forças geral passa por A. Por outro lado, se $R = 0$ e $M_R^{(A)} \neq 0$, não é mais possível uma redução: o sistema de forças está reduzido a apenas um momento (isto é, um acoplamento), o qual é independente da escolha do ponto de referência.

As equações de (3.9) a (3.11) podem ser usadas tanto para se calcular a magnitude e a direção da resultante, quanto a localização de sua linha de ação.

Exemplo 3.1 Um disco é submetido a quatro forças, como mostrado na figura 3.11a. As forças têm as magnitudes dadas F ou $2F$, respectivamente.

Determine a magnitude e a direção da resultante e a localização de sua linha de ação.

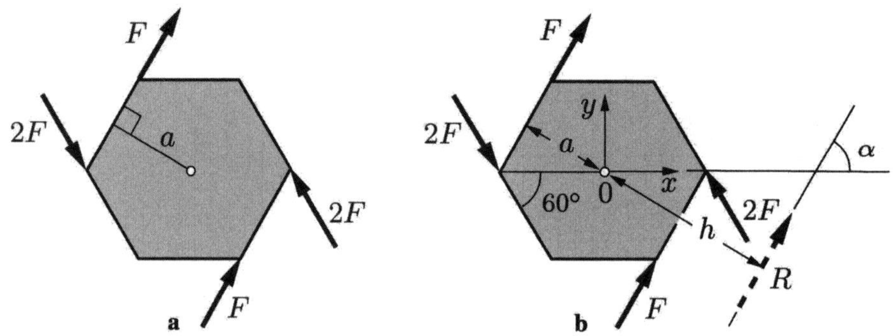

Figura 3.11

Solução Escolhemos um sistema de coordenadas x,y (figura 3.11b), e sua origem 0 é tomada como ponto de referência. De acordo com a convenção de sinal, momentos positivos tendem a girar o disco no sentido anti-horário (↶). Assim, de (3.9), obtemos

$$R_x = \sum F_{ix} = 2F\cos 60° + F\cos 60° + F\cos 60° - 2F\cos 60° = F,$$

$$R_y = \sum F_{iy} = -2F\,\text{sen}\,60° + F\,\text{sen}\,60° + F\,\text{sen}\,60° + 2F\,\text{sen}\,60° = \sqrt{3}\,F,$$

$$M_R^{(0)} = \sum M_i^{(0)} = 2aF + aF + 2aF - aF = 4aF,$$

o que resulta em (veja (3.10))

$$\underline{\underline{R}} = \sqrt{R_x^2 + R_y^2} = \underline{\underline{2F}}, \quad tg\alpha = \frac{R_y}{R_x} = \sqrt{3} \rightarrow \underline{\underline{\alpha = 60^0}}.$$

A distância perpendicular da resultante a partir do ponto 0 segue de (3.11):

$$\underline{\underline{h}} = \frac{M_R^{(0)}}{R} = \frac{4aF}{2F} = \underline{\underline{2a}}.$$

3.1.4 Condições de equilíbrio

Como mostrado na seção 3.1.3, um sistema geral de forças coplanares pode ser reduzido a um sistema de forças concorrentes e um sistema de momentos com relação a um ponto de referência arbitrário *A*. O sistema de momentos consiste dos momentos das forças e de possíveis momentos de acoplamento. Os sistemas estarão sujeitos às condições de equilíbrio (2.11) e (3.7), respectivamente. Então, um corpo rígido sob a ação de um sistema geral de forças coplanares está em equilíbrio se as seguintes condições de equilíbrio forem satisfeitas:

$$\sum F_{ix} = 0, \qquad \sum F_{iy} = 0, \qquad \sum M_i^{(A)} = 0. \tag{3.12}$$

O número de condições de equilíbrio (três) é igual ao número de movimentos possíveis (três) de um corpo num problema coplanar: translações nas direções x e y, respectivamente, e uma rotação em torno de um eixo que seja perpendicular ao plano x,y. Diz-se que o corpo tem três *graus de liberdade*.

Agora, mostramos que o ponto de referência na equação de movimento de (3.12) pode ser escolhido arbitrariamente. Para fazê-lo, formulamos a equação de movimento com relação ao ponto *A* (veja a figura 3.12):

$$\begin{aligned}\sum M_i^{(A)} &= \sum [(x_i - x_A)F_{iy} - (y_i - y_A)F_{ix}] \\ &= \sum (x_i F_{iy} - y_i F_{ix}) - x_A \sum F_{iy} + y_A \sum F_{ix} \qquad (3.13) \\ &= \sum M_i^{(B)} - x_A \sum F_{iy} + y_A \sum F_{ix}.\end{aligned}$$

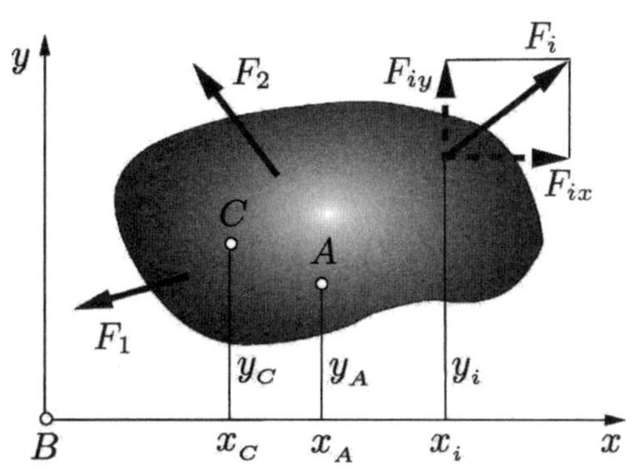

Figura 3.12

Se as condições de equilíbrio (3.12) forem satisfeitas, a equação (3.13) imediatamente produzirá $\sum M_i^{(B)} = 0$. Por outro lado, se $\sum F_{ix} = 0$, $\sum F_{iy} = 0$ e $\sum M_i^{(B)} = 0$, então $\sum M_i^{(A)} = 0$ também terá de ser satisfeita. Destarte, é irrelevante o ponto que é escolhido como referência.

Em vez de usar *duas* condições de força e *uma* condição de momento, *uma* condição de força e *duas* condições de momento podem ser aplicadas. Introduzindo-se as condições

$$\sum F_{ix} = 0, \qquad \sum M_i^{(A)} = 0, \qquad \sum M_i^{(B)} = 0 \tag{3.14}$$

em (3.13), $\sum F_{iy} = 0$ também é satisfeita se $x_A \neq 0$. Portanto, as condições de equilíbrio (3.14) são equivalentes às condições (3.12) se os dois pontos A e B não se encontrarem sobre uma linha reta (aqui, o eixo y) que é perpendicular à direção do equilíbrio de forças (aqui, a direção x). Similarmente, as condições

$$\sum F_{iy} = 0, \qquad \sum M_i^{(A)} = 0, \qquad \sum M_i^{(B)} = 0 \tag{3.15}$$

também levam a $\sum F_{ix} = 0$ se $y_A \neq 0$.

Três pontos A, B e C também podem ser escolhidos e apenas equações de momento de equilíbrio usadas, como segue:

$$\sum M_i^{(A)} = 0, \qquad \sum M_i^{(B)} = 0, \qquad \sum M_i^{(C)} = 0. \tag{3.16}$$

Essas equações são equivalentes a (3.12) se os pontos A, B e C não se encontrarem sobre uma linha reta. Para provar essa afirmativa, usamos (3.13) e a relação correspondente para um ponto C arbitrário:

$$\begin{aligned} \sum M_i^{(A)} &= \sum M_i^{(B)} - x_A \sum F_{iy} + y_A \sum F_{ix}, \\ \sum M_i^{(C)} &= \sum M_i^{(B)} - x_C \sum F_{iy} + y_C \sum F_{ix}. \end{aligned} \tag{3.17}$$

Introduzindo (3.16) temos

$$-x_A \sum F_{iy} + y_A \sum F_{ix} = 0, \quad -x_C \sum F_{iy} + y_C \sum F_{ix} = 0,$$

e eliminando $\sum F_{iy}$ e $\sum F_{ix}$, respectivamente, levamos a

$$\left(-x_C \frac{y_A}{x_A} + y_C\right) \sum F_{ix} = 0, \qquad \left(-x_C \frac{x_A}{y_A} + y_C\right) \sum F_{iy} = 0.$$

Consequentemente, $\sum F_{ix} = 0$ e $\sum F_{iy} = 0$ são garantidos se os termos entre parênteses forem diferentes de zero, isto é, se $y_A/x_A \neq y_C/x_C$. Isso significa que os pontos A e C, respectivamente, não devem se encontrar sobre a mesma linha reta passando pela origem B do sistema de coordenadas.

Em princípio, não tem relevância se as condições de equilíbrio (3.12), (3.14) ou (3.16) são aplicadas para resolução de um dado problema. Na prática, porém, pode ser vantajoso o uso de uma forma ou de outra.

Para se aplicar uma condição de equilíbrio de momento (p.ex., $\sum M_i^{(A)} = 0$), é necessário especificar-se um ponto de referência e um sentido de rotação positivo (p.ex., anti-horário). No que segue, o símbolo $\overset{\frown}{A}$ é usado para implicar que a soma de todos os momentos em torno do ponto A deve ser igual a zero e que os momentos na direção da seta curva são tidos como positivos. Essa notação é análoga àquela para o equilíbrio de forças (p.ex., $\rightarrow$:).

Considere, mais uma vez, um sistema geral de forças coplanares. De acordo com (3.12) e os resultados da seção 3.1.3, pode-se sempre reduzir o sistema a um dos quatro casos seguintes:

1. A *resultante* não passa pelo ponto de referência A (figura 3.13a):
   $\boldsymbol{R} \neq \boldsymbol{0}, \qquad M^{(A)} \neq 0.$

2. A *resultante* passa pelo ponto de referência A (figura 3.13b):
   $\boldsymbol{R} \neq \boldsymbol{0}, \qquad M^{(A)} = 0.$

3. A*coplamento* (independente do ponto de referência A) (figura 3.13c):
   $\boldsymbol{R} = \boldsymbol{0}, \qquad M^{(A)} = M \neq 0.$

4. *Equilíbrio* (figura 3.13d):
   $\boldsymbol{R} = \boldsymbol{0}, \qquad M^{(A)} = 0.$

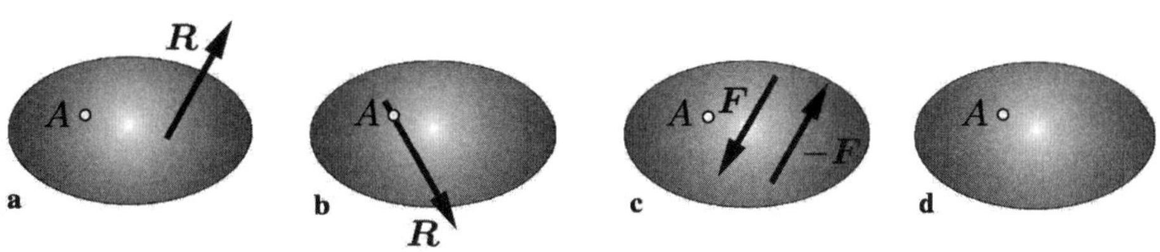

Figura 3.13

Exemplo 3.2 A viga mostrada na figura 3.14a pode balançar em torno de seu apoio (veja o capítulo 5). ela é carregada com duas forças F_1 e F_2. Seu peso pode ser desprezível.

Determine a localização do apoio de modo que a viga esteja em equilíbrio. Encontre a força A exercida sobre a viga a partir do apoio.

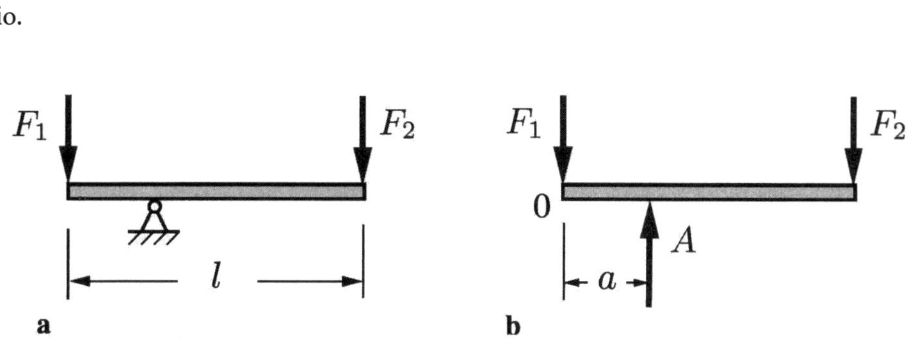

Figura 3.14

Solução A distância necessária do apoio até o ponto 0 é denotada por a (figura 3.14b). A viga é isolada no diagrama de corpo livre e a força A (= reação do apoio, veja o capítulo 5) é introduzida. Como as forças F_1 e F_2 atuam na direção vertical (as componentes horizontais são zero), a força A também tem de ser vertical. Isso vem da condição de equilíbrio na direção horizontal.

O ponto de referência para a condição de equilíbrio de momentos pode ser escolhido arbitrariamente. Porém, mais prático é a escolha de um ponto na linha de ação de uma das forças. Depois, o braço de alavanca dessa força é zero e a força não aparece na equação do momento. Se o ponto 0 for escolhido, as condições de equilíbrio serão (o equilíbrio das forças na direção horizontal é identicamente satisfeito)

$$\uparrow: A - F_1 - F_2 = 0, \qquad \widehat{0}: aA - lF_2 = 0.$$

Isso leva a

$$\underline{\underline{A = F_1 + F_2}}, \qquad \underline{\underline{a = \frac{F_2}{F_1 + F_2} l}}.$$

Como verificação, o ponto A é escolhido como referência. Então, o equilíbrio do momento é dado por

$$\widehat{A}: aF_1 - (l - a)F_2 = 0,$$

o que leva ao mesmo resultado encontrado acima.

Exemplo 3.3 Um cabo é passado sobre uma polia ideal e submetido a forças S_1 e S_2, que atuam nos ângulos dados α e β (figura 3.15a). As duas forças estão em equilíbrio.

Se a força S_1 for dada, determine a força S_2 necessária e a força exercida em 0 a partir do apoio na polia.

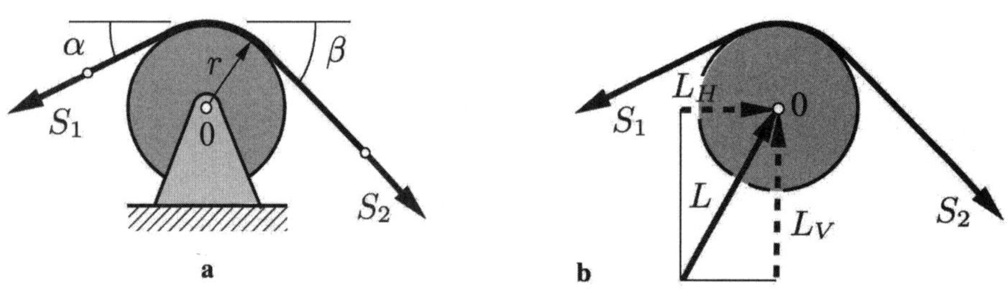

Figura 3.15

Solução Para resolver o problema, a polia é isolada (figura 3.15b). A solução da primeira parte do problema é encontrada com o auxílio do equilíbrio de momentos em torno do ponto 0. A força L que atua em 0 sobre a polia não tem braço de alavanca, e numa polia ideal não existe momento induzido por atrito. Consequentemente, a condição de equilíbrio de momentos produz

$$\widehat{0}: \quad rS_1 - rS_2 = 0 \quad \rightarrow \quad \underline{\underline{S_2 = S_1}}.$$

Este resultado já é conhecido da seção 2.4, figura 2.11b.

Como a direção da força L é desconhecida, ela é resolvida em suas componentes, L_H e L_V, nas direções horizontal e vertical, respectivamente. As condições de equilíbrio

$$\uparrow: \quad L_V - S_1 \text{ sen } \alpha - S_2 \text{ sen } \beta = 0,$$

$$\rightarrow: \quad L_H - S_1 \cos \alpha + S_2 \cos \beta = 0$$

e $S_2 = S_1$ levam ao resultado

$$\underline{\underline{L_V = S_1 (\text{sen } \alpha + \text{sen } \beta)}}, \quad \underline{\underline{L_H - S_1 (\cos \alpha - \cos \beta)}}.$$

No caso especial de $\alpha = \beta$, obtemos $L_V = 2S_1 \text{ sen } \alpha$, $L_H = 0$. Se $\alpha = \beta = \pi / 2$, então $L_V = 2S_1$.

Exemplo 3.4 Uma barra homogênea (comprimento $4a$, peso W) está suspensa em C por uma corda. A barra toca as paredes verticais em A e B (figura 3.16a).

Encontre a força na corda e as forças de contato em A e B.

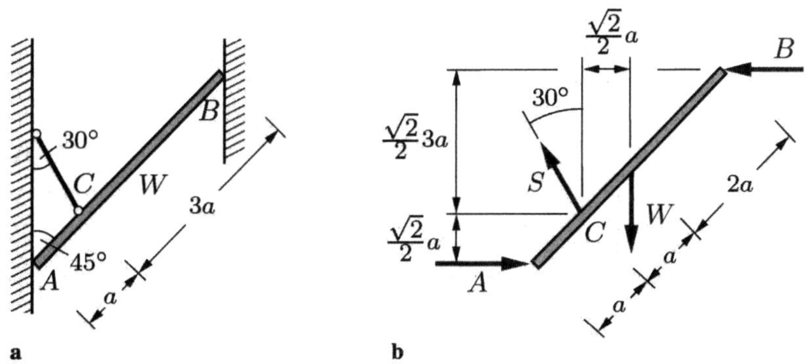

Figura 3.16

Solução Isolamos a barra cortando a corda e removendo as duas paredes. O diagrama de corpo livre (figura 3.16b) mostra as forças de contato A e B atuando perpendicularmente aos planos de contato (paredes lisas), a força S na corda e o peso W (atuando no centro da barra, compare com o capítulo 4). Para formular a soma dos momentos, o ponto C é escolhido como referência: os braços de alavanca das forças resultam de simples relações geométricas. As condições de equilíbrio, então, são dadas por

$$\uparrow: \quad S \cos 30^\circ - W = 0,$$

$$\rightarrow: \quad A - B - S \text{ sen } 30^\circ = 0,$$

$$\overset{\frown}{C}: \quad \frac{\sqrt{2}}{2}aA - \frac{\sqrt{2}}{2}aW + \frac{\sqrt{2}}{2}3aB = 0.$$

Com cos 30° = $\sqrt{3}/2$, sen 30° = ½ as três forças incógnitas são obtidas como

$$\underline{\underline{S = \frac{2\sqrt{3}}{3}W}}, \quad \underline{\underline{A = \frac{1+\sqrt{3}}{4}W}}, \quad \underline{\underline{B = \frac{3-\sqrt{3}}{12}W}}.$$

Exemplo 3.5 Uma barra (comprimento $l = \sqrt{2}r$, peso desprezível) encontra-se dentro de uma caixa esférica lisa com raio r (figura 3.17a).

Se um peso W for preso à barra, determine a distância x da extremidade esquerda da barra necessária para manter a barra em equilíbrio com o ângulo α = 15°. Calcule as forças de contato em A e B.

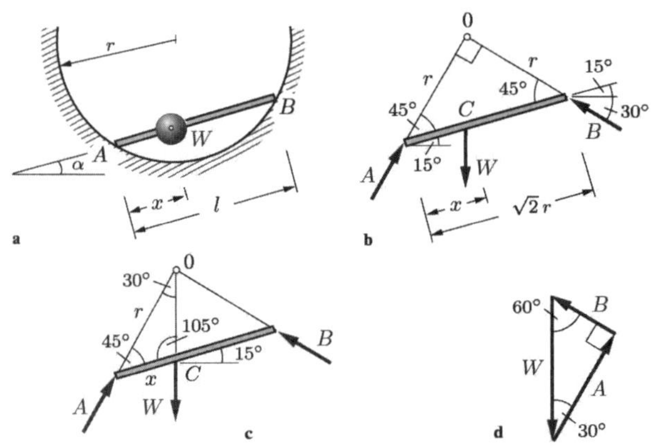

Figura 3.17

Solução O diagrama de corpo livre (figura 3.17b) mostra as forças que atuam sobre a barra isolada. As forças de contato são ortogonais aos respectivos planos de contato (superfícies lisas). Consequentemente, elas são direcionadas para o centro 0 da esfera. O triângulo isósceles $0AB$ exibe um ângulo reto em 0, por causa dos comprimentos dados r e $l = \sqrt{2}r$. As forças A e B são inclinadas com ângulos de 60° e 30°, respectivamente. Se as forças A e B forem resolvidas em suas componentes perpendicular e paralela à barra, as seguintes condições de equilíbrio serão obtidas:

$$\uparrow: \quad A \text{ sen } 60° + B \text{ sen } 30° - W = 0,$$

$$\rightarrow: \quad A \cos 60° - B \cos 30° = 0,$$

$$\overset{\frown}{C}: \quad -x\,(A \text{ sen } 45°) + (l - x)(B \text{ sen } 45°) = 0.$$

Essas são as três equações para as três incógnitas A, B e x. As equações das forças levam às forças de contato (note: sen 30° = cos 60° = ½, sen 60° = cos 30° = $\sqrt{3}/2$):

$$\underline{\underline{A=\frac{\sqrt{3}}{2}W}}, \quad \underline{\underline{B=\frac{1}{2}W}}.$$

Se esses resultados e sen 45° = $\sqrt{2}/2$ forem introduzidos na equação de momentos, a distância necessária será obtida:

$$\underline{\underline{x}}=l\frac{B}{A+B}=\underline{\underline{\frac{l}{\sqrt{3}+1}}}.$$

O problema também pode ser resolvido gráfico-analiticamente. Se três forças estão em equilíbrio, elas devem ser concorrentes. Como as linhas de ação de A e B fazem interseção em 0, a linha de ação de W também deve passar por este ponto (figura 3.17c). A lei dos senos é agora aplicada ao triângulo $0AC$. Com sen 105° = sen (45° + 60°) = sen 45° cos 60° + cos 45° sen 60° = $(\sqrt{2}/4)(1+\sqrt{3})$ e $r = l/\sqrt{2}$, tem-se, novamente,

$$\underline{\underline{x}}=r\frac{sen30^0}{sen105^0}=\frac{l}{\sqrt{2}}\frac{1/2}{\frac{\sqrt{2}}{4}\left(1+\sqrt{3}\right)}=\underline{\underline{\frac{l}{1+\sqrt{3}}}}.$$

As forças de contato A e B são determinadas a partir de um esboço do plano de forças (sem escala, veja a figura 3.17d):

$$\underline{\underline{A}}=W\cos 30^0=\underline{\underline{\frac{\sqrt{3}}{2}W}}, \quad \underline{\underline{B}}=sen30^0=\underline{\underline{\frac{W}{2}}}.$$

Exemplo 3.6 Uma alavanca (comprimento l) que é submetida a uma força vertical F (figura 3.18a) exerce uma força de contato sobre um cilindro circular (raio r, peso W). O peso da alavanca pode ser ignorado. Todas as superfícies são lisas.

Determine a força de contato entre o cilindro e o piso, se a altura h do batente for igual ao raio r desse cilindro.

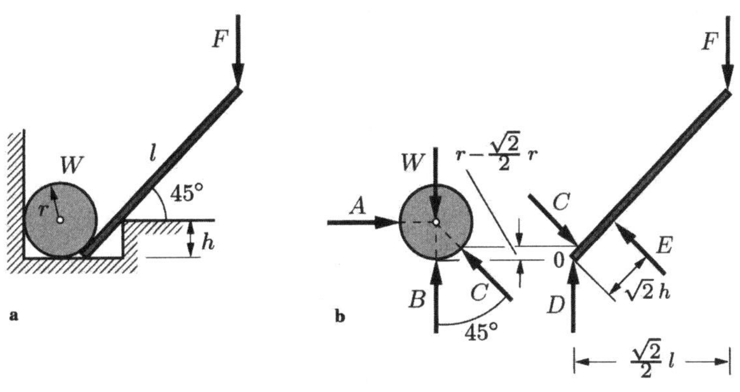

Figura 3.18

Solução O cilindro e a alavanca são isolados e as forças de contato de A a E, que são perpendiculares aos planos de contato nos respectivos pontos, são introduzidas (figura 3.18b). Note que o piso e a alavanca representam os planos de contato em D e E, respectivamente. As condições de equilíbrio para a alavanca são dadas por

$$\rightarrow: \quad \frac{\sqrt{2}}{2}C - \frac{\sqrt{2}}{2}E = 0,$$

$$\uparrow: \quad D - \frac{\sqrt{2}}{2}C - \frac{\sqrt{2}}{2}E - F = 0,$$

$$\widehat{0}: \quad \sqrt{2}r\left(1 - \frac{\sqrt{2}}{2}\right)C - \sqrt{2}hE + \frac{\sqrt{2}}{2}lF = 0$$

e o equilíbrio no cilindro (forças concorrentes) exigem

$$\rightarrow: \quad A - \frac{\sqrt{2}}{2}C = 0,$$

$$\uparrow: \quad B + \frac{\sqrt{2}}{2}C - W = 0.$$

Essas são as cinco equações para as cinco forças desconhecidas de A a E. Com $h = r$, elas produzem a força de contato no ponto B:

$$\underline{\underline{B = W - \frac{l}{2r}F.}}$$

No caso de $F = (2r/l)W$, a força de contato B desaparece. Para valores maiores de F, não há equilíbrio: o cilindro será erguido.

3.2 Sistemas gerais de forças no espaço

3.2.1 O vetor momento

Para investigar sistemas gerais de forças no espaço, o *vetor momento* é, agora, introduzido. Para tal, o problema coplanar que já foi tratado na seção 3.1.2 (veja a figura 3.8) é reconsiderado na figura 3.19. A força $\boldsymbol{F}$, que atua no plano x,y, tem um momento $M^{(0)}$ em torno do ponto 0. Com $\boldsymbol{F}_x = F_x\boldsymbol{e}_x$, etc, ele é dada por

$$M_z^{(0)} = hF = xF_y - yF_x \tag{3.18}$$

(compare com (3.8)). O sinal algébrico (sentido de rotação positivo) é escolhido como na seção 3.1.2. O subscrito z indica que $M_z^{(0)}$ exerce um momento em torno do eixo z.

Os dois valores (magnitude e sentido de rotação) pelos quais um acoplamento é definido em problemas coplanares podem ser expressos matematicamente pelo vetor momento

$$\boldsymbol{M}_z^{(0)} = M_z^{(0)}\boldsymbol{e}_z. \tag{3.19}$$

O vetor $\boldsymbol{M}_z^{(0)}$ aponta na direção do eixo z. Ele incorpora a magnitude $M_z^{(0)}$ e o sentido de rotação positivo. Este sentido de rotação é determinado pela *regra da mão direita*: se olharmos na direção do eixo z positivo, um momento positivo tende a girar o corpo no sentido horário.

Para distinguir entre vetores força e vetores momento, nas figuras, um vetor momento é representado com uma seta dupla, como mostrado na figura 3.19. Nota: vetores força e vetores momento têm dimensões diferentes; consequentemente, eles jamais podem ser somados.

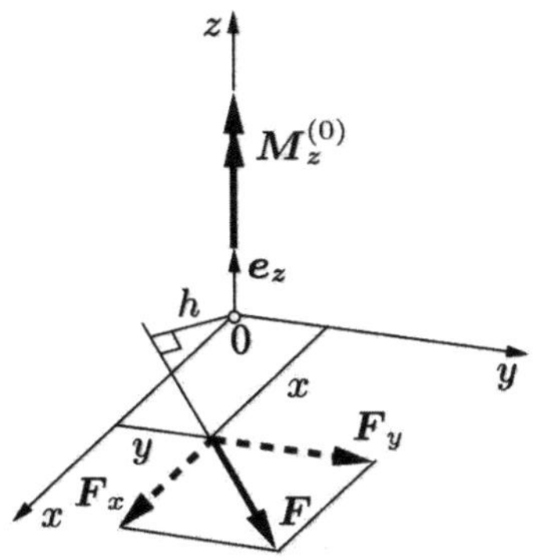

Figura 3.19

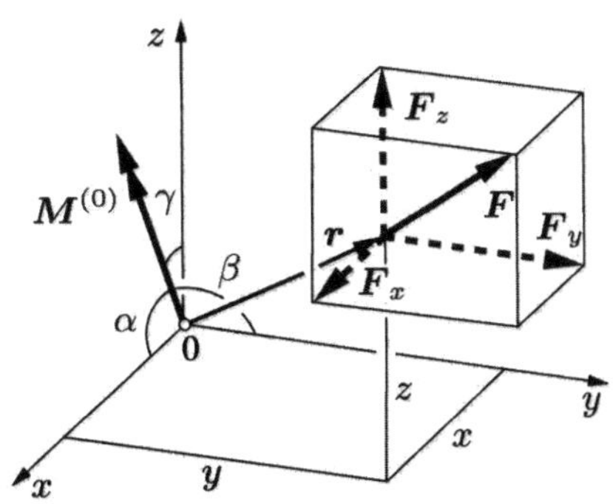

Figura 3.20

Em problemas coplanares, o corpo só pode ser girado em torno do eixo z. Desta forma, o vetor momento só tem a componente $M_z^{(0)}$. Em sistemas espaciais, há três possibilidades de rotação (em torno dos três eixos x, y e z). Portanto, o vetor momento tem as três componentes $M_x^{(0)}$, $M_y^{(0)}$ e $M_z^{(0)}$:

$$\boldsymbol{M}^{(0)} = M_x^{(0)}\boldsymbol{e}_x + M_y^{(0)}\boldsymbol{e}_y + M_z^{(0)}\boldsymbol{e}_z. \tag{3.20}$$

A figura 3.20 mostra que as componentes, isto é, os momentos em torno dos eixos de coordenadas, são obtidos como segue:

$$M_x^{(0)} = yF_z - zF_y,\ M_y^{(0)} = zF_x - xF_z,\ M_z^{(0)} = xF_y - yF_x. \tag{3.21}$$

A magnitude e a direção do vetor momento são dadas por

$$\left|M^{(0)}\right| = M^{(0)} = \sqrt{\left[M_x^{(0)}\right]^2 + \left[M_y^{(0)}\right]^2 + \left[M_z^{(0)}\right]^2},$$
$$\cos\alpha = \frac{M_x^{(0)}}{M^{(0)}}, \quad \cos\beta = \frac{M_y^{(0)}}{M^{(0)}}, \quad \cos\gamma = \frac{M_z^{(0)}}{M^{(0)}}. \tag{3.22}$$

Formalmente, o vetor momento $\boldsymbol{M}^{(0)}$ pode ser representado pelo *produto vetorial*

$$\boldsymbol{M}^{(0)} = \boldsymbol{r} \times \boldsymbol{F}, \tag{3.23}$$

onde o vetor $\boldsymbol{r}$ é o *vetor posição* apontando do ponto de referência 0 para o ponto de aplicação da força $\boldsymbol{F}$, isto é, para um ponto arbitrário na linha de ação de $\boldsymbol{F}$. Com

$$\boldsymbol{r} = x\boldsymbol{e}_x + y\boldsymbol{e}_y + z\boldsymbol{e}_z, \qquad \boldsymbol{F} = Fx\boldsymbol{e}_x + Fy\boldsymbol{e}_y + Fz\boldsymbol{e}_z$$

e os produtos vetoriais seguintes (compare com o apêndice A.1),

$$\begin{array}{lll} \boldsymbol{e}_x \times \boldsymbol{e}_x = \boldsymbol{0}, & \boldsymbol{e}_x \times \boldsymbol{e}_y = \boldsymbol{e}_z, & \boldsymbol{e}_x \times \boldsymbol{e}_z = -\boldsymbol{e}_y, \\ \boldsymbol{e}_y \times \boldsymbol{e}_x = -\boldsymbol{e}_z, & \boldsymbol{e}_y \times \boldsymbol{e}_y = \boldsymbol{0}, & \boldsymbol{e}_y \times \boldsymbol{e}_z = \boldsymbol{e}_x, \\ \boldsymbol{e}_z \times \boldsymbol{e}_x = \boldsymbol{e}_y, & \boldsymbol{e}_z \times \boldsymbol{e}_y = -\boldsymbol{e}_x, & \boldsymbol{e}_z \times \boldsymbol{e}_z = \boldsymbol{0} \end{array}$$

a equação (3.23) resulta em

$$\begin{aligned} \boldsymbol{M}^{(0)} &= (x\boldsymbol{e}_x + y\boldsymbol{e}_y + z\boldsymbol{e}_z) \times (F_x\boldsymbol{e}_x + F_y\boldsymbol{e}_y + F_z\boldsymbol{e}_z) \\ &= (yF_z - zF_y)\boldsymbol{e}_x + (zF_x - xF_z)\boldsymbol{e}_y + (xF_y - yF_x)\boldsymbol{e}_z \\ &= M_x^{(0)}\boldsymbol{e}_x + M_y^{(0)}\boldsymbol{e}_y + M_z^{(0)}\boldsymbol{e}_z. \end{aligned} \tag{3.24}$$

Conforme as propriedades de um produto vetorial, o vetor momento $\boldsymbol{M}^{(0)}$ é perpendicular ao plano determinado por $\boldsymbol{r}$ e $\boldsymbol{F}$ (figura 3.21). Sua magnitude é numericamente igual à área do paralelogramo formado por $\boldsymbol{r}$ e $\boldsymbol{F}$:

$$M^{(0)} = rF \operatorname{sen} \varphi = hF. \tag{3.25}$$

Assim, o momento é igual ao produto do braço de alavanca h pela força F.

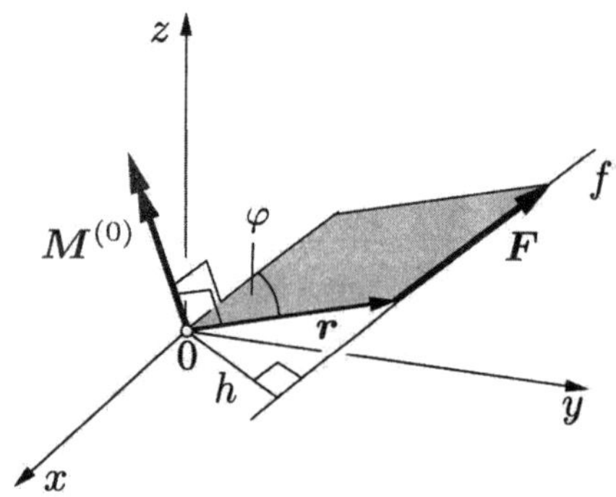

Figura 3.21

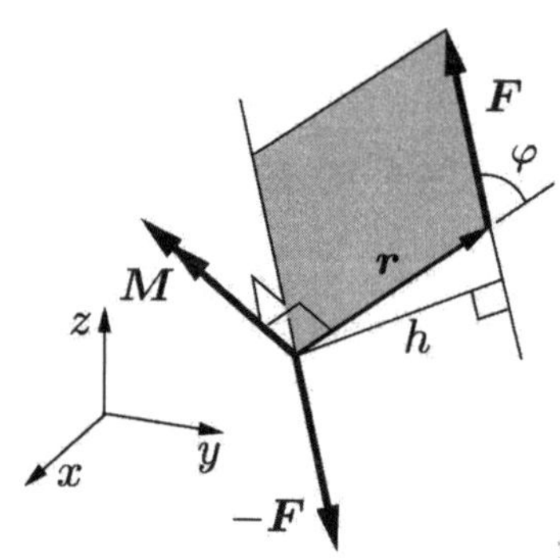

Figura 3.22

O momento de um acoplamento no espaço (figura 3.22) pode ser representado pelo mesmo formalismo. Aqui,

$$\boldsymbol{M} = \boldsymbol{r} \times \boldsymbol{F}. \tag{3.26}$$

O vetor $\boldsymbol{r}$ aponta de um ponto arbitrário na linha de ação de $-\boldsymbol{F}$ para um ponto arbitrário na linha de ação de $\boldsymbol{F}$. Como anteriormente, o vetor momento $\boldsymbol{M}$ é ortogonal ao plano determinado por $\boldsymbol{r}$ e $\boldsymbol{F}$. Seu sentido de rotação vem da regra da mão direita, e sua magnitude é numericamente igual à área do paralelogramo formado por $\boldsymbol{r}$ e $\boldsymbol{F}$ (braço de alavanca vezes força):

$$M = hF. \tag{3.27}$$

As propriedades de *momentos de acoplamento* e de *momentos de uma força* no espaço correspondem a suas propriedades em problemas coplanares. Num plano, momentos de acoplamento podem ser movidos sem alterar o efeito sobre um corpo rígido. No espaço, o vetor de um momento de acoplamento pode ser movido paralelamente a sua linha de ação ao longo desta linha, sem alterar o efeito. Enquanto o vetor força está preso a sua linha de ação (vetor deslizante), o vetor de um momento de acoplamento é um *vetor livre*.

Se um corpo no espaço estiver submetido a vários momentos de acoplamento $\boldsymbol{M}_i$, o momento resultante $\boldsymbol{M}_R$ será obtido como a somatória vetorial

$$\boldsymbol{M}_R = \sum \boldsymbol{M}_i, \tag{3.28}$$

que, em componentes, fica

$$M_{Rx} = \sum M_{ix}, \qquad M_{Ry} = \sum M_{iy}, \qquad M_{Rz} = \sum M_{iz}. \tag{3.29}$$

Se a soma dos momentos for zero, o momento resultante $\boldsymbol{M}_R$ e, portanto, o efeito rotacional sobre o corpo, desaparece. Então, a condição de equilíbrio de momentos

$$\boldsymbol{M}_R = \sum \boldsymbol{M}_i = \boldsymbol{0} \tag{3.30}$$

é satisfeita. Em componentes,

$$\sum M_{ix} = 0, \qquad \sum M_{iy} = 0, \qquad \sum M_{iz} = 0. \tag{3.31}$$

Exemplo 3.7 Uma corda passa por uma polia ideal como mostrado na figura 3.23a. Ela transporta uma caixa com peso W e está presa ao ponto C. O raio da polia pode ser ignorado.

Determine o momento resultante das forças na corda em torno do ponto A.

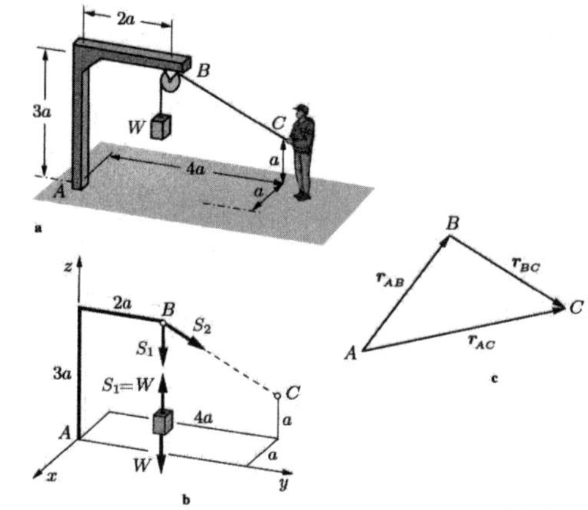

Figura 3.23

Solução As forças internas S_1 e S_2, na corda, são tornadas visíveis por cortes através da corda. A ação delas no ponto *B* da estrutura é mostrada na figura 3.23b. Como o atrito na polia é desprezível (polia ideal), ambas as forças são iguais, e o equilíbrio na caixa produz $S_1 = S_2 = W$.

Para representar os momentos das forças, um sistema de coordenadas é introduzido. O momento $\boldsymbol{M}_1^{(A)}$ da força $\boldsymbol{S}_1$ em torno de *A* (representado como vetor coluna) tem uma componente apenas na direção *x*:

$$M_1^{(A)} = \begin{pmatrix} -2 \\ 0 \\ 0 \end{pmatrix} aW. \tag{a}$$

O momento $\boldsymbol{M}_2^{(A)}$ da força $\boldsymbol{S}_2$ pode ser obtido com o auxílio do produto vetorial (veja (3.23))

$$\boldsymbol{M}_2^{(A)} = \boldsymbol{r}_{AB} \times \boldsymbol{S}_2. \tag{b}$$

O vetor $\boldsymbol{r}_{AB}$ partindo do ponto de referência *A* para o ponto de aplicação *B* da força $\boldsymbol{S}_2$ é dado por

$$r_{AB} = \begin{pmatrix} 0 \\ 2 \\ 3 \end{pmatrix} a. \tag{c}$$

A força $\boldsymbol{S}_2$ pode ser representada por sua magnitude $S_2 = W$ e o vetor unitário $\boldsymbol{e}_2$, que aponta na direção de $\boldsymbol{S}_2$, isto é, $\boldsymbol{S}_2 = S_2\boldsymbol{e}_2$. Para obter o vetor $\boldsymbol{e}_2$, primeiro damos o vetor $\boldsymbol{r}_{BC}$, que aponta de *B* para *C* (veja a figura 3.23c):

$$r_{BC} = r_{AC} - r_{AB} \begin{pmatrix} -1 \\ 4 \\ 1 \end{pmatrix} a - \begin{pmatrix} 0 \\ 2 \\ 3 \end{pmatrix} a = \begin{pmatrix} -1 \\ 2 \\ -2 \end{pmatrix} a.$$

Se este vetor for dividido por sua magnitude $|\boldsymbol{r}_{BC}|$, o vetor unitário $\boldsymbol{e}_2$ será obtido:

$$e_2 = \frac{r_{BC}}{|r_{BC}|} = \frac{1}{a\sqrt{1+4+4}}\begin{pmatrix}-1\\2\\-2\end{pmatrix}a = \frac{1}{3}\begin{pmatrix}-1\\2\\-2\end{pmatrix}.$$

Consequentemente,

$$S_2 = S_2 e_2 = \frac{1}{3}\begin{pmatrix}-1\\2\\-2\end{pmatrix}W. \qquad \text{(d)}$$

Com (c) e (d), o produto vetorial (b) leva a (compare com o apêndice A.31)

$$M_2^{(A)} = r_{AB} \times S_2 = \begin{vmatrix} e_x & e_y & e_z \\ 0 & 2a & 3a \\ -W/3 & 2W/3 & -2W/3 \end{vmatrix}$$

$$= (-4/3-2)aWe_x - aWe_y + (2/3)aWe_z$$

Este vetor pode ser escrito como vetor coluna:

$$M_2^{(A)} = \frac{1}{3}\begin{pmatrix}-10\\-3\\2\end{pmatrix}aW. \qquad \text{(e)}$$

O momento resultante $\boldsymbol{M}_R^{(A)}$ das forças $\boldsymbol{S}_1$ e $\boldsymbol{S}_2$ em torno do ponto A é a soma dos momentos (a) e (e) (compare com (3.32)):

$$\underline{\underline{M_R^{(A)}}} = M_1^{(A)} + M_2^{(A)} = \underline{\underline{\frac{1}{3}\begin{pmatrix}-16\\-3\\2\end{pmatrix}aW.}}$$

3.2.2 Condições de equilíbrio

Considere um sistema geral de forças no espaço (figura 3.24). Esse sistema pode ser reduzido a um sistema estaticamente equivalente que consiste de uma força e um momento resultantes. Similar ao procedimento usado num problema coplanar (compare com a seção 3.1.3), um ponto de referência arbitrário A é escolhido no espaço.

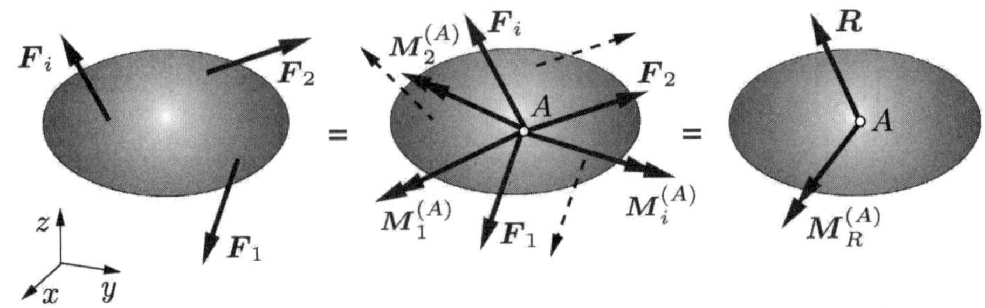

Figura 3.24

As forças $\boldsymbol{F}_i$ são, então, movidas para linhas de ação paralelas que passam por esse ponto. Como o efeito das forças sobre o corpo não deve ser alterado, os momentos correspondentes $\boldsymbol{M}_i^{(A)}$ das forças têm de ser introduzidos. Agora, o sistema de forças concorrentes e o sistema de momentos podem ser representados pela força resultante $\boldsymbol{R}$ e o momento resultante $\boldsymbol{M}_R^{(A)}$, respectivamente:

$$\boldsymbol{R} = \sum \boldsymbol{F}_i, \qquad \boldsymbol{M}_R^{(A)} = \sum \boldsymbol{M}_i^{(A)}. \tag{3.32}$$

A força resultante $\boldsymbol{R}$ é independente da escolha do ponto A; o momento resultante $\boldsymbol{M}_R^{(A)}$, porém, depende desta escolha. Portanto, há muitas maneiras possíveis de se reduzir um dado sistema geral de forças a uma força e um momento resultantes.

Um sistema geral de forças está em equilíbrio se a força resultante $\boldsymbol{R}$ e o momento resultante $\boldsymbol{M}_R^{(A)}$ em torno de um ponto arbitrário A desaparece:

$$\sum \boldsymbol{F}_i = \boldsymbol{0}, \qquad \sum \boldsymbol{M}_i^{(A)} = \boldsymbol{0}. \tag{3.33}$$

Em componentes,

$$\begin{aligned} \sum F_{ix} &= 0, \qquad \sum M_{ix}^{(A)} = 0, \\ \sum F_{iy} &= 0, \qquad \sum M_{iy}^{(A)} = 0, \\ \sum F_{iz} &= 0, \qquad \sum M_{iz}^{(A)} = 0. \end{aligned} \tag{3.34}$$

O fato de que há seis condições escalares de equilíbrio corresponde aos seis graus de liberdade de um corpo rígido no espaço: translações nas direções x, y e z e rotações em torno dos correspondentes eixos de coordenadas. Pode-se mostrar que o ponto de referência A pode ser escolhido arbitrariamente, como num problema escalar.

Considere, agora, o caso especial de um sistema de forças paralelas. Sejam, por exemplo, todas as forças que atuam na direção z. Então, $F_{ix} = 0$ e $F_{iy} = 0$, e as condições de equilíbrio (3.34) se reduzem a

$$\sum F_{iz} = 0, \qquad \sum M_{ix}^{(A)} = 0, \qquad \sum M_{iy}^{(A)} = 0. \tag{3.35}$$

Neste caso, as condições de equilíbrio nas direções x e y para as forças e a equação de momento em torno do eixo através de A, que é paralelo ao eixo z, são identicamente satisfeitas.

Exemplo 3.8 Um bloco retangular (comprimentos a, b e c) é submetido a seis forças, F_1 a F_6 (figura 3.25a).

Calcule a resultante $\boldsymbol{R}$, os momentos resultantes $\boldsymbol{M}_R^{(A)}$ e $\boldsymbol{M}_R^{(B)}$ com relação aos pontos A e B e suas magnitudes. Considere $F_1 = F_2 = F$, $F_3 = F_4 = 2F$, $F_5 = F_6 = 3F$, $b = a$, $c = 2a$.

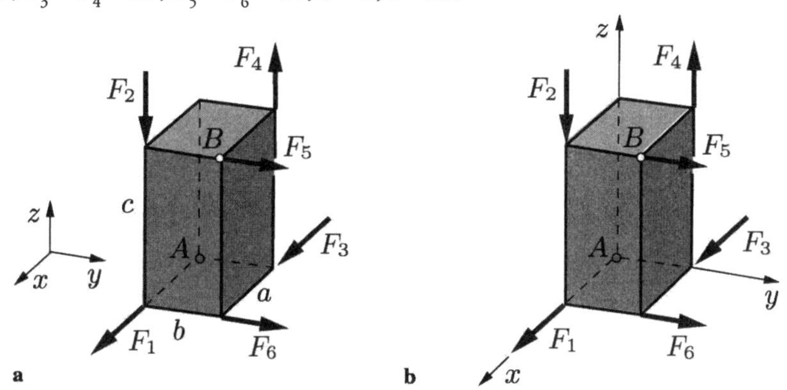

Figura 3.25

Solução As componentes do vetor força resultante são obtidas como a soma das componentes das forças dadas:

$$R_x = F_1 + F_3 = 3F, \qquad R_y = F_5 + F_6 = 6F, \qquad R_z = -F_2 + F_4 = F.$$

Assim, $\boldsymbol{R}$ pode ser escrito como o vetor coluna (veja o apêndice A.1)

$$\underline{\underline{R = \begin{pmatrix} R_x \\ R_y \\ R_z \end{pmatrix} = \begin{pmatrix} 3 \\ 6 \\ 1 \end{pmatrix} F}}, \qquad \underline{\underline{R}} = \sqrt{3^2 + 6 + 1^2}\,F = \underline{\underline{\sqrt{46}F}}.$$

Para determinar o momento resultante em torno do ponto A, o sistema de coordenadas é escolhido de tal forma que sua origem esteja em A (figura 3.25b). As componentes do momento, então, são obtidas como

$$M_{Rx}^{(A)} = \sum M_{ix}^{(A)} = bF_4 - cF_5 = -4aF,$$

$$M_{Ry}^{(A)} = \sum M_{iy}^{(A)} = aF_2 = aF,$$

$$M_{Rz}^{(A)} = \sum M_{iz}^{(A)} = aF_5 + aF_6 - bF_3 = 4aF,$$

e o vetor $\boldsymbol{M}_R^{(A)}$ pode ser escrito como

$$M_R^{(A)} = \begin{pmatrix} M_{Rx}^{(A)} \\ M_{Ry}^{(A)} \\ M_{Rz}^{(A)} \end{pmatrix} = \begin{pmatrix} -4 \\ 1 \\ 4 \end{pmatrix} aF,$$

$$M_R^{(A)} = \sqrt{4^2+1^2+4^2}\,aF = \sqrt{33}aF.$$

De maneira similar, para o ponto B,

$$M_{Rx}^{(B)} = = bF_2 + cF_6 = 7aF,$$

$$M_{Ry}^{(B)} = -cF_1 - cF_3 + aF_4 = -4aF,$$

$$M_{Rz}^{(B)} = bF_1 = aF$$

e

$$M_R^{(B)} = \begin{pmatrix} 7 \\ -4 \\ 1 \end{pmatrix} aF, M_R^{(B)} = \sqrt{7^2+4^2+1^2}\,aF = \sqrt{66}aF$$

são obtidos. Os momentos resultantes em torno de A e B, respectivamente, são diferentes!

Exemplo 3.9 Uma placa homogênea com peso W está apoiada sobre seis barras e é carregada com uma força F (figura 3.26a).

Calcule as forças nas barras.

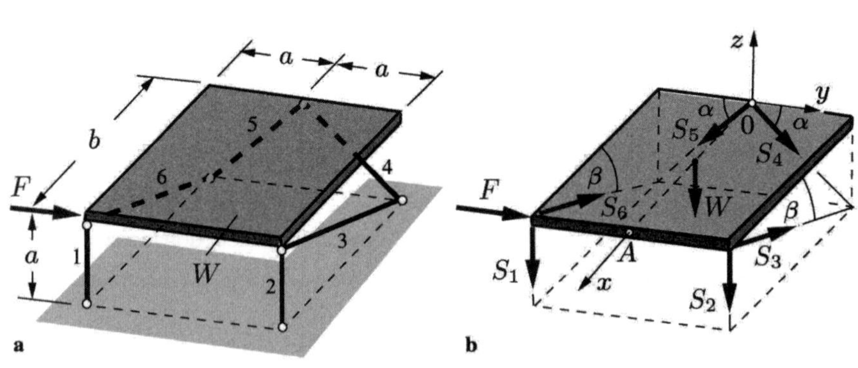

Figura 3.26

Solução Primeiro, o diagrama de corpo livre é esboçado (figura 3.26b). Ele mostra o peso W (atuando no centro da placa, compare com o capítulo 4), a carga F e as forças internas de S_1 a S_6 nas barras (essas são consideradas forças tensoras). Além disso, os ângulos auxiliares α e β são introduzidos. Escolhendo-se o sistema de coordenadas de tal forma que tantos momentos quanto possíveis em torno de sua origem sejam zero, as seguintes condições de equilíbrio são obtidas:

$$\sum F_{ix} = 0: \qquad -S_3 \cos\beta - S_6 \cos\beta = 0,$$

$$\sum F_{iy} = 0: \qquad S_4 \cos\alpha - S_5 \cos\alpha + F = 0,$$

$$\sum F_{iz} = 0: \qquad -S_1 - S_2 - S_3 \operatorname{sen}\beta - S_6 \operatorname{sen}\beta - S_4 \operatorname{sen}\alpha = 0$$
$$- S_5 \operatorname{sen}\alpha - W = 0,$$

$$\sum M_{ix}^{(0)} = 0: \qquad aS_1 - aS_2 + aS_6 \operatorname{sen}\beta - aS_3 \operatorname{sen}\beta = 0,$$

$$\sum M_{iy}^{(0)} = 0: \qquad \frac{b}{2} W + bS_1 + bS_2 + bS_6 \operatorname{sen}\beta - aS_3 \operatorname{sen}\beta = 0,$$

$$\sum M_{iz}^{(0)} = 0: \qquad bF + aS_3 \cos\beta - aS_6 \cos\beta = 0.$$

Usando-se as relações trigonométricas

$$\cos\alpha = sen\alpha = \frac{a}{\sqrt{2a^2}} = \frac{\sqrt{2}}{2},$$

$$\cos\beta = \frac{b}{\sqrt{a^2+b^2}}, \qquad sen\beta = \frac{a}{\sqrt{a^2+b^2}}$$

a primeira e a sexta condições de equilíbrio levam a

$$\underline{\underline{S_3 = -S_6 = -\frac{\sqrt{a^2+b^2}}{2a} F.}}$$

Então, a quarta e a quinta equações resultam em

$$\underline{\underline{S_1 = -\frac{W}{4} - \frac{F}{2},}} \qquad \underline{\underline{S_2 = -\frac{W}{4} + \frac{F}{2}.}}$$

Por fim, a partir da segunda e terceira equações,

$$\underline{\underline{S_4 = -\frac{1}{\sqrt{2}}\left(\frac{W}{2} + F\right)}} \qquad \underline{\underline{S_5 = -\frac{1}{\sqrt{2}}\left(\frac{W}{2} - F\right)}}$$

são obtidas. Como verificação, percebe-se que o equilíbrio de momentos é satisfeito se for escolhido um eixo que seja paralelo ao eixo *y* e passe pelo ponto *A*:

$$\sum M_{iy}^{(A)} = -\frac{b}{2}W - b\,S_4 sen\alpha - b\,S_5 sen\alpha$$

$$= -b\left[\frac{W}{2} - \frac{1}{\sqrt{2}}\left(\frac{W}{2} + F\right)\frac{\sqrt{2}}{2} - \frac{1}{\sqrt{2}}\left(\frac{W}{2} - F\right)\frac{\sqrt{2}}{2}\right] = 0.$$

Exemplo 3.10 Um elemento angulado está em equilíbrio sob a atuação de quatro forças (figura 3.27a). As forças são perpendiculares ao plano determinado pelo elemento; o peso do elemento é desprezível.

Se a força F for dada, calcule as forças A, B e C.

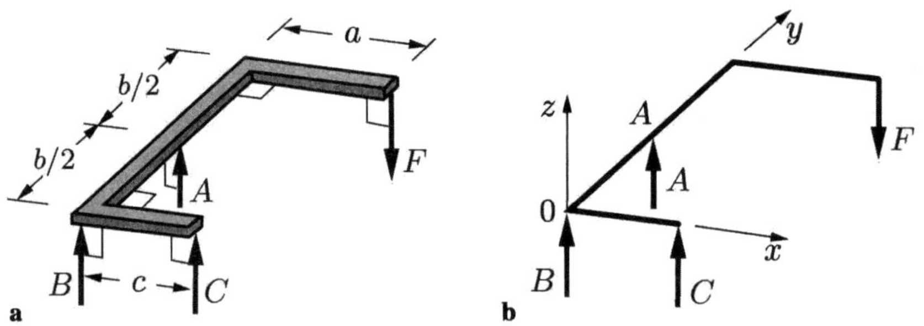

Figura 3.27

Solução Traçamos o diagrama de corpo livre e introduzimos um sistema de coordenadas (figura 3.27b). Se a origem 0 for escolhida como ponto de referência, as condições de equilíbrio (3.35) serão

$\sum F_{iz} = 0$: $\quad A + B + C - F = 0,$

$\sum M_{ix}^{(0)} = 0$: $\quad \frac{b}{2}A - bF = 0,$

$\sum M_{iy}^{(0)} = 0$: $\quad -c\,C + aF = 0.$

Elas têm a solução

$$\underline{\underline{A = 2F}}, \quad \underline{\underline{C = \frac{a}{c}F}}, \quad \underline{\underline{B = -\left(1 + \frac{a}{c}\right)F}}.$$

Como verificação, o ponto A é escolhido como ponto de referência, em vez do ponto 0. Então, a equação do momento

$$\sum M_{ix}^{(A)} = 0: \quad -\frac{b}{2}B - \frac{b}{2}C - \frac{b}{2}F = 0$$

é usada, em vez da segunda equação acima, a qual leva à mesma solução.

3.3 Problemas suplementares

Soluções detalhadas para a maioria dos exemplos seguintes são dadas em (**A**) D. Gross et al. *Formeln und Aufgaben zur Technischen Mechanik 1*, Springer, Berlin 2011, ou (**B**) W. Hauger et al. *Aufgaben zur Technischen Mechanik 1-3*, Springer, Berlin 2011.

Exemplo 3.11 Uma barra uniforme (comprimento *l*, peso *W*) encontra-se inclinada contra uma quina, como mostrado na figura 3.28. Uma corda *S* impede que a barra deslize. Todas as superfícies são lisas.

Determine a força *S* na corda.

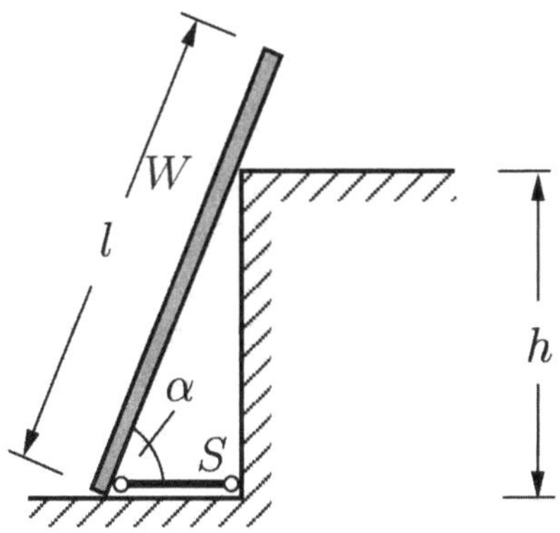

Figura 3.28

Resultado: veja (B) $S = \frac{Wl}{2h} sen^2\alpha \cos\alpha.$

Exemplo 3.12 Uma barra uniforme (comprimento *l*, peso *W*) é inserida numa abertura (figura 3.29). As superfícies são lisas.

Calcule a magnitude da força *F* necessária para manter a barra em equilíbrio. O resultado é válido para uma razão *a*/*l* arbitrária?

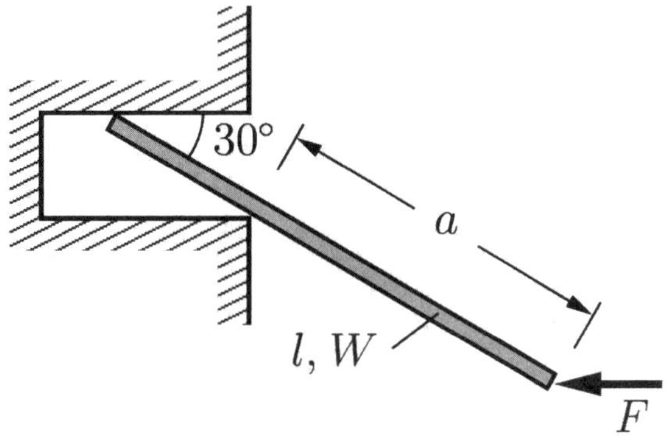

Figura 3.29

Resultado: veja (B) $F = \frac{\sqrt{3}}{6 - 8a/l} W.$

O resultado só é válido se as forças de contato entre a barra e as superfícies da abertura forem positivas, o que leva à exigência $3/8 < a/l < 3/4$.

Exemplo 3.13 Dois roletes lisos (cada um com peso *W* e raio *r*) estão presos por uma corda (comprimento *a*), como mostrado na figura 3.30. Uma alavanca (comprimento *l*) sujeita a uma força vertical *F* exerce forças de contato sobre os roletes.

Determine as forças de contato entre os roletes e o plano horizontal.

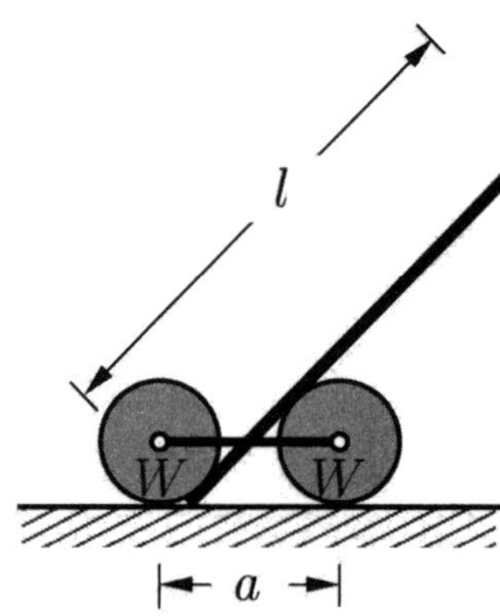

Figura 3.30

Resultados: veja (A)

$$N_1 = W - F\frac{l}{a}\sqrt{1-4\left(\frac{r}{a}\right)^2}, \qquad N_2 = W + F\frac{l}{a}\sqrt{1-4\left(\frac{r}{a}\right)^2}$$

onde N_1 e N_2 são as forças de contato atuando sobre os roletes esquerdo e direito, respectivamente.

Exemplo 3.14 Duas esferas lisas (cada uma com peso *W* e raio *r*) encontram-se dentro de um cilindro circular de parede fina (peso *Q*, raio $4r/3$), como mostrado na figura 3.31.

Encontre a magnitude de *Q* necessária para impedir o cilindro de cair.

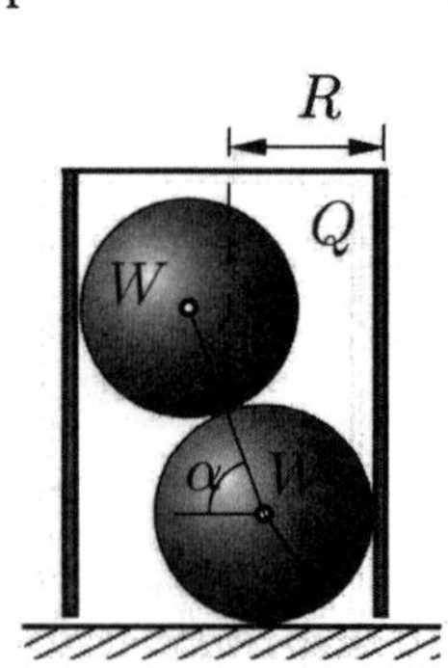

Figura 3.31

Resultado: veja (A) $\qquad Q > W/2$.

Exemplo 3.15 Um corpo rígido é submetido a três forças: $\boldsymbol{F}_1 = F(-2,3,1)^T$, $\boldsymbol{F}_2 = F(7,1,-4)^T$, $\boldsymbol{F}_3 = F(3,-1,-3)^T$. Seus pontos de aplicação são dados pelos vetores posição $\boldsymbol{r}_1 = a(4,3,2)^T$, $\boldsymbol{r}_2 = a(3,2,4)^T$, $\boldsymbol{r}_3 = a(3,5,0)^T$.

Determine a força resultante $\boldsymbol{R}$ e o momento resultante $\boldsymbol{M}_R^{(A)}$ com relação ao ponto A dado por $\boldsymbol{r}_A = a(3,2,1)^T$.

Resultados: $\boldsymbol{R} = F(8,3,-6)^T$, $\boldsymbol{M}_R^{(A)} = aF(-15,15,-4)^T$.

Exemplo 3.16 Uma placa na forma de um triângulo retângulo (peso desprezível) é apoiada sobre seis barras. Ela é submetida às forças F e Q (figura 3.32).

Calcule as forças nas barras.

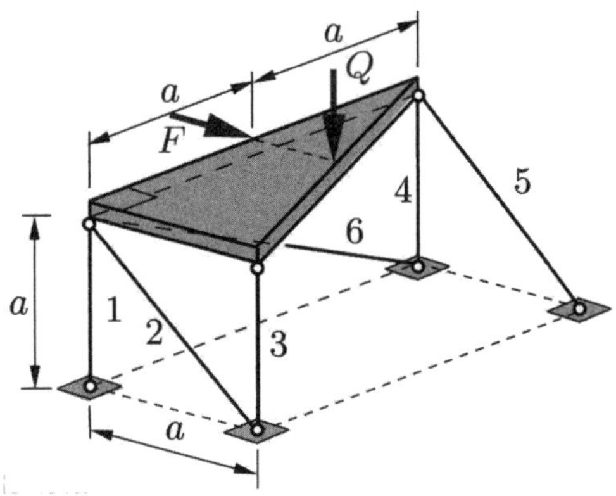

Figura 3.32

Resultados: veja (A)

$S_1 = F/2$, $S_2 = S_5 = -\sqrt{2}\,F/2$,
$S_3 = -Q/2$, $S_4 = (F - Q)/2$, $S_6 = 0$.

Exemplo 3.17 Uma placa retangular homogênea (peso W) está apoiada sobre seis barras. A placa é submetida a uma carga vertical F (figura 3.33).

Calcule as forças nas barras.

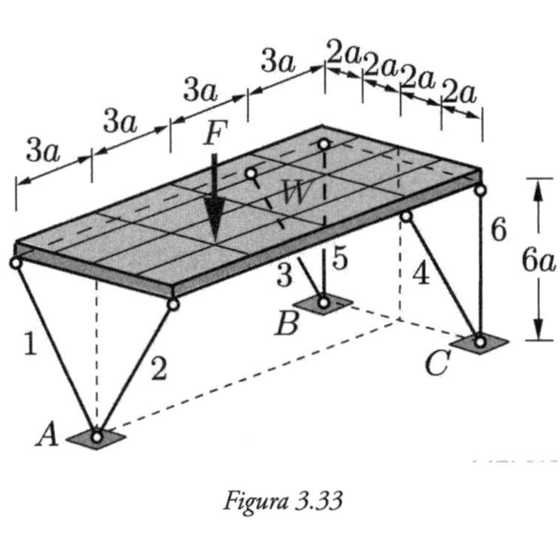

Figura 3.33

Resultados: veja (B)

$S_1 = S_2 = -\sqrt{3}\,(2W + 3F)/24,$
$S_3 = S_4 = 0, \quad S_5 = -(2W - F)/8,$
$S_6 = -(2W + 3F)/8.$

Exemplo 3.18 Uma placa retangular de peso desprezível é suspensa por três arames verticais, como mostrado na figura 3.34.

a. Considere que a placa está submetida a uma força vertical concentrada Q. Determine a localização do ponto de aplicação de Q, de modo que as forças nos arames sejam iguais.

b. Calcule as forças nos arames se a placa for submetida a uma carga de área constante vertical p.

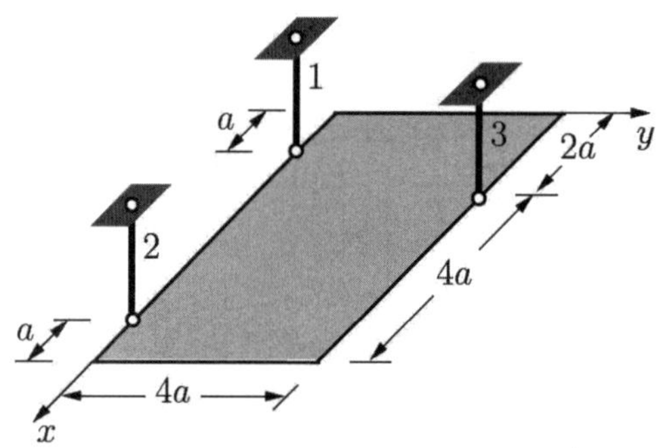

Figura 3.34

Resultados: veja (A)

a) $x_Q = 8a/3, \quad y_Q = 4a/3.$

b) $S_1 = 3pa^2, \quad S_2 = 9pa^2, \quad S_3 = 12pa^2.$

Exemplo 3.19 O arco circular da figura 3.35 é submetido a uma carga linear tangencial q_0.

Determine a força resultante $\boldsymbol{R}$ e o momento resultante $\boldsymbol{M}_R^{(A)}$ com relação ao centro A do círculo. Se a carga for reduzida para uma única força isolada, encontre a linha de ação correspondente.

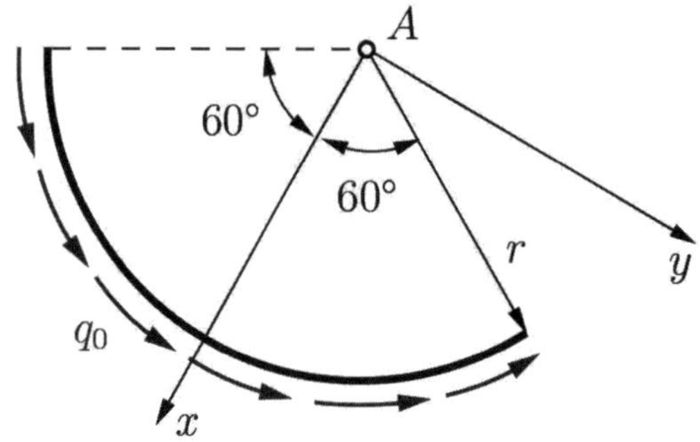

Figura 3.35

Resultados: veja (B)

$R_x = 0,\ R_y = \sqrt{3}\, q_0 r,\qquad \boldsymbol{M}_R^{(A)} = 2\pi q_0 r^2/3,$

$x_R = 1{,}21r,\qquad y_R =$ arbitrário.

Exemplo 3.20 Uma esfera (peso W_S) é mantida entre uma barra (peso W_B) e uma parede, como mostrado na figura 3.36. A superfície da esfera é lisa. A barra é apoiada por uma articulação em A e uma corda em B.

Calcule a força S na corda.

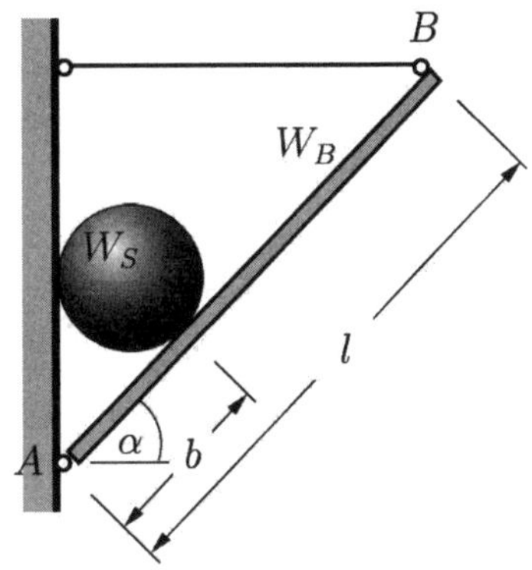

Figura 3.36

Resultado: $S = \dfrac{W_B}{2}\cot\alpha + \dfrac{bW_S}{l\, sen\alpha \cos\alpha}.$

3.4 Resumo

- Um acoplamento consiste de duas forças de igual magnitude, linhas de ação paralelas e sentidos opostos.

  O efeito de um acoplamento é exclusivamente dado por seu momento $\boldsymbol{M}$. O momento do acoplamento é determinado por sua magnitude $M = hF$ e seu sentido de rotação.

  O momento de um acoplamento não é preso a uma linha de ação: ele pode ser aplicado a pontos arbitrários de um corpo rígido sem alterar seu efeito sobre o corpo.

- O momento de uma força $\boldsymbol{F}$ com relação a um ponto A é definido como $\boldsymbol{M}^{(A)} = \boldsymbol{r} \times \boldsymbol{F}$, onde $\boldsymbol{r}$ é o vetor apontando do ponto A para um ponto arbitrário na linha de ação de $\boldsymbol{F}$. O momento $\boldsymbol{M}^{(A)}$ tem a magnitude $M^{(A)} = hF$ (h = braço de alavanca) e um sentido de rotação.

  No caso de um sistema de forças coplanares, o vetor momento só tem uma componente $M^{(A)} = hF$ (perpendicular ao plano) e um sentido de rotação em torno de A).

- Um sistema geral de forças pode ser reduzido a uma força resultante $\boldsymbol{R}$ e um momento resultante $\boldsymbol{M}_R^{(A)}$ com relação a um ponto arbitrário A.

- Um sistema geral de forças está em equilíbrio se a força resultante $\boldsymbol{R}$ e o momento resultante $\boldsymbol{M}_R^{(A)}$ desaparecerem:

$$\sum \boldsymbol{F}_i = \boldsymbol{0}, \quad \sum \boldsymbol{M}_i^{(A)} = \boldsymbol{0}.$$

Essas equações representam três condições de forças e três condições de momentos em problemas espaciais.

No caso de um sistema de forças coplanares, as condições de equilíbrio se reduzem a

$$\sum F_{ix} = 0, \qquad \sum F_{iy} = 0, \qquad \sum M_i^{(A)} = 0.$$

Capítulo 4

Centro de gravidade, centro de massa, centroides

Objetivos: Neste capítulo, definições de centro de gravidade e de centro de massa são dadas. Mostramos como determinar as centroides de corpos, áreas e linhas. Vários exemplos demonstram como aplicar as definições a problemas práticos.

4.1 Centro de forças

Na seção 3.1.3, mostramos que um sistema de forças coplanares que não estão em equilíbrio pode ser substituído por uma única força, qual seja, a resultante $\boldsymbol{R}$, desde que a redução não leve a um acoplamento. No caso especial de um sistema de forças paralelas, a direção da resultante $\boldsymbol{R}$ coincide com a direção das forças individuais. A linha de ação da resultante $\boldsymbol{R}$ pode ser encontrada a partir de (3.11). Se introduzirmos a força $\boldsymbol{H} = -\boldsymbol{R}$, que tem a mesma linha de ação que $\boldsymbol{R}$, então o dado sistema de forças e a força única $\boldsymbol{H}$ estarão em equilíbrio.

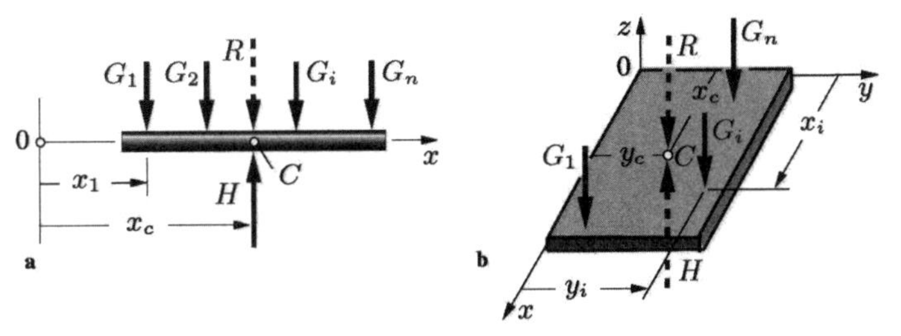

Figura 4.1

Como exemplo simples, considere uma viga (peso desprezível) carregada com um sistema de forças paralelas G_i (figura 4.1a). Para determinar a localização da linha de ação da força de suporte $\boldsymbol{H}$ (e, consequentemente, também da resultante $\boldsymbol{R}$), a coordenada x é introduzida com uma origem 0 arbitrariamente escolhida. Aplicando as condições de equilíbrio (3.12)

$$\uparrow: \ H - \sum G_i = 0, \qquad \widehat{0}: \ x_c H - \sum x_i G_i = 0,$$

encontramos a linha de ação localizada à distância

$$x_c = \frac{\sum x_i G_i}{\sum G_i} \tag{4.1}$$

da origem 0 do sistema de coordenadas. O ponto C correspondente (ponto arbitrário na linha de ação de H) é chamado de *centro de forças*.

O resultado (4.1) pode ser generalizado no caso de um sistema de forças espacial, onde cada força é paralela ao eixo z (figura 4.1b). As condições de equilíbrio (3.35)

$$\sum F_{iz} = 0: \qquad H - \sum G_i = 0,$$

$$\sum M_{ix}^{(0)} = 0: \qquad y_c H - \sum y_i G_i = 0,$$

$$\sum M_{iy}^{(0)} = 0: \qquad -x_c H + \sum x_i G_i = 0$$

(sinais dos momentos em conformidade com a regra da mão direita) produzem as coordenadas do centro de forças:

$$x_c = \frac{\sum x_i G_i}{\sum G_i}, \qquad x_c = \frac{\sum y_i G_i}{\sum G_i}. \tag{4.2}$$

As considerações que são usadas no caso de forças concentradas também podem ser aplicadas a sistemas de cargas continuamente distribuídas. Para tanto, a carga de linha $q(x)$ (dimensão: força por unidade de comprimento) é substituída, de acordo com a figura 4.2a, por uma série de forças únicas infinitamente pequenas. A carga de linha atuando a uma distância x sobre o elemento infinitesimal dx é substituída pela força concentrada $q(x)$dx (uma vez que dx é infinitesimal, a alteração em q pode ser ignorada e q pode ser tomado como uma constante neste intervalo). Portanto, as forças G_i em (4.1) são substituídas por $q(x)$dx e os braços de momento x_i pela coordenada x. No limite d$x \rightarrow 0$, as somas são substituídas por integrais. Assim, a coordenada do centro de forças é obtida:

$$x_c = \frac{\int x\, q(x)\, dx}{\int q(x)\, dx}. \tag{4.3}$$

As integrações devem ser efetuadas sobre toda a extensão l sobre a qual a carga de linha $q(x)$ atua.

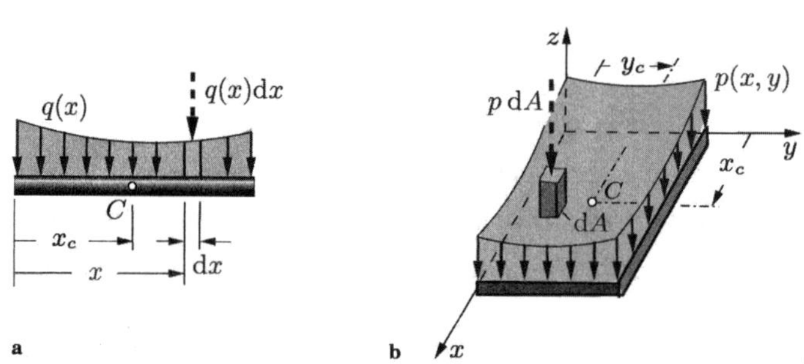

Figura 4.2

De maneira análoga, a carga de área $p(x, y)$ (dimensão: força por unidade de área) atuando na área infinitesimal dA, localizada no ponto x,y, é substituída pela força infinitesimal $p(x)$dA (figura 4.2b). A integração leva às coordenadas dos centros de forças:

$$x_c = \frac{\int x\, p(x,y)dA}{\int p(x,y)dA}, \qquad y_c = \frac{\int y\, p(x,y)dA}{\int p(x,y)dA} \tag{4.4}$$

Deve-se notar que a integração deve ser efetuada sobre toda a área carregada A com ambas direções x e y. Para fins de simplicidade de notação, apenas um sinal de integral é usado, em vez de uma integral dupla. Os exemplos de 4.3 a 4.5 vão demonstrar como efetuar na prática a integração.

Exemplo 4.1 Uma viga é carregada com uma carga de linha triangular (figura 4.3a).

Determine a resultante da carga e localize sua linha de ação.

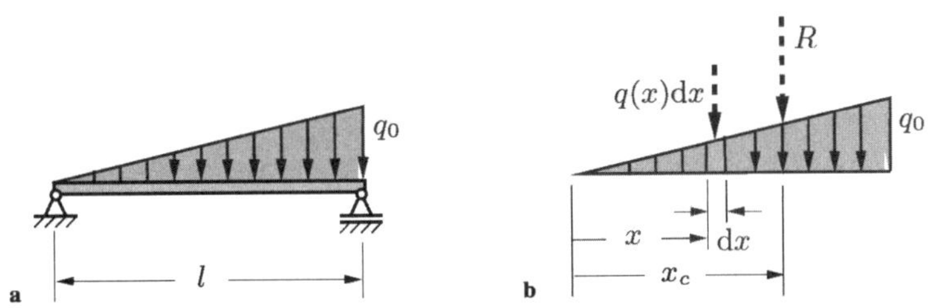

Figura 4.3

Solução Introduzimos a coordenada x de acordo com a figura 4.3b. Então, a carga de linha triangular é descrita por

$$q(x) = q_0 \frac{x}{l}.$$

A integração de $q(x)$ ($\widehat{=}$ soma das forças $q(x)dx$) produz a resultante

$$\underline{\underline{R}} = \int_0^l q(x)dx = \int_0^l q_0 \frac{x}{l}\, dx = q_0 \frac{x^2}{2l}\bigg|_0^l = \underline{\underline{\frac{1}{2} q_0 l}},$$

que é equivalente à área do triângulo. Com o numerador em (4.3),

$$\int x\, q(x)dx = \int_0^l x\, q_0 \frac{x}{l}\, dx = q_0 \frac{x^3}{3l}\bigg|_0^l = \frac{1}{3} q_0 l^2,$$

obtemos a coordenada do centro de forças, isto é, a localização da linha de ação da resultante:

$$\underline{\underline{x_c}} = \frac{\int x\, q(x)dx}{\int q(x)dx} = \frac{\frac{1}{3} q_0 l^2}{\frac{1}{2} q_0 l} = \underline{\underline{\frac{2}{3} l}}.$$

A ação da força concentrada $R = q_0 l / 2$, localizada à distância $x_c = 2l / 3$ do lado esquerdo da viga rígida, é estaticamente equivalente à ação da carga de linha triangular; em mecânica de corpos rígidos, a carga distribuída pode ser substituída por sua resultante.

4.2 Centro de gravidade e centro de massa

As equações (4.4) podem ser generalizadas no caso de forças de corpo paralelas $f(x,y,z)$ (dimensão: força por unidade de volume) que atuam sobre corpos rígidos. Seja a direção das forças de corpo arbitrárias e dada pelo vetor unitário $\boldsymbol{e}$ (figura 4.4a). Como dantes, a carga continuamente distribuída é substituída por um sistema de forças concentradas infinitesimais. Para tanto, o elemento de volume infinitesimal dV, localizado no ponto com o vetor posição $\boldsymbol{r} = x\boldsymbol{e}_x + y\boldsymbol{e}_y + z\boldsymbol{e}_z$, é considerado. Este elemento de volume é carregado com a força infinitesimal $\mathrm{d}\boldsymbol{G} = f(x,y,z)\mathrm{d}V\boldsymbol{e}$. Como a direção das forças de corpo é dada pelo vetor $\boldsymbol{e}$ e é, portanto, a mesma para todos os elementos do volume e forças, respectivamente, a resultante das forças de corpo é obtida como

$$\boldsymbol{G} = \int \mathrm{d}\boldsymbol{G} = \left(\int f(x,y,z)\mathrm{d}V\right)\boldsymbol{e} = G\boldsymbol{e},$$

onde

$$G = \int f(x,y,z)\mathrm{d}V.$$

A integração deve ser efetuada sobre todo o volume V com suas três direções x, y e z (integral tripla).

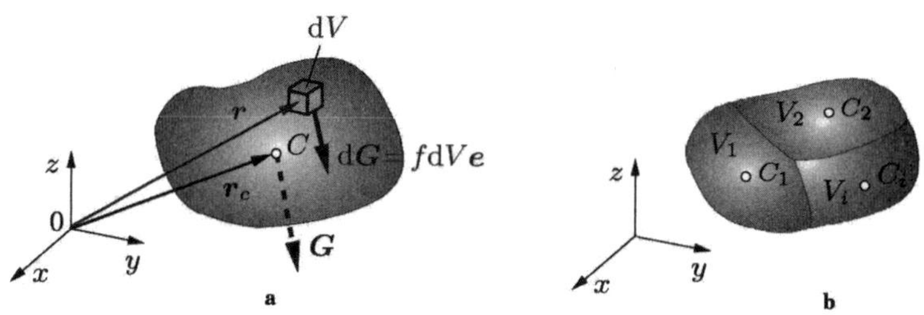

Figura 4.4

O ponto de aplicação C da força $\boldsymbol{G}$, dado pelo vetor posição $\boldsymbol{r}_c$, vem da condição de que o momento de $\boldsymbol{G}$ com relação à origem 0 do sistema de coordenadas deve ser igual à soma (isto é, à integral) dos momentos de todas as forças d$\boldsymbol{G}$ com relação ao mesmo ponto:

$$\boldsymbol{r}_c \times \boldsymbol{G} = \int \boldsymbol{r} \times \mathrm{d}\boldsymbol{G}.$$

Introduzindo $\boldsymbol{G}$ e d$\boldsymbol{G}$, temos

$$\boldsymbol{r}_c \times G\boldsymbol{e} = \left(\int \boldsymbol{r} \times f(x,y,z)\mathrm{d}V\right)\boldsymbol{e}$$

$$\rightarrow \left(\boldsymbol{r}_c G - \int \boldsymbol{r} f(x,y,z)\mathrm{d}V\right) \times \boldsymbol{e} = \boldsymbol{0}.$$

A direção do vetor $\boldsymbol{e}$ é arbitrária. Deste modo, esta equação só é satisfeita se a expressão entre parênteses desaparecer. Isso resulta no centro de forças do corpo

$$r_c = \frac{\int r\, f(x,y,z)dV}{\int f(x,y,z)dV} \tag{4.5a}$$

que, em componentes, fica

$$x_c = \frac{\int x\, f(x,y,z)dV}{\int f(x,y,z)dV}, \qquad y_c = \frac{\int y\, f(x,y,z)dV}{\int f(x,y,z)dV}$$
$$z_c = \frac{\int z\, f(x,y,z)dV}{\int f(x,y,z)dV} \tag{4.5b}$$

Como caso especial, um corpo rígido sobre a superfície da terra, que esteja submetido à ação de seu campo gravitacional, é agora considerado. Aqui, a força do corpo é dada por $f(x,y,z) = \varrho(x,y,z)g$, onde ϱ é a densidade do material do corpo e g é a aceleração da gravidade. A densidade pode ser variável dentro do corpo, e a aceleração da gravidade é considerada constante (campo gravitacional uniforme e paralelo). Assim, a aceleração da gravidade g é um fator constante tanto nos numeradores quanto nos denominadores das equações (4.5b), e será cancelada. Isso define o *centro de gravidade* do corpo como sendo o ponto com as coordenadas

$$x_c = \frac{\int x\, \varrho \mathrm{d}V}{\int \varrho \mathrm{d}V}, \quad y_c = \frac{\int y\, \varrho \mathrm{d}V}{\int \varrho \mathrm{d}V}, \quad z_c = \frac{\int z\, \varrho \mathrm{d}V}{\int \varrho \mathrm{d}V}. \tag{4.6}$$

O peso do corpo é distribuído por todo o seu volume V. No caso de um corpo rígido, o peso pode ser considerado concentrado no centro de gravidade sem alterar a ação estática.

Pode-se notar que a consideração de um campo gravitacional uniforme e paralelo não é exatamente satisfeito, na realidade. As direções e magnitudes das forças gravitacionais para as várias partículas de um corpo diferem ligeiramente, já que essas forças são dirigidas para o centro de atração da terra e suas intensidades dependem de sua distância desse centro. No entanto, no caso de corpos suficientemente pequenos, a consideração é suficientemente precisa para fins de engenharia.

A massa do elemento de volume infinitesimal $\mathrm{d}V$ é dada por $\mathrm{d}m = \varrho \mathrm{d}V$, e a massa do corpo todo é a soma (isto é, a integral) dos elementos de massa: $m = \int \varrho \mathrm{d}V = \int \mathrm{d}m$. Isso leva à definição do *centro de massa*:

$$x_c = \frac{1}{m}\int x dm, \quad y_c = \frac{1}{m}\int y dm, \quad z_c = \frac{1}{m}\int z dm. \tag{4.7}$$

O centro de massa coincide com o centro de gravidade se o campo gravitacional for considerado uniforme e paralelo. No caso de um corpo composto de material *homogêneo*, a densidade ϱ é constante e, consequentemente, será cancelada em (4.6). Desta forma,

$$x_c = \frac{1}{V}\int x dV, \quad y_c = \frac{1}{V}\int y dV, \quad z_c = \frac{1}{V}\int z dV, \tag{4.8}$$

onde $V = \int \mathrm{d}V$ é o volume do corpo inteiro. As equações (4.8) definem o *centro do volume*. Se a densidade e a aceleração da gravidade forem constantes, o centro de gravidade e o centro do volume coincidirão. Como as equações (4.8) definem uma propriedade puramente geométrica do corpo, o centro de gravidade pode ser obtido por considerações tão somente geométricas, neste caso.

O termo "centro" (p.ex., centro de massa) se refere a um corpo físico real. O termo "centroide" é usado quando os fatores de densidade são omitidos, isto é, quando estamos interessados apenas em considerações geométricas. Se a densidade for uniforme por todo o corpo, as posições do centro de massa e da centroide do corpo serão idênticas. No caso de uma densidade variável, o centro de massa e a centroide são, em geral, pontos diferentes. Se um corpo possui um plano de simetria geométrica, a centroide se encontrará neste plano.

No que segue, consideramos um corpo que é composto de várias partes de formas simples (corpo composto). Os volumes V_i, as densidades constantes ϱ_i e as coordenadas x_i, y_i, z_i dos centros de gravidade C_i das partes individuais são consideradas conhecidas (figura 4.4b). O denominador em (4.6) pode, então, ser escrito na forma

$$\begin{aligned}\int_V \varrho \, \mathrm{d}V &= \int_{V_1} \varrho_1 \mathrm{d}V + \int_{V_2} \varrho_2 \mathrm{d}V + \ldots = \varrho_1 \int_{V_1} \mathrm{d}V + \varrho_2 \int_{V_2} \mathrm{d}V + \ldots \\ &= \varrho_1 V_1 + \varrho_2 V_2 + \ldots = \sum \varrho_i V_i \,,\end{aligned}$$

onde a notação V_i no sinal de integral indica a faixa da respectiva integração.

Para simplificar os numeradores em (4.6), em princípio, apenas a componente x é considerada e a relação para o i-ésimo corpo

$$x_i = \frac{1}{V_i} \int_{V_i} x dV \rightarrow \int_{V_i} x dV = x_i V_i$$

é usada, a qual é consequência da primeira equação de (4.8). Se a integração sobre todo o volume é escrita novamente como a soma das integrações sobre os volumes individuais, o numerador da primeira equação em (4.6) resulta em

$$\begin{aligned}\int_V x\varrho \, \mathrm{d}V &= \varrho_1 \int_{V_1} x \, \mathrm{d}V + \varrho_2 \int_{V_2} x \, \mathrm{d}V + \ldots \\ &= \varrho_1 x_1 V_1 + \varrho_2 x_2 V_2 + \ldots = \sum x_i \varrho_i V_i \,.\end{aligned}$$

Equações análogas são obtidas para as coordenadas y e z. Portanto, a localização do centro de gravidade é determinada por

$$x_c = \frac{\sum x_i \varrho_i V_i}{\sum \varrho_i V_i}, \qquad y_c = \frac{\sum y_i \varrho_i V_i}{\sum \varrho_i V_i}, \qquad z_c = \frac{\sum z_i \varrho_i V_i}{\sum \varrho_i V_i}. \tag{4.9}$$

A tarefa de localizar o centro de gravidade é, assim, consideravelmente simplificada: nenhuma integração é necessária, já que somas finitas substituem as integrais.

Se a densidade for constante dentro de todo o corpo (material homogêneo, isto é, $\varrho_i = \varrho$), ela será cancelada e (4.9) será reduzida a

$$x_c = \frac{\sum x_i V_i}{V}, \quad y_c = \frac{\sum y_i V_i}{V}, \quad z_c = \frac{\sum z_i V_i}{V}. \tag{4.10}$$

As equações (4.9) e (4.10) também podem ser usadas no caso de corpos com furos ou com regiões sem material. O corpo dado, então, é considerado composto do corpo correspondente sem furos, e os furos são considerados corpos adicionais com volumes "negativos". Os volumes dos furos são, deste modo, inseridos com sinais negativos em (4.9) e (4.10).

Exemplo 4.2 Um pequeno cubo (comprimento da aresta $2a$) é removido de um cubo grande (comprimento da aresta $4a$), como mostrado na figura 4.5a.

a. Localize o centro de gravidade do corpo restante.
b. Determine o centro de gravidade se o cubo pequeno for substituído por um cubo com o mesmo tamanho, mas de material diferente (densidade $\varrho_2 = 2\varrho_1$), como mostrado na figura 4.5b.

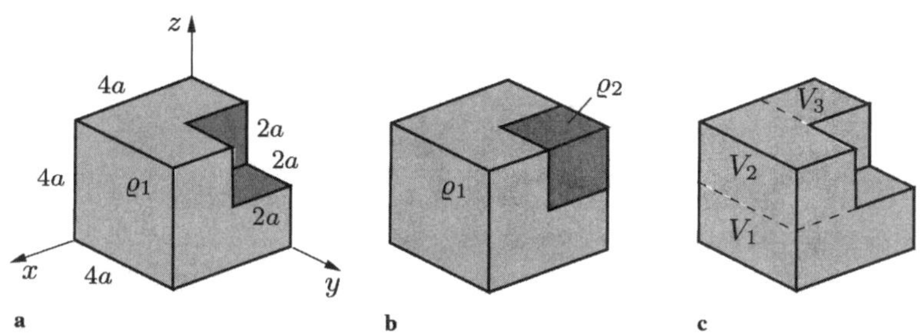

Figura 4.5

Solução Em ambos os casos, o corpo pode ser considerado como sendo composto de várias partes. No problema a), o material é homogêneo (constante de densidade ϱ_i). Desta forma, a posição do centro de gravidade pode ser determinada a partir de (4.10). As três partes, como indicadas na figura 4.5c, são usadas no cálculo. A prática recomenda efetuá-lo na forma da tabela seguinte:

i	x_i	y_i	z_i	V_i	$x_i V_i$	$y_i V_i$	$z_i V_i$
1	$2a$	$2a$	a	$32a^3$	$64a^4$	$64a^4$	$32a^4$
2	$3a$	$2a$	$3a$	$16a^3$	$48a^4$	$32a^4$	$48a^4$
3	a	a	$3a$	$8a^3$	$8a^4$	$8a^4$	$24a^4$
		Σ		$56a^3$	$120a^4$	$104a^4$	$104a^4$

$$\rightarrow \underline{\underline{x_c}} = \frac{120}{56}a = \underline{\underline{\frac{15}{7}a}}, \qquad \underline{\underline{y_c = z_c}} = \frac{104}{56}a = \underline{\underline{\frac{13}{7}a}}.$$

O mesmo resultado pode ser obtido mais facilmente se o cubo completo (comprimento da aresta $4a$) for tomado como o volume V_1. O espaço do qual o cubo pequeno é removido (o espaço livre de material, isto é, o volume negativo V_2) é, então, a segunda parte:

i	x_i	y_i	z_i	V_i	x_iV_i	y_iV_i	z_iV_i
1	$2a$	$2a$	$2a$	$64a^3$	$128a^4$	$128a^4$	$128a^4$
2	a	$3a$	$3a$	$-8a^3$	$-8a^4$	$-24a^4$	$-24a^4$
		Σ		$56a^3$	$120a^4$	$104a^4$	$104a^4$

No problema b), as densidades das duas partes do corpo são diferentes. Consequentemente, as equações (4.9) têm de ser usadas. O corpo, como mostrado na figura 4.5a, é escolhido como primeira parte. Seu centro de gravidade é conhecido do problema a). A segunda parte é o cubo pequeno, tendo a densidade $\varrho_2 = 2\varrho_1$:

i	x_i	y_i	z_i	$\varrho_i V_i$	$x_i\varrho_i V_i$	$y_i\varrho_i V_i$	$z_i\varrho_i V_i$
1	$\frac{15}{7}a$	$\frac{13}{7}a$	$\frac{13}{7}a$	$56\,\varrho_1 a^3$	$120\,\varrho_1 a^4$	$104\,\varrho_1 a^4$	$104\,\varrho_1 a^4$
2	a	$3a$	$3a$	$16\,\varrho_1 a^3$	$16\,\varrho_1 a^4$	$48\,\varrho_1 a^4$	$48\,\varrho_1 a^4$
		Σ		$72\,\varrho_1 a^3$	$136\,\varrho_1 a^4$	$152\,\varrho_1 a^4$	$152\,\varrho_1 a^4$

$$\rightarrow \underline{\underline{x_c}} = \frac{136}{72}a = \underline{\underline{\frac{17}{9}a}}, \qquad \underline{\underline{y_c = z_c}} = \frac{152}{72}a = \underline{\underline{\frac{19}{9}a}}.$$

4.3 Centroide de uma área

A localização da centroide de uma área plana deve ser conhecida para certos problemas que surgem na engenharia mecânica. As coordenadas da centroide podem ser obtidas de (4.8) se o corpo for considerado uma placa fina com densidade constante e uma espessura constante (figura 4.6) e $t \rightarrow 0$. A introdução da área infinitesimal $dA = dxdy$, localizada no ponto x,y, da área completa $A = \int dA$, do elemento de volume $dV = t dA$ e do volume completo $V = tA$ em (4.8) resulta nas coordenadas da *centroide da área*:

$$x_c = \frac{1}{A}\int x\,dA, \qquad y_c = \frac{1}{A}\int y\,dA. \tag{4.11}$$

A integração deve ser efetuada sobre toda a área A (integrais duplas). Uma vez que $t \rightarrow 0$ e, consequentemente, $z \rightarrow 0$, a terceira equação em (4.8) resulta em $z_c \rightarrow 0$: a centroide de uma área plana está localizada *em* seu plano.

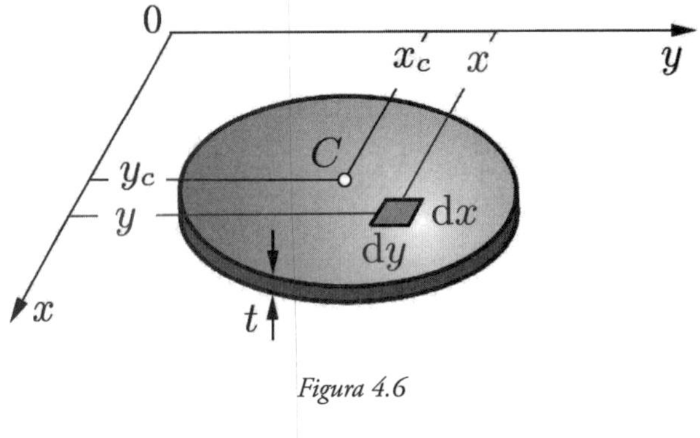

Figura 4.6

O centro de massa de uma placa fina coincide com a centroide da área da superfície se a espessura ($t \longrightarrow 0$) e a densidade forem constantes por toda a área.

As integrais em (4.11) são chamadas de *primeiros momentos da área* com relação aos eixos y e x, respectivamente:

$$S_y = \int x \, dA, \qquad S_x = \int y \, dA. \tag{4.12}$$

Se a origem do sistema de coordenadas for escolhida para coincidir com a centroide da área, as coordenadas x_c e y_c serão zero. Então, as integrais em (4.12) terão de desaparecer:

Os primeiros momentos de uma área com relação aos eixos através de sua centroide são zero.

O trabalho de encontrar a centroide de uma área é simplificado se existir um *eixo de simetria*. Por exemplo, a figura 4.7 mostra que, para cada área infinitesimal dA localizada a uma distância positiva x, existe um elemento correspondente localizado a uma distância negativa. A integral $\int x dA$, em (4.11), é, portanto, zero. Daí:

Se a área tiver um eixo de simetria, a centroide da área se encontrará neste eixo.

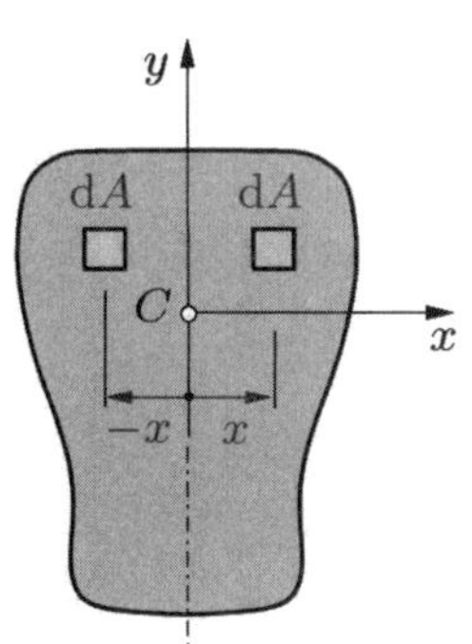

Fig. 4.7

Figura 4.7

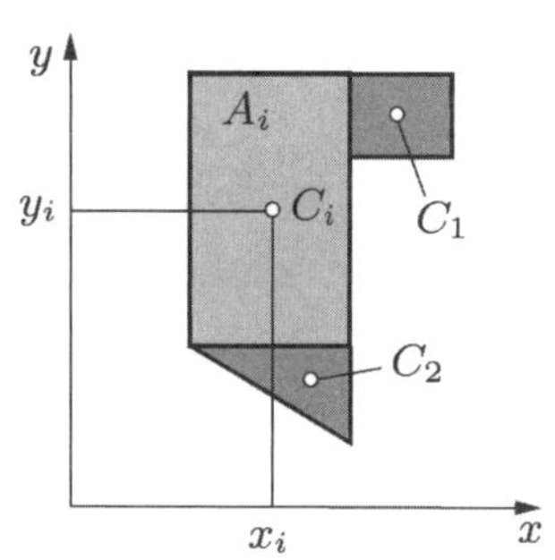

Fig. 4.8

Figura 4.8

No caso de dois eixos de simetria, a centroide é determinada pelo ponto de interseção desses eixos.

Vamos, agora, considerar uma área composta de várias partes de forma simples (figura 4.8). As coordenadas x_i, y_i das centroides C_i e as áreas A_i das partes individuais são consideradas conhecidas. A primeira equação em (4.11) pode, então, ser escrita na forma

$$x_c = \frac{1}{A}\int x\,dA = \frac{1}{A}\left\{\int_{A_1} x\,dA + \int_{A_2} x\,dA...\right\}$$

$$= \frac{1}{A}\{x_1A_1 + x_2A_2 + ...\}.$$

Destarte, as integrais são substituídas por somas (compare com a seção 4.2). Com $A = \sum A_i$, as coordenadas da centroide são obtidas como

$$x_c \frac{\sum x_i A_i}{\sum A_i}, \qquad y_c \frac{\sum y_i A_i}{\sum A_i}. \tag{4.13}$$

Essas equações também podem ser usadas para áreas com furos ou seções removidas. Os furos são então considerados como áreas "negativas" (veja o exemplo 4.7).

O método usado para dividir toda a área em várias seções (método de áreas compostas) também pode ser aplicado a seções infinitamente pequenas. Desta forma, não é necessário escolher-se em (4.11) uma área infinitesimal dA = dxdy, como mostrado na figura 4.6. Em muitos casos, é mais prático escolher-se um elemento retangular ou triangular em que um lado, p.ex. A, é finito: dA = adx (faixa diferencial). Este passo reduz as integrais duplas a integrais simples. Então, os valores de x e y em (4.11) referem-se às coordenadas da centroide do elemento. Este método é demonstrado nos exemplos de 4.3 a 4.5.

Exemplo 4.3 Localize a centroide de um triângulo retângulo com base a e altura h (figura 4.9a).

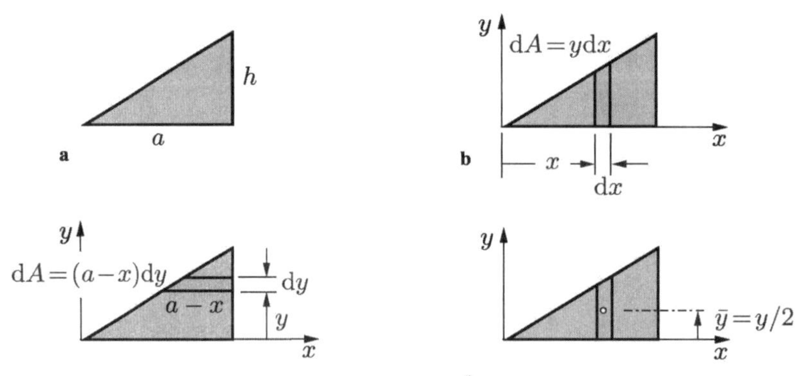

Figura 4.9

Solução As coordenadas da centroide podem ser determinadas a partir das equações (4.11):

$$x_c = \frac{1}{A}\int x\,dA, \qquad y_c = \frac{1}{A}\int y\,dA.$$

Primeiro, introduzimos o sistema de coordenadas como mostrado na figura 4.9b. De acordo com a figura 4.6, o valor de x na primeira equação representa a distância do elemento infinitesimal dA até o eixo y. Para determinar a coordenada x_c, porém, é mais prático escolhermos a área infinitesimal dA = ydx (veja a figura 4.9b), em vez do elemento mostrado na figura 4.6. Com esta escolha, cada ponto do elemento (em particular sua centroide) tem a mesma distância x do eixo y. Como este elemento incorpora a integração sobre y, a integral dupla é reduzida a uma integral simples. Introduzindo a equação $y(x) = hx/a$ para o lado inclinado do triângulo, obtemos o primeiro momento da área com relação ao eixo y:

$$\int x\,d\,A = \int x\,y\,d\,x = \int_0^a x\frac{h}{a}x\,d\,x = \frac{h}{a}\frac{x^3}{3}\Bigg|_0^a = \frac{1}{3}h\,a^2.$$

Com a área $A = ah/2$ do triângulo, obtemos

$$\underline{\underline{x_c}} = \frac{1}{A}\int x\,d\,A = \frac{\frac{1}{3}h\,a^2}{\frac{1}{2}a\,h^2} = \underline{\underline{\frac{2}{3}a.}}$$

Para determinar a coordenada y_c do triângulo, escolhemos a faixa infinitesimal dA = $(a - x)$dy (veja a figura 4.9c). Aqui, cada ponto do elemento tem a mesma distância y do eixo x. com $x(y) = ay/h$, o primeiro momento com relação ao eixo x torna-se

$$\int y\,d\,A = \int y(a-x)d\,y = \int_0^h y\left(a - \frac{a}{h}y\right)d\,y$$

$$= \left\{\frac{y^2}{2}a - \frac{a}{h}\frac{y^3}{3}\right\}\Bigg|_0^h = \frac{a\,h^2}{6}$$

e obtemos

$$\underline{\underline{y_c}} = \frac{1}{A}\int y\,d\,A = \frac{\frac{1}{6}a\,h^2}{\frac{1}{2}a\,h} = \underline{\underline{\frac{1}{3}h.}}$$

Também podemos usar o elemento infinitesimal como mostrado na figura 4.9b para determinar a coordenada y_c. Entretanto, os pontos deste elemento não têm a mesma distância do eixo x. como explicado anteriormente, o valor de y em (4.11) representa a coordenada da centroide do elemento. Consequentemente, temos de substituir y em (4.11) por $\bar{y} = y/2$ (figura 4.9d):

$$y_c = \frac{1}{A}\int \bar{y}\,d\,A = \frac{1}{A}\int \frac{y}{2}d\,A.$$

Com dA = ydx, $y = hx/a$, $A = ah/2$ e

$$\int y dA = \int_0^a y^2 dx = \int_0^a \frac{h^2}{a^2} x^2 dx = \frac{1}{3} ah^2$$

obtemos, novamente,

$$y_c = \frac{\frac{1}{2}\frac{1}{3}ah^2}{\frac{1}{2}ah} = \frac{1}{3}a.$$

Deve-se notar que a área infinitesimal dA = dxdy, de acordo com a figura 4.6, também pode ser usada para determinarmos as coordenadas da centroide. Com esta escolha, a integração tem de ser efetuada em ambas as direções, x e y (integral dupla). Contudo, está fora do escopo deste livro a explicação de como integrais duplas são resolvidas.

Exemplo 4.4 Localize a centroide da área que está limitada pela parábola (figura 4.10a).

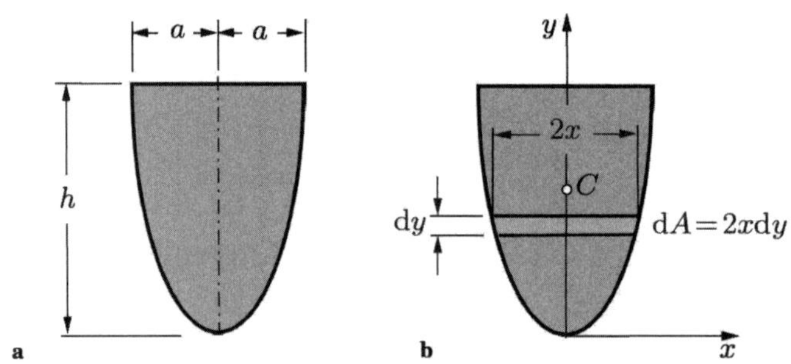

Figura 4.10

Solução Usamos o sistema de coordenadas como mostrado na figura 4.10b. Como o eixo y é um eixo de simetria, a centroide C se encontra sobre ele: $x_c = 0$. Para determinar a coordenada y_c a partir de

$$y_c = \frac{\int y dA}{\int dA},$$

escolhemos a faixa diferencial dA = 2xdy paralela ao eixo x. Cada ponto deste elemento tem a mesma distância y do eixo x. A parábola é descrita por

$$y = \frac{h}{a^2}x^2 \qquad ou \qquad x = \sqrt{\frac{a^2 y}{h}}.$$

Desta forma,

$$A = \int dA = \int 2x dy = 2\int_0^h \sqrt{\frac{a^2 y}{h}} dy = 2\sqrt{\frac{a^2}{h}} \frac{2}{3} y^{3/2} \Big|_0^h = \frac{4}{3}ah$$

e

$$\int y dA = \int_0^h y 2\sqrt{\frac{a^2 y}{h}} dy = 2\sqrt{\frac{a^2}{h}} \frac{2}{5} y^{5/2} \Big|_0^h = \frac{4}{5} a h^2.$$

Esta equação produz o resultado

$$\underline{\underline{y_c}} = \frac{\int y\, dA}{\int dA} = \frac{\frac{4}{5} a\, h^2}{\frac{4}{3} a\, h} = \underline{\underline{\frac{3}{5} h.}}$$

Note que a altura y_c da centroide não depende da largura a da parábola.

Exemplo 4.5 Localize a centroide de um setor circular (figura 4.11a).

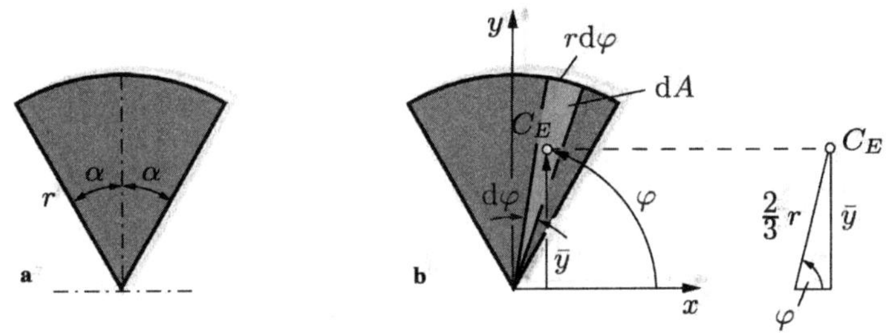

Figura 4.11

Solução Escolhemos o eixo y como eixo de simetria, de tal modo que $x_c = 0$. Para encontrar y_c, introduzimos a coordenada φ e a áreas infinitesimal dA, como mostrado na figura 4.11b. Desprezando os termos de mais alta ordem, o setor infinitesimal do círculo pode ser substituído por um triângulo infinitesimal com base r dφ e altura r. A centroide C_E desse triângulo está localizada a 2/3 de sua altura. Portanto, ela fica a uma distância

$$\bar{y} = \frac{2}{3} r \, sen\, \varphi$$

do eixo x. Com $dA = \frac{1}{2} r\, d\varphi \quad r = \frac{1}{2} r^2 d\varphi$, obtemos

$$y_c = \frac{\int \bar{y} dA}{\int dA} = \frac{\int_{(\pi/2)-\alpha}^{(\pi/2)+\alpha} \frac{2}{3} r\, sen\varphi \frac{1}{2} r^2 d\varphi}{\int_{(\pi/2)-\alpha}^{(\pi/2)+\alpha} \frac{1}{2} r^2 d\varphi}$$

$$= \frac{\frac{1}{3} r^3 (-\cos\varphi)\Big|_{(\pi/2)-\alpha}^{(\pi/2)+\alpha}}{\frac{1}{2} r^2 \varphi \Big|_{(\pi/2)-\alpha}^{(\pi/2)+\alpha}} =$$

$$=\frac{1}{3}r^3\frac{\cos\left(\frac{\pi}{2}-\alpha\right)-\cos\left(\frac{\pi}{2}+\alpha\right)}{\alpha}=\frac{2}{3}r\frac{sen\alpha}{\alpha}.$$

Para uma área semicircular ($\alpha = \pi/2$), isso resulta em

$$y_c=\frac{4r}{3\pi}.$$

Exemplo 4.6 Encontre a centroide da área em forma de L da figura 4.12a.

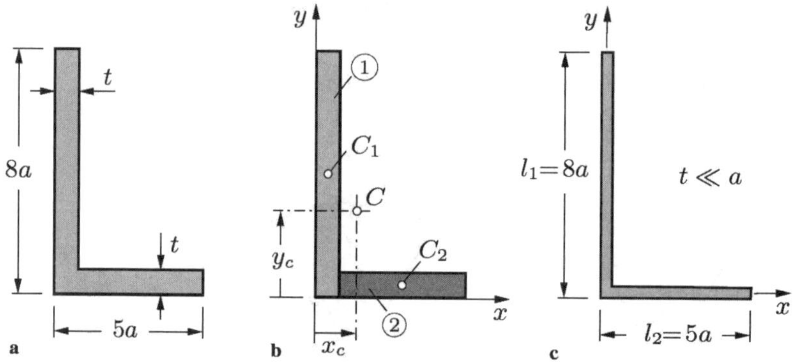

Figura 4.12

Solução Escolhemos um sistema de coordenadas e consideramos a área como sendo composta por dois retângulos (figura 4.12b):

$A_1 = 8at,$ $\qquad A_2 = (5a - t)t.$

As coordenadas de suas respectivas centroides são dadas por

$$x_1=\frac{1}{2},\quad y_1=4a,\quad x_2=\frac{5a-t}{2}+t=\frac{5a+t}{2},\quad y_2=\frac{t}{2}.$$

As equações (4.13) produzem

$$x_c=\frac{\sum x_i A_i}{\sum A_i}=\frac{\frac{1}{2}8at+\frac{5a+t}{2}(5a-t)t}{8at+(5a-t)t}$$

$$=\frac{4at^2+\frac{25}{2}a^2t-\frac{t^3}{2}}{8at+5at-t^2}=\frac{25}{26}a\frac{1+\frac{8}{25}\frac{t}{a}-\frac{1}{25}\left(\frac{t}{a}\right)^2}{1-\frac{1}{13}\frac{t}{a}}.$$

e

$$y_c = \frac{\sum y_i A_i}{\sum A_i}$$

$$= \frac{4a8at + \frac{t}{2}(5a-t)t}{13at - t^2} = \frac{32}{13}a\frac{1 + \frac{5}{64}\frac{t}{a} - \frac{1}{64}\left(\frac{t}{a}\right)^2}{1 - \frac{1}{13}\frac{t}{a}}.$$

No caso especial de $t << a$ (figura 4.12c), os termos t/a e $(t/a)^2$ são desprezíveis em comparação com 1. Então, obtemos

$$x_c = \frac{25}{26}a, \qquad y_c = \frac{32}{13}a.$$

Exemplo 4.7 Um círculo é removido de um triângulo, como mostrado na figura 4.13a.

Localize a centroide C da área restante.

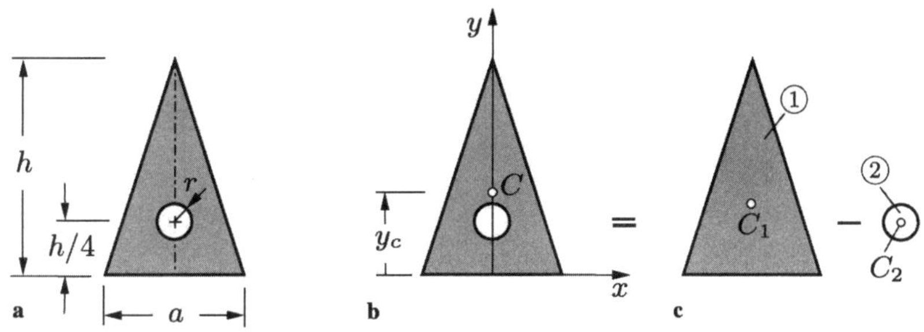

Figura 4.13

Solução Por simetria, a centroide se encontra no eixo y do sistema de coordenadas escolhido, isto é, $x_c = 0$ (figura 4.13b). Consideramos a área restante como sendo composta, a qual consiste de duas partes: o triângulo ① e o círculo ②. Como a região do círculo é vazia de material, esta parte tem de ser subtraída do triângulo (figura 4.13c). Introduzindo

$$A_1 = \frac{1}{2}ah, \quad y_1 = \frac{h}{3}, \quad A_2 = \pi r^2, \quad y_2 = \frac{h}{4}$$

em (4.13), obtemos

$$\underline{\underline{y_c}} = \frac{y_1 A_1 - y_2 A_2}{A_1 - A_2} = \frac{\frac{h}{3}\frac{1}{2}ah - \frac{h}{4}\pi r^2}{\frac{1}{2}ah - \pi r^2} = \frac{h}{3}\frac{1 - \frac{3}{2}\frac{\pi r^2}{ah}}{1 - \frac{2\pi r^2}{ah}}.$$

Se a área do círculo for pequena em comparação com a área do triângulo ($\pi r^2 \ll ah/2$), o resultado será reduzido para $h/3$.

Tabela 4.1 Localização de centroides

	Área	**Localização da centroide**
Triângulo retângulo 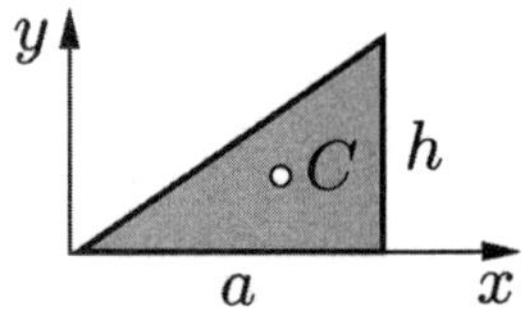	$A=\frac{1}{2}ah$	$x_c=\frac{2}{3}a,\quad y_c=\frac{h}{3}$
Triângulo arbitrário 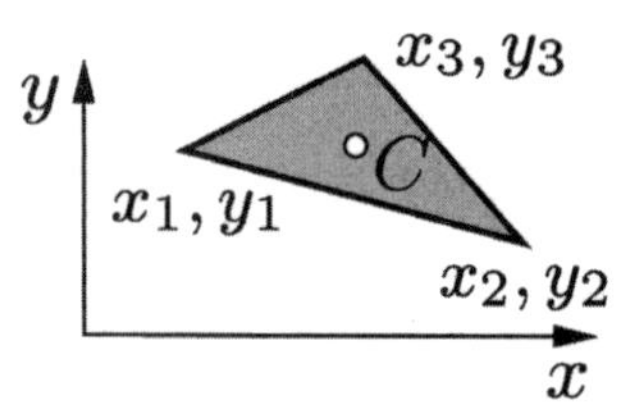	$A=\frac{1}{2}[(x_2-x_1)(y_3-y_1)]$ $-(x_3-x_1)(y_2-y_1)]$	$x_c=\frac{1}{3}(x_1+x_2+x_3)$ $y_c=\frac{1}{3}(y_1+y_2+y_3)$
Paralelogramo 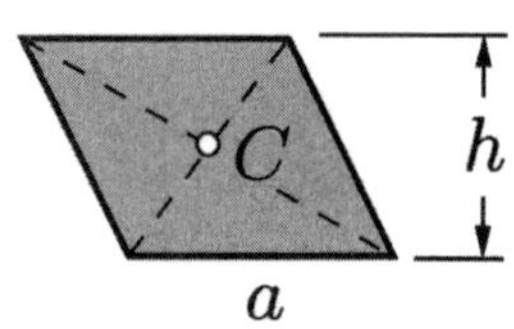	$A = a\,h$	C é determinada pela interseção das diagonais
Trapézio 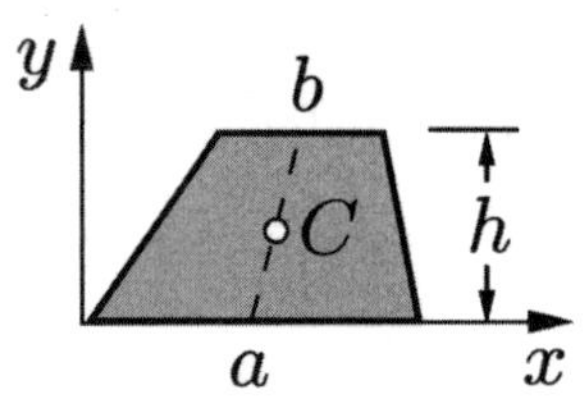	$A=\frac{h}{2}(a+b)$	C está localizada na linha mediana $y_c=\frac{h}{3}\frac{a+2b}{a+b}$
Setor circular 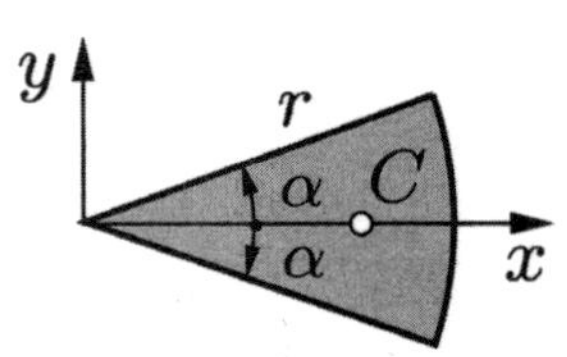	$A = \alpha\, r^2$	$x_c=\frac{2}{3}r\frac{\operatorname{sen}\alpha}{\alpha}$

Semicírculo

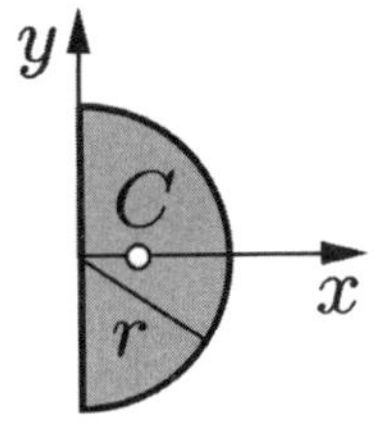

$$A = \frac{\pi}{2} r^2 \qquad x_c = \frac{4r}{3\pi}$$

Segmento circular

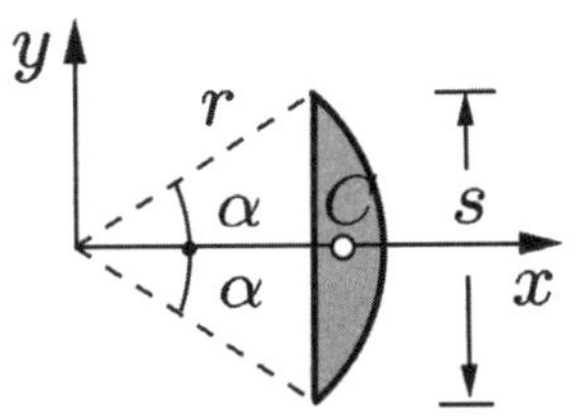

$$A = \frac{1}{2} r^2 (2\alpha - sen\, 2\alpha) \qquad x_c = \frac{s^3}{12A} = \frac{4}{3} r \frac{sen^3 \alpha}{2\alpha - sen 2\alpha}$$

Parábola quadrática

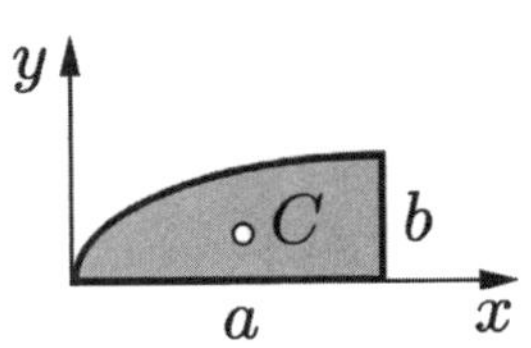

$$A = \frac{2}{3} ab \qquad x_c = \frac{3}{5} a \qquad y_c = \frac{3}{8} b$$

4.4 Centroide de uma linha

Vamos, agora, considerar uma linha que se encontra num plano (figura 4.14). Sua centroide C pode ser determinada se em (4.11) a área infinitesimal dA for substituída por um elemento de linha ds e a área A for substituída pelo comprimento l da linha:

$$x_c = \frac{1}{l} \int x \, ds, \qquad y_c = \frac{1}{l} \int y \, ds. \tag{4.14}$$

A centroide de uma linha reta se encontra em seu centro, e a centroide de uma linha curva se encontra, em geral, fora da linha. As equações (4.14) podem, por exemplo, ser aplicadas para determinarmos a centroide de um arame uniforme dobrado ou para localizar a linha de ação da resultante de forças que estão igualmente distribuídas ao longo de uma linha. A centroide de uma linha coincide com o centro de massa de uma barra fina uniforme ou fio. No caso de uma densidade variável ou de uma seção cruzada variável, o centro de massa e a centroide são pontos diferentes.

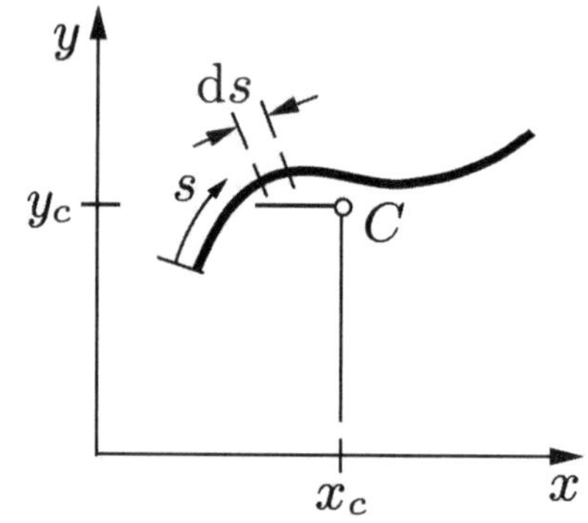

Figura 4.14

Seja uma linha composta de várias partes. Os comprimentos l_i e as coordenadas x_i, y_i das centroides individuais são consideradas conhecidas. As integrais em (4.14), então, são reduzidas a somas (compare com (4.13)), e as equações (4.14) são simplificadas para

$$x_c = \frac{\Sigma x_i l_i}{\Sigma l_i}, \qquad y_c = \frac{\Sigma y_i l_i}{\Sigma l_i}. \tag{4.15}$$

Como exemplo simples, a centroide da linha mostrada na figura 4.12c é determinada onde $t \to 0$. Aplicando (4.15), obtemos

$$x_c = \frac{0 \cdot 8a + \frac{5}{2}a\,5a}{8a + 5a} = \frac{25}{26}a, \qquad y_c = \frac{4a\,8a + 0 \cdot 5a}{8a + 5a} = \frac{32}{13}a$$

Este resultado coincide com o resultado correspondente derivado no exemplo 4.6.

Exemplo 4.8 Um arame é dobrado na forma de um arco circular com um ângulo de abertura 2α (figura 4.15a). Localize sua centroide.

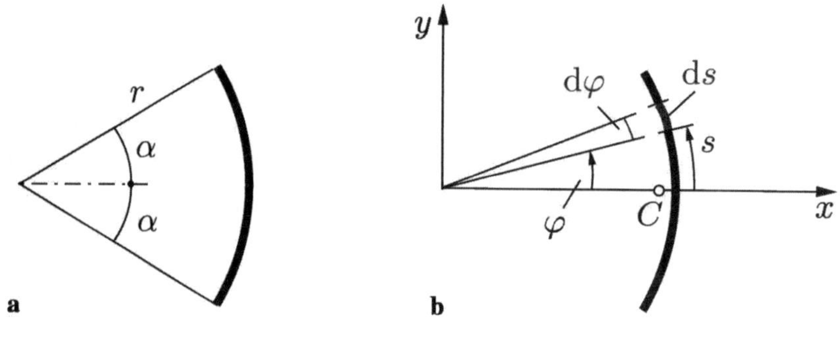

Figura 4.15

Solução O sistema de coordenadas mostrado na figura 4.15b é escolhido de tal modo que $y_c = 0$ (simetria). Agora, o ângulo φ é introduzido e um elemento infinitesimal do arco é considerado, cujo comprimento ds é dado por $r d\varphi$. Usando a relação $x = r \cos \varphi$ para coordenadas polares, (4.14) produz

$$\underline{\underline{x_c}} = \frac{\int x\, ds}{\int ds} = \frac{\int_{-\alpha}^{+\alpha} r \cos\varphi\, r\, d\varphi}{\int_{-\alpha}^{+\alpha} r\, d\varphi} = \frac{2r^2 sen\alpha}{2r\,\alpha} = \underline{\underline{r\frac{sen\alpha}{\alpha}}}.$$

Para o caso especial de um *arco semicircular* (isto é, $\alpha = \pi/2$), obtemos

$$x_c = \frac{2r}{\pi}.$$

A centroide de uma área *semicircular* ($x_c = 4r/(3\pi)$, veja a tabela 4.1 e o exemplo 4.5) está localizada muito mais perto do centro do círculo que a centroide de um arco semicircular.

4.5 Problemas suplementares

Soluções detalhadas para a maioria dos exemplos seguintes são dadas em (**A**) D. Gross et al. *Formeln und Aufgaben zur Technischen Mechanik 1*, Springer, Berlin 2011, ou (**B**) W. Hauger et al. *Aufgaben zur Technischen Mechanik 1-3*, Springer, Berlin 2011.

Exemplo 4.9 Localize as centroides dos perfis como mostrado na figura 4.16. As medidas são dadas em mm.

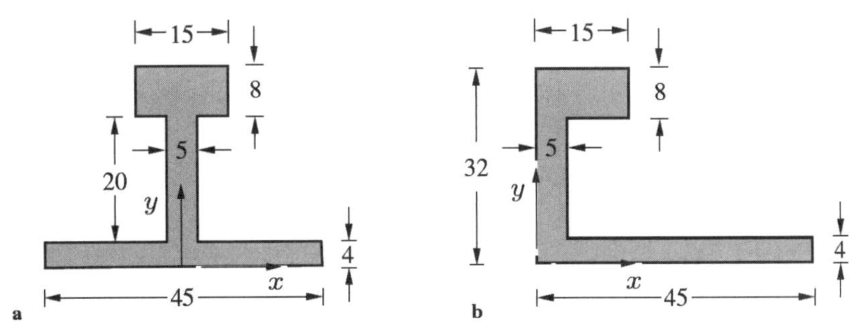

Figura 4.16

Resultados: veja (A)

a. $x_c = 0$, $y_c = 12{,}8$ mm,
b. $x_c = 13$ mm, $y_c = 12{,}8$ mm,

Exemplo 4.10 Localize as centroides dos perfis finos ($t \ll a$) como mostrado na figura 4.17.

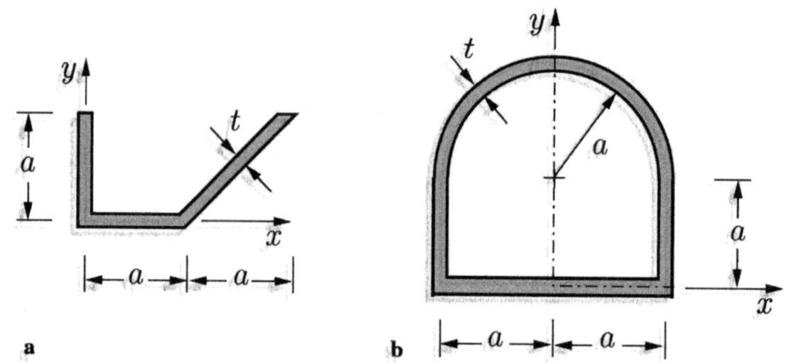

Figura 4.17

Resultados: veja (B)

$x_c = (5\sqrt{2}/4 - 1)a, \qquad y_c = \sqrt{2}\,a/4,$

$x_c = 0, \quad y_c = \dfrac{3+\pi}{4+\pi}a.$

Exemplo 4.11 Determine as coordenadas da centroide C do número mostrado na figura 4.18.

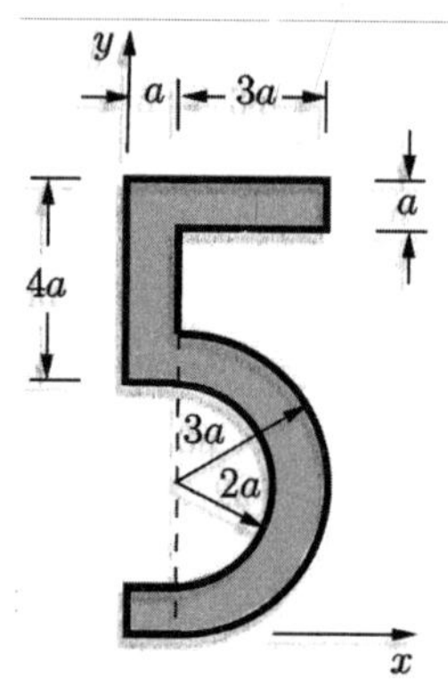

Figura 4.18

Resultado: veja (B) $\qquad x_c = 1{,}93a, \qquad y_c = 4{,}89a.$

Exemplo 4.12 Uma área circular é removida de um círculo e uma elipse, respectivamente (figura 4.19). Localize as centroides das áreas restantes.

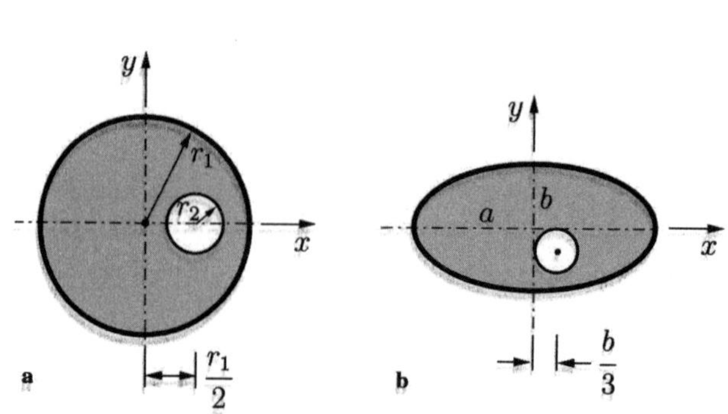

Figura 4.19

Resultados: veja (B)

a. $x_c = -\dfrac{r_1 r_2^2}{2\left(r_1^2 - r_2^2\right)}$, $\quad y_c = 0$,

b. $x_c = -\dfrac{b^2}{3(9a-b)}$, $\quad y_c = -x_c$,

Exemplo 4.13 Uma folha de metal fina, de espessura regular, é dobrada na forma mostrada na figura 4.20. Ela consiste de um quadrado e dois triângulos. As medidas são dadas em cm.

Determine a centroide.

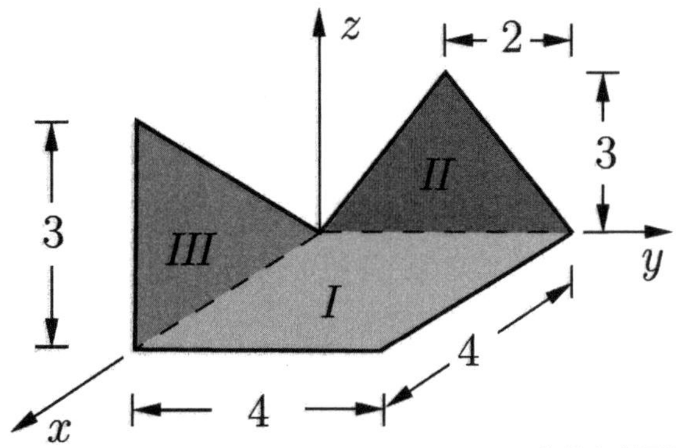

Figura 4.20

Resultado: veja (A) $\quad x_c = 1{,}71$ cm, $\quad y_c = 1{,}57$ cm, $\quad z_c = 0{,}43$ cm.

Exemplo 4.14 A área mostrada na figura 4.21 é limitada pelos eixos de coordenadas e a parábola quadrática com seu ápice em $x = 0$.

Determine as coordenadas da centroide.

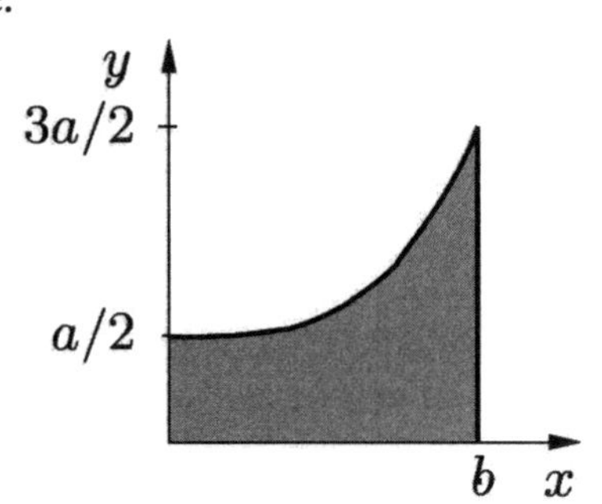

Figura 4.21

Resultado: veja (A) $\quad x_c = 3b/5$, $\quad y_c = 47a/100$.

Exemplo 4.15 Localize a centroide da área mostrada na figura 4.22.

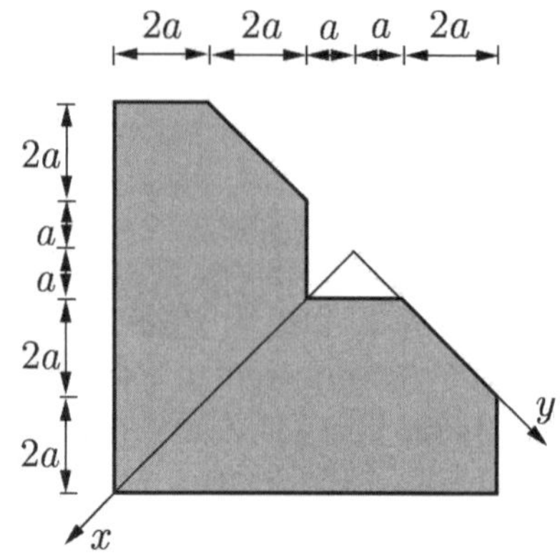

Figura 4.22

Resultado: $x_c = 2{,}61a$, $y_c = 0$.

Exemplo 4.16 Um fio fino tem a forma da função $y = a \cosh x/a$ (figura 4.23).

Encontre a centroide.

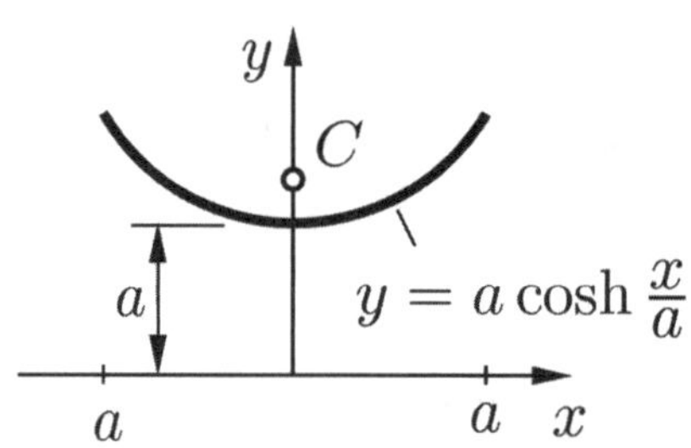

Figura 4.23

Resultado: veja (A) $x_c = 0$, $y_c = 1{,}197a$.

Exemplo 4.17 Localize a centroide de uma concha esférica de parede fina (raio R, altura H, espessura $t << R$) como mostrada na figura 4.24.

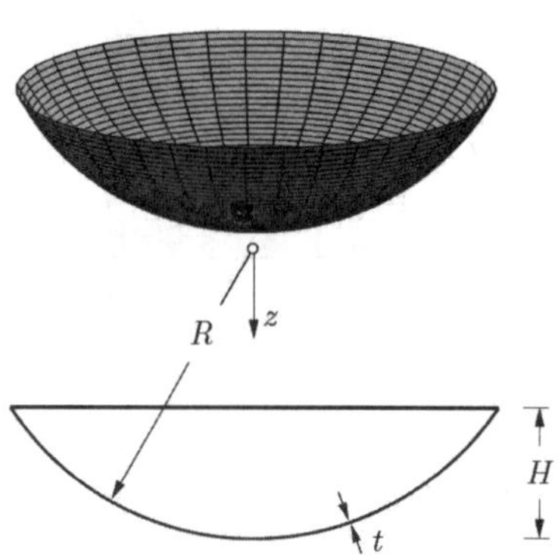

Figura 4.24

Resultado: veja (B) $z_c = R - H/2$.

4.6 Resumo

- O peso de um corpo é distribuído por tudo o seu volume. No caso de um corpo rígido, ele pode ser considerado concentrado no centro de gravidade sem alterar a ação estática. As coordenadas do centro de gravidade são definidas por

$$x_c = \frac{\int x \varrho dV}{\int \varrho dV}, \qquad y_c = \frac{\int y \varrho dV}{\int \varrho dV}, \qquad z_c = \frac{\int z \varrho dV}{\int \varrho dV}.$$

Definições análogas são válidas para o centro de massa e o centro de volume.

- As coordenadas da centroide de uma área são definidas por

$$x_c = \frac{1}{A}\int x dA, \qquad y_c = \frac{1}{A}\int y dA.$$

- Os primeiros momentos de uma área são definidos por

$$S_y = \int x\, dA, \qquad S_x = \int y\, dA.$$

- Os primeiros momentos de uma área com relação aos eixos através de sua centroide são zero.

- Se uma área tiver um eixo de simetria, a centroide da área se encontrará sobre esse eixo.

- Sendo um corpo (área, linha) composto de várias partes, as centroides das quais sejam consideradas como conhecidas. As integrais são então substituídas pelas somas. Por exemplo, as coordenadas da centroide de uma área vem de

$$x_c = \frac{\sum x_i A_i}{\sum A_i}, \qquad y_c = \frac{\sum y_i A_i}{\sum A_i}$$

- Relações análogas são válidas no caso de um corpo ou de uma linha.

- No caso de corpos (áreas) com furos, os espaços vazios de material são considerados como volumes (áreas) "negativos".

Capítulo 5

Reações de apoios

Objetivos: Neste capítulo, os tipos mais comuns de apoio de estruturas simples e os diferentes elementos de conexão de estruturas de múltiplas partes são introduzidos. Vamos discutir suas características e como elas podem ser classificadas, de modo que os estudantes serão capazes de decidir se uma estrutura é ou não estática e cinematicamente determinada. Os estudantes também vão aprender, neste capítulo, como as forças e os momentos acoplados que aparecem nos apoios e nos elementos de conexão de uma estrutura carregada podem ser determinados. Aqui, os passos mais importantes são o esboço do diagrama de corpo livre e a correta aplicação das condições de equilíbrio.

5.1 Estruturas planas

5.1.1 Apoios

As estruturas podem ser classificadas de acordo com sua forma geométrica e as cargas que atuam sobre elas. Um elemento estrutural fino e reto (dimensões de seção cruzada muito menores que seu comprimento) que é carregado unicamente na direção axial (tensão ou compressão) é chamado de *barra* ou *haste* (veja a seção 2.4). Se o mesmo objeto geométrico for submetido a uma carga perpendicular a seu eixo, ele será chamado de *viga*. Uma viga curva é normalmente designada por *arco*. Estruturas que consistem de vigas inclinadas rigidamente reunidas são chamadas de *quadros*. Uma estrutura plana com espessura muito menor que seu comprimento característico no plano é chamada de *chapa* se estiver carregada unicamente em seu plano, p.ex., por forças no plano. Se a mesma estrutura geométrica for carregada perpendicularmente a seu plano médio, ela será chamada de *placa*. Se tal estrutura for curva, ela será uma *concha*.

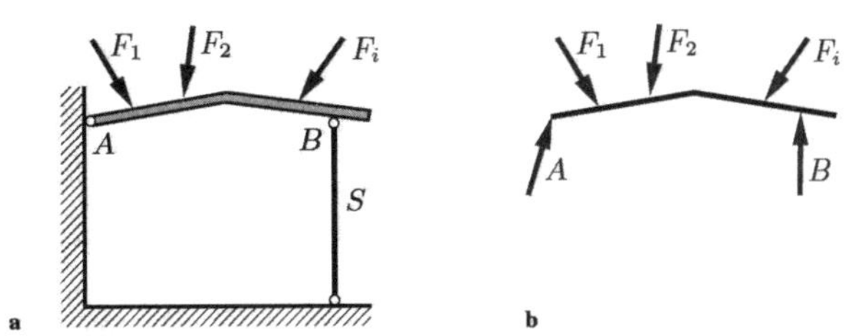

Figura 5.1

As estruturas são conectadas a suas vizinhas por *apoios* cujo principal propósito é fixar a estrutura no espaço, numa posição específica. Em segundo lugar, os apoios transmitem forças. Como exemplo simples, considere o "telhado" da figura 5.1a, carregado por forças externas F_i, articulada por um pino em A numa parede vertical, e apoiada em B pela barra S. As forças são transmitidas à parede e ao solo através dos apoios A e B. De acordo com a lei de ação e reação (actio = reactio), as mesmas forças são exercidas nos sentidos opostos, da parede e do solo para o telhado. Essas forças do ambiente para a estrutura são forças de reação (cf. seção 1.4), e são denominadas *reações de apoio*. Elas se tornam visíveis no diagrama de corpo livre (figura 5.1b), onde elas são geralmente denotadas pelos mesmos símbolos que os suportes, isto é, por A e B, neste exemplo.

A discussão seguinte é limitada a estruturas de parte única, localizadas e carregadas num plano. Um corpo livre sem nenhuma restrição tem três graus de liberdade, isto é, ele pode ser independentemente deslocado de três maneiras diferentes: por duas translações em direções diferentes e por uma rotação em torno de um eixo perpendicular ao plano (cf. seção 3.1.4). Apoios (restrições) reduzem os deslocamentos viáveis: cada reação de apoio impõe uma restrição. Seja r o número de reações de apoio. Então, o número f de graus de liberdade de um corpo num plano é dado por

$$f = 3 - r \tag{5.1}$$

(para exceções, veja a seção 5.1.2).
Agora, vamos considerar diferentes tipos de apoios e classificá-los pelo número de reações de apoio envolvidas.

Apoios que só podem transmitir uma única reação (r = 1). Exemplos desse tipo de apoio são o apoio móvel, o apoio simples e o apoio por uma barra, cf. figura 5.2a-c. Neste caso, a direção da força de reação é conhecida (aqui, vertical), enquanto sua magnitude é desconhecida.

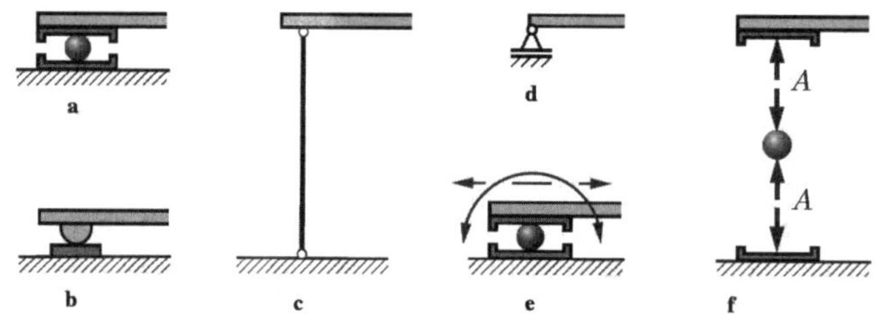

Figura 5.2

A figura 5.2f mostra o diagrama de corpo livre para o apoio móvel. Se as áreas de contato forem consideradas como sem atrito, todas as forças de contato podem ser consideradas como atuando de forma perpendicular às respectivas superfícies de contato. Com esta consideração, a linha de ação da força de reação A é determinada. A figura 5.2e indica os deslocamentos que não são restritos pelo apoio: uma translação vertical e uma rotação. Uma translação vertical é excluída pela restrição do apoio. Se a reação de apoio A mudar seu sinal, isto é, se ela for invertida na direção ao longo da linha de ação, uma elevação deve ser impedida pela construção de um apoio apropriado. De agora em diante, um apoio simples será descrito pelo símbolo mostrado na figura 5.2d.

Apoios que podem transmitir duas reações (r = 2). Exemplos desse tipo de suporte são o apoio articulado e o apoio por duas barras (figura 5.3a,b), que são apresentados simbolicamente na figura 5.3c.

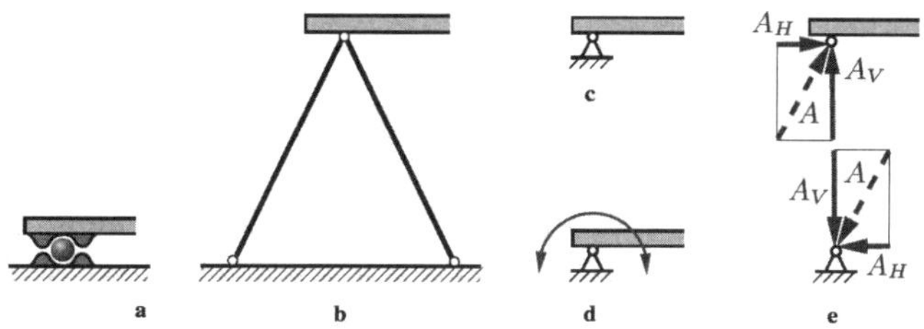

Figura 5.3

Como mostrado na figura 5.3d, o apoio articulado permite uma rotação, mas não um deslocamento em qualquer direção. Em conformidade, ele pode transmitir uma força de reação A de magnitude e direção arbitrárias que podem ser resolvidas em suas componentes horizontal e vertical A_H e A_V (figura 5.3e).

Variantes adicionais de apoios que transmitem duas reações são o movimento paralelo e a manga deslizante (figura 5.4a,b). Seus diagramas de corpo livre (figura 5.4c,d) mostram que, em ambos os casos, uma força e um momento de acoplamento podem ser transmitidos. Um deslocamento numa única direção é possível em cada caso; um deslocamento em qualquer outra direção ou uma rotação não são possíveis.

O grau de liberdade rotacional desaparece se um apoio por duas barras for complementado por uma terceira adicional, um tanto deslocada (figura 5.5a): a estrutura se torna imóvel. Além das duas componentes de força, o apoio também pode, agora, transmitir um momento de acoplamento, isto é, no total *três reações*: $r = 3$.

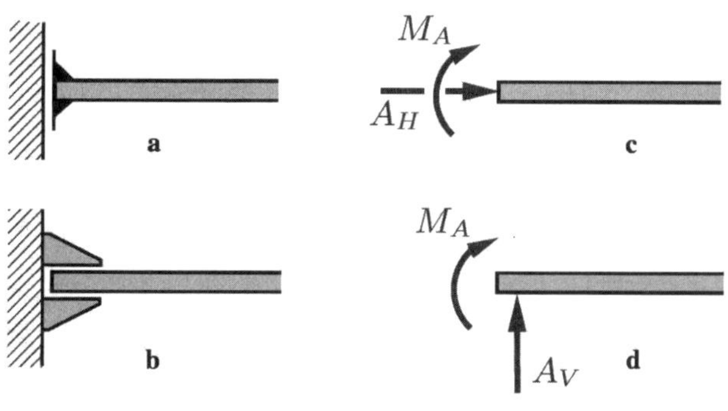

Figura 5.4

A mesma situação aparece no caso de um apoio fixo, de acordo com a figura 5.5b, que simbolicamente é apresentado na figura 5.5c. O diagrama de corpo livre da figura 5.5d mostra que o apoio fixo pode transmitir uma força de reação A de magnitude e direção arbitrárias (ou A_H e A_V) e um momento de acoplamento M_A.

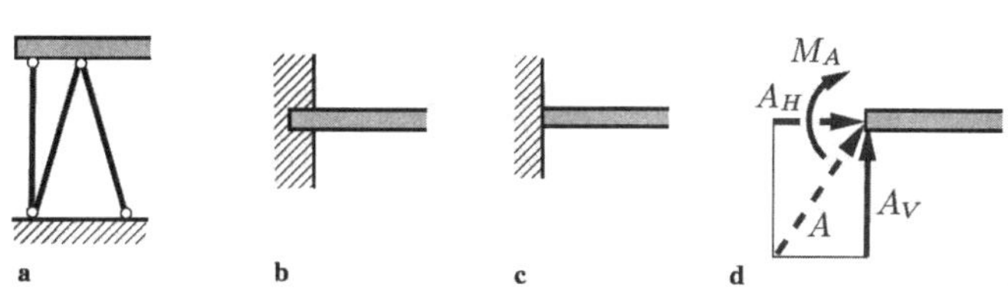

Figura 5.5

5.1.2 Determinância estática

Uma estrutura é dita *estaticamente determinada* se as reações de apoio puderem ser calculadas a partir das *três* condições de equilíbrio (3.12). Como o número de incógnitas deve coincidir com o número de equações, *três* reações incógnitas (forças ou momentos de acoplamento) devem existir nos apoios: $r = 3$. Posteriormente, vamos explicar que essa condição necessária pode não ser suficiente para a determinação das reações de apoio.

A viga da figura 5.6a é suportada pelo apoio articulado A e pelo apoio simples B. Em conformidade, há as três reações de apoio incógnitas A_H, A_V e B. Consequentemente, com $r = 3$, segue-se de (5.1) que a viga é imóvel: $f = 3 - r = 0$; ela é estaticamente determinada.

As reações de apoio da barra fixa na figura 5.6b consistem das duas componentes de força A_H e A_V e do momento de acoplamento M_A. A figura 5.6c mostra uma chapa suportada pelas três barras A, B e C, cada qual transmitindo uma reação. Em ambos os casos, com $r = 3$ e $f = 0$, o apoio é estaticamente determinado.

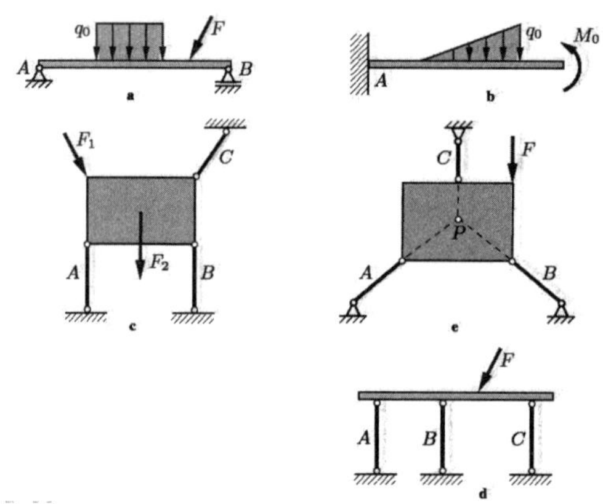

Figura 5.6

Ao contrário, a figura 5.6d mostra uma viga que é suportada por três barras paralelas A, B e C. Aqui, também, o número de reações de apoio incógnitas coincide com o número de condições de equilíbrio: a condição necessária para a determinância estática é satisfeita. Porém, as forças de reação *não podem* ser calculadas a partir das condições de equilíbrio. Aqui, $r = 3$ não implica em $f = 0$ (caso excepcional!): a viga pode ser deslocada numa direção horizontal. Tais casos excepcionais devem ser excluídos. Uma estrutura que pode sofrer deslocamentos finitos ou infinitesimais é chamada de *cinematicamente indeterminada* (cf. também as seções 5.3.4 e 6.1).

A chapa da figura 5.6e também é cinematicamente indeterminada. Como as linhas de ação das forças de reação fazem interseção no ponto P, os apoios permitem uma rotação infinitesimal em torno desse ponto. Podemos ver imediatamente que os apoios da figura 5.6d e e não são estaticamente determinados. No caso da viga, a condição de equilíbrio para as componentes da força horizontal não pode ser preenchida ($\sum F_{iH} \neq 0$), enquanto para a chapa, o equilíbrio dos momentos com relação a P não pode ser satisfeito ($\sum M_i^{(P)} \neq 0$).

No caso de um problema plano, uma estrutura é suportada estática e cinematicamente determinada se ela for imóvel e aparecerem exatamente três reações de apoio. Essas podem ser

a. três forças que não sejam todas paralelas nem centrais,
b. duas forças não paralelas e um momento.

Deve-se enfatizar que a determinância estática de uma estrutura é unicamente dependente dos apoios e, não, da carga.

Se apoios adicionais forem fixados a uma estrutura estaticamente determinada, haverá mais de três reações de apoio, as quais não mais poderão ser determinadas unicamente a partir das três condições de equilíbrio. Tal estrutura é chamada de *estaticamente indeterminada*.

Por exemplo, se a viga fixa da figura 5.6b for adicionalmente suportada pelo apoio simples B (veja a figura 5.7a), o número de reações incógnitas aumentará de três para quatro. Neste caso, uma reação redundante (força ou momento de acoplamento) estará presente. A viga será, portanto, estaticamente indeterminada com *um grau de indeterminância estática.*

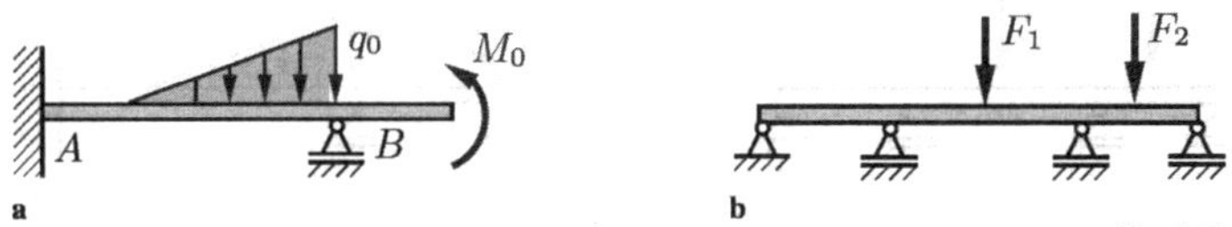

Figura 5.7

Em geral, uma estrutura é estaticamente indeterminada com um grau x de indeterminância estática se o número de reações de apoio incógnitas exceder em x o número de condições de equilíbrio disponíveis. Consequentemente, para a viga da figura 5.7b, o grau de indeterminância estática é igual a dois, já que $r = 2 + 3 \cdot 1 = 5$.

As reações de apoio de estruturas estaticamente indeterminadas só podem ser determinadas se elas não forem consideradas rígidas, mas se suas deformações forem levadas em conta.

5.1.3 Determinação das reações de apoios

Para determinar as reações de apoio, o método de seções é aplicado (cf. seção 1.4): o corpo é liberado de seus apoios e a ação destes sobre o corpo é substituída pelas reações incógnitas.

Como exemplo, considere a viga da figura 5.8a, que é suportada pela barra A e pelos dois apoios simples B e C. As forças de reação se tornam visíveis no diagrama de corpo livre (figura 5.8b). Seus sentidos de direção ao longo das linhas de ação previstas podem ser escolhidos arbitrariamente. Contudo, para a barra, aplicamos a convenção de sinal para hastes (veja as seções 2.4 e 6.3.1) e a consideramos como submetida a tensão. As considerações estarão corretas se a análise produzir valores positivos para as forças de reação, enquanto uma força de reação terá sentido oposto no caso de um sinal negativo.

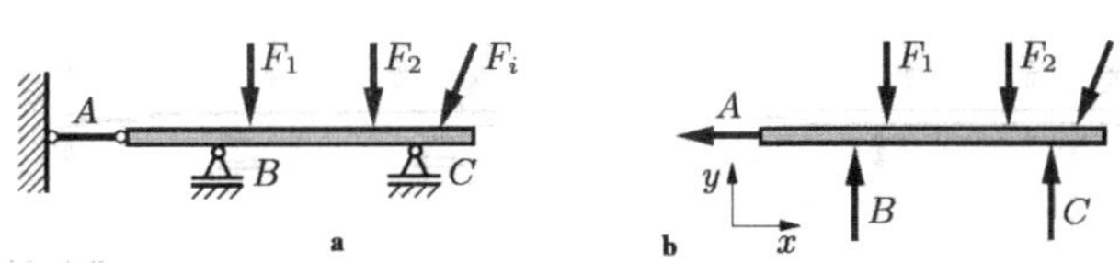

Figura 5.8

Todas as forças que atuam sobre o corpo isolado (isto é, forças ativas e forças de reação) devem preencher as condições de equilíbrio (3.12):

$$\sum F_{ix} = 0, \qquad \sum F_{iy} = 0, \qquad \sum M_i^{(P)} = 0. \tag{5.2}$$

Aqui, P é um ponto de referência que pode ser escolhido arbitrariamente. As reações de apoio podem ser calculadas a partir de (5.2).

Exemplo 5.1 A viga mostrada na figura 5.9a é carregada com a força F que atua sob um ângulo α.

Determine as forças de reação nos apoios A e B.

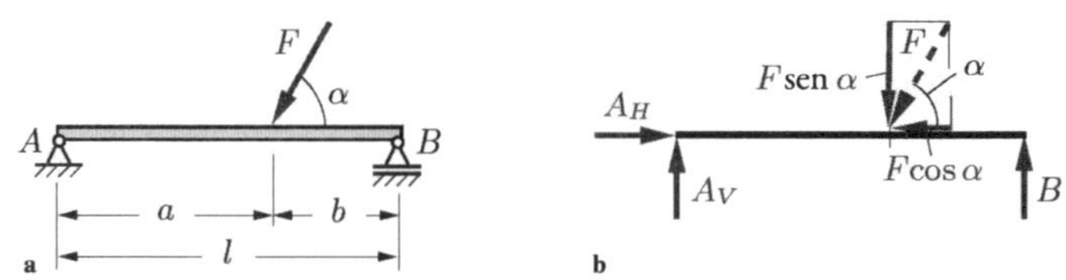

Figura 5.9

Solução A viga é rigidamente suportada; o apoio A transmite duas reações e o apoio B, uma reação. No total, as três forças de reação incógnitas A_H, A_V e B existem: portanto, a viga é estaticamente determinada. Liberamos a viga de seu apoio e tornamos as forças de reação visíveis no diagrama de corpo livre (figura 5.9b), onde escolhemos livremente seus sentidos de direção ao longo das linhas de ação. Destarte, as condições de equilíbrio são dadas por

$$\uparrow: \quad A_V - F \operatorname{sen} \alpha + B = 0, \tag{a}$$

$$\rightarrow: \quad A_H - F \cos \alpha = 0 \quad \rightarrow \quad \underline{\underline{A_H = F \cos \alpha,}}$$

$$\overset{\frown}{A}: \quad -aF \operatorname{sen} \alpha + lB = 0 \quad \rightarrow \quad \underline{\underline{B = \frac{a}{l} \operatorname{sen} \alpha.}} \tag{b}$$

Introduzindo B e a relação geométrica $a + b = l$ em (a), temos

$$A_V = F \operatorname{sen} \alpha - B = \left(1 - \frac{a}{l}\right) F \operatorname{sen} \alpha = \underline{\underline{\frac{b}{l} F \operatorname{sen} \alpha.}}$$

Como verificação, a condição de equilíbrio para os momentos de acoplamento em torno de outro ponto de referência é aplicada:

$$\overset{\frown}{B}: \quad -lA_V + bF \operatorname{sen} \alpha = 0 \quad \rightarrow \quad A_V = \frac{b}{l} F \operatorname{sen} \alpha.$$

Esta equação, em comparação com a equação (a), leva diretamente à força de reação A_V. Portanto, a aplicação das condições de equilíbrio (3.14), ao invés de (3.12), teria sido vantajosa, neste caso.

Exemplo 5.2 A viga presa mostrada na figura 5.10a é carregada com as duas forças F_1 e F_2. Determine as reações no apoio.

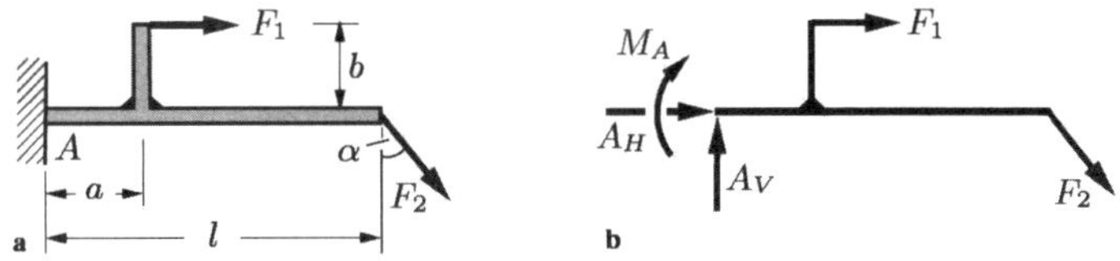

Figura 5.10

Solução O apoio fixo A transmite três reações: duas componentes de força A_H e A_V, e o momento M_A. Elas são tornadas visíveis no diagrama de corpo livre (figura 5.10b), onde seus sensos de direção foram arbitrariamente escolhidos. Assim, as condições de equilíbrio (5.2) resultam em

$$\uparrow: \quad A_V - F_2 \cos \alpha = 0 \quad \rightarrow \quad \underline{\underline{A_V = F_2 \cos\alpha}},$$

$$\rightarrow: \quad A_H + F_1 + F_2 \operatorname{sen} \alpha = 0 \quad \rightarrow \quad \underline{\underline{A_H = -(F_1 + F_2 sen\alpha)}},$$

$$\curvearrowleft A: \quad M_A + bF_1 + l F_2 \cos \alpha = 0 \quad \rightarrow \quad \underline{\underline{M_A = -(bF_1 + lF_2 \cos\alpha)}},$$

Os sinais negativos de A_H e M_A indicam que essas reações, na verdade, estão em sentido oposto às escolhidas no diagrama de corpo livre.

5.2 Estruturas espaciais

Um corpo que pode se mover livremente no espaço tem seis graus de liberdade: três translações nas direções x, y e z, e três rotações em torno dos três eixos. Apoios restringem os possíveis deslocamentos. Como no caso do plano, os diferentes tipos de apoio são classificados pelo número de reações de apoio transferíveis.

A barra da figura 5.11a pode transferir apenas *uma* força na direção de seu eixo. Consequentemente, $r = 1$ para estruturas espaciais, bem como para as planas. Ao contrário, o apoio articulado da figura 5.11b transfere *três* componentes de força no espaço (nas direções x, y e z), isto é, $r = 3$. O apoio fixo (figura 5.11c) transfere seis reações no espaço ($r = 6$): as componentes de força nas direções das três coordenadas, bem como os momentos em torno dos três eixos. A manga deslizante da figura 5.11d pode transferir dois momentos e duas componentes de força, desde que a barra com seção cruzada circular possa girar livremente em torno de seu eixo; para esse tipo de apoio, $r = 4$ é válido. Quando o apoio e a barra têm seções cruzadas retangulares, o que torna a rotação impossível, momentos em torno de todos os três eixos podem ser transferidos. Isso leva a $r = 5$.

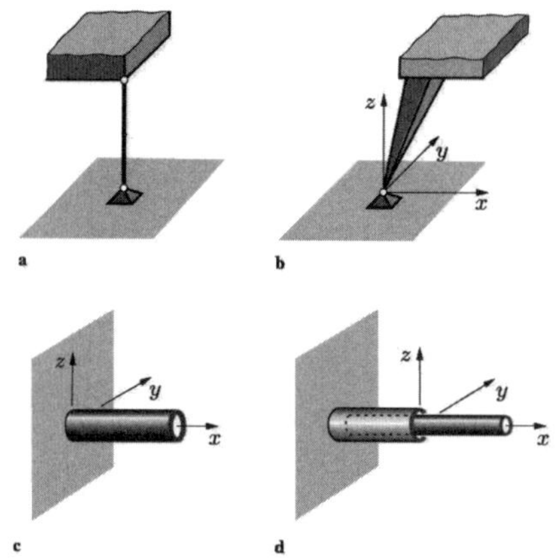

Figura 5.11

Uma estrutura espacial é estaticamente determinada quando é imóvel e as reações de apoio podem ser calculadas a partir das *seis* condições de equilíbrio (3.34), veja também a seção 5.3.4. Assim, no total, *seis* reações devem existir nos apoios. Como no caso de estruturas planas, essas reações são calculadas pela aplicação do método de seções.

Exemplo 5.3 A alavanca retangular que está fixada em A (figura 5.12a) é carregada pela carga de linha q_0, duas forças F_1 e F_2 e o momento M_0.

Determine as reações de apoio.

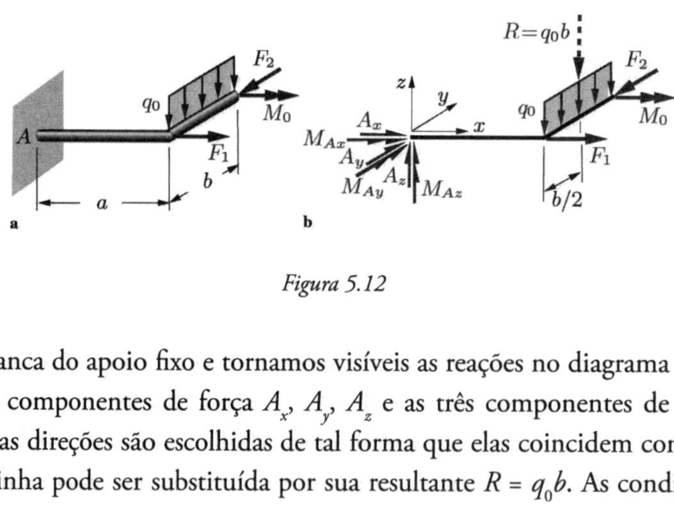

Figura 5.12

Solução Liberamos a alavanca do apoio fixo e tornamos visíveis as reações no diagrama de corpo livre. De acordo com o apoio fixo, as três componentes de força A_x, A_y, A_z e as três componentes de momento M_{Ax}, M_{Ay}, M_{Ay} existem (figura 5.12b). Suas direções são escolhidas de tal forma que elas coincidem com as direções positivas das coordenadas. A carga de linha pode ser substituída por sua resultante $R = q_0 b$. As condições de equilíbrio (3.34), então, produzem

$$\sum F_{ix} = 0: \quad A_x + F_1 = 0 \quad \rightarrow \quad \underline{\underline{A_x = F_1}},$$

$$\sum F_{iy} = 0: \quad A_y - F_2 = 0 \quad \rightarrow \quad \underline{\underline{A_y = F_2}},$$

$$\sum F_{iz} = 0: \quad A_z - q_0 b = 0 \quad \rightarrow \quad \underline{\underline{A_z = q_0 b}},$$

$$\sum M_{ix}^{(A)} = 0: \quad M_{Ax} + M_0 - \frac{b}{2}(q_0 b) = 0 \quad \rightarrow \quad \underline{\underline{M_{Ax} = \frac{q_0 b^2}{2} - M_0}},$$

$$\sum M_{iy}^{(A)} = 0: \quad M_{Ay} + a(q_0 b) = 0 \quad \rightarrow \quad \underline{\underline{M_{Ay} = -q_0 ab}},$$

$$\sum M_{iz}^{(A)} = 0: \quad M_{Az} - aF_2 = 0 \quad \rightarrow \quad \underline{\underline{M_{Az} = -aF_2}}.$$

Exemplo 5.4 Um quadro espacial é suportado em A, B e C (figura 5.13a). Ele é carregado pela carga de linha q_0, pelas forças F_1 e F_2 e pelo momento M_0.

Determine as reações de apoio.

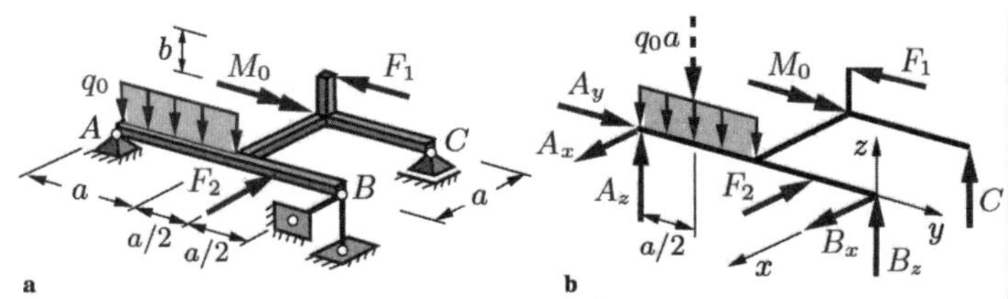

Figura 5.13

Solução O apoio articulado A transfere as três componentes de força A_x, A_y, A_z (figura 5.13b). No apoio B, as forças B_x e B_z atuam nas direções das barras, e no apoio simples (móvel), a força C atua perpendicularmente ao plano horizontal, isto é, na direção do eixo z. Portanto, as equações de equilíbrio para as forças são

$$\sum F_{ix} = 0: \quad A_x + B_x - F_2 = 0, \qquad \text{(a)}$$

$$\sum F_{iy} = 0: \quad A_y - F_1 = 0 \quad \rightarrow \quad \underline{\underline{A_y = F_1}},$$

$$\sum F_{iz} = 0: \quad A_z + B_z + C - q_0 a = 0. \qquad \text{(b)}$$

Para formular o equilíbrio de momentos, escolhemos eixos pelo ponto de referência B:

$$\sum M_{ix}^{(B)} = 0: \quad -2aA_z + \frac{3}{2}a(q_0 a) + bF_1 = 0 \quad \rightarrow \quad \underline{\underline{A_z = \frac{3}{4}q_0 + a\frac{b}{2a}F_1}},$$

$$\sum M_{iy}^{(B)} = 0: \quad aC + M_0 = 0 \quad \rightarrow \quad \underline{\underline{C = -\frac{1}{a}M_0}},$$

$$\sum M_{iz}^{(B)} = 0: \quad 2aA_x + aF_1 - \frac{a}{2}F_2 = 0 \quad \rightarrow \quad \underline{\underline{A_x = -\frac{1}{2}F_1 + \frac{1}{4}F_2}}.$$

Com os resultados para A_x, A_z e C, (a) e (b) produzem

$$B_x = -A_x + F_2 = \underline{\underline{\frac{1}{2}F_1 + \frac{3}{4}F_2}},$$

$$B_z = q_0 a - A_z - C = \underline{\underline{\frac{1}{4}q_0 a - \frac{b}{2a}F_1 + \frac{1}{a}M_0}}.$$

5.3 Estruturas de múltiplas partes

5.3.1 Determinância estática

Estruturas muitas vezes consistem não só de uma parte única, mas de uma série de corpos rígidos que são apropriadamente conectados. Os membros de conexão transferem forças e momentos, respectivamente, que podem ser tornadas visíveis pela passagem de cortes através das conexões. No que segue, a discussão está restrita a estruturas *planas*.

Os membros de conexão entre dois corpos rígidos ① e ② de uma estrutura podem ser, por exemplo, uma barra S, uma articulação G ou um movimento paralelo P (figura 5.14a-c). A *barra* transfere apenas uma única força S em sua direção axial. Nesse caso, o número v de reações de junta é $v = 1$. Ao contrário, uma *articulação* pode transferir uma força numa direção arbitrária, isto é, as componentes G_H e G_V. Como a articulação é considerada sem atrito, ela não oferece resistência a uma rotação: ela não pode transferir um momento. Portanto, o número de reações de junta, neste caso, é $v = 2$. O *movimento paralelo* impede uma rotação relativa e um deslocamento relativo na direção horizontal dos corpos conectados; no entanto, ele permite um deslocamento vertical. Deste modo, apenas uma força horizontal N e um momento M podem ser transferidos: novamente, $v = 2$. De acordo com o princípio actio = reactio, as reações de junta atuam em sentidos opostos nos dois corpos.

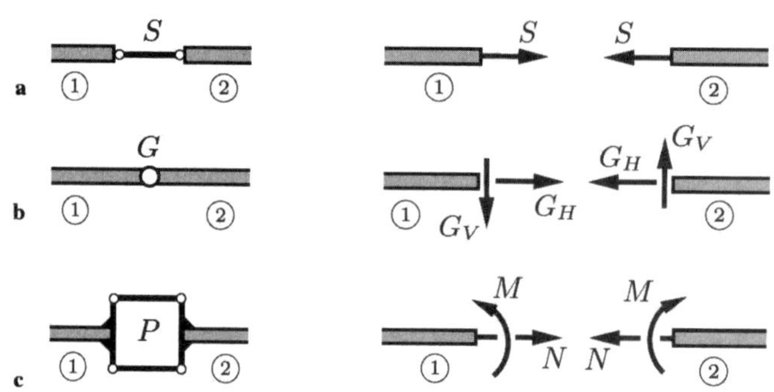

Figura 5.14

Para determinar as reações de apoio e as forças e momentos transferidos pelos membros de conexão, o método de seções é aplicado: liberamos os diferentes corpos da estrutura pela remoção de todas as juntas e apoios e os substituímos pelas reações de junta e de apoio.

Três condições de equilíbrio podem ser formuladas para cada corpo da estrutura. Assim, há no total $3n$ equações se a estrutura consistir de n corpos. Seja r o número de reações de apoio e v o número de reações de junta transferidas. Dizemos que a estrutura de múltiplos corpos é estaticamente determinada se as r reações de apoio e as v reações de junta puderem ser calculadas a partir das $3n$ condições de equilíbrio. A condição necessária para a determinância estática é que o número de equações e o número de incógnitas sejam iguais:

$$r + v = 3n. \tag{5.3}$$

Além disso, se a estrutura for rígida, essa condição é suficiente para a determinância estática. A condição (5.3) também inclui o caso especial de um corpo único estaticamente determinado em que $n = 1$, $v = 0$ e $r = 3$ (cf. seção 5.1.2).

Como exemplos, vamos considerar as estruturas de múltiplas partes mostradas na figura 5.15. A estrutura mostrada na figura 5.15a consiste de $n = 2$ vigas ① e ②, conectadas pela articulação G, e é apoiada pelo apoio fixo A e a barra B. A articulação G transfere $v = 2$ componentes de força, e no apoio fixo e na barra, existem $r = 3 + 1 = 4$ reações de apoio. Então, como $4 + 2 = 3 \cdot 2$, a condição necessária (5.3) para a determinância estática é preenchida. A estrutura da figura 5.15b consiste de três barras ①–③ e da chapa ④, isto é, $n = 4$. As quatro articulações $G_1 - G_4$ transferem $v = 4 \cdot 2 = 8$ reações de junta. No apoio A, existem duas reações e cada um dos apoios B e C transfere uma reação; isso resulta num total de $r = 2 + 1 + 1 = 4$. Introduzindo esses números em (5.3), mostramos que a condição necessária para a determinância estática é novamente satisfeita: $4 + 8 = 3 \cdot 4$. Como ambas as estruturas são rígidas, elas são estaticamente determinadas.

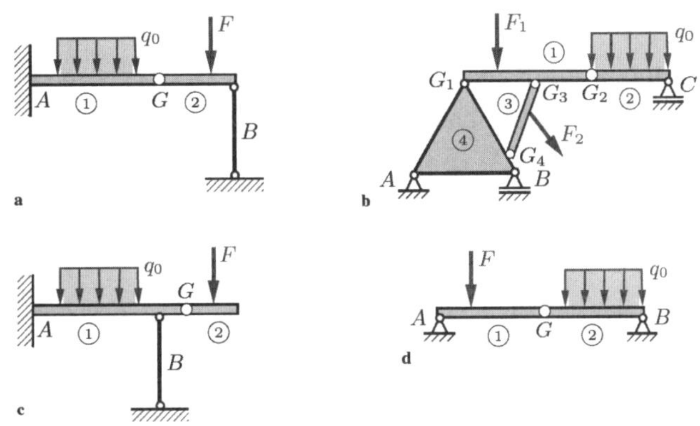

Figura 5.15

Se a barra da figura 5.15a for fixada à viga ①, em vez de à viga ②, como mostrado na figura 5.15c, a condição necessária para a determinância estática ainda será preenchida. Porém, essa estrutura é cinematicamente indeterminada (a viga ② é móvel) e, portanto, sem uso. A estrutura da figura 5.15d também é cinematicamente indeterminada. Muito embora a articulação G não possa sofrer deslocamentos finitos, ela ainda pode ser deslocada infinitesimalmente para cima ou para baixo.

Exemplo 5.5 A estrutura mostrada na figura 5.16 consiste da viga ① e da parte angulada ②, que estão conectadas pela articulação G. A parte angulada está fixada em A e a viga é apoiada em B. O sistema é carregado pela força F.

Determine as reações de apoio e de junta.

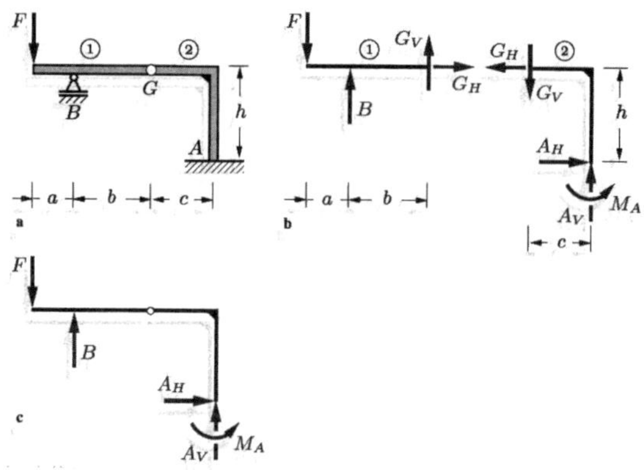

Figura 5.16

Solução Como $r = 3 + 1 = 4$, $v = 2$ e $n = 2$, a condição (5.3) é preenchida: $4 + 2 = 3 \cdot 2$. Além do mais, como a estrutura é imóvel, ela é estaticamente determinada.

Separamos os corpos ① e ②, removemos os apoios e traçamos o diagrama de corpo livre (figura 5.16b). As direções de G_H e G_V podem ser escolhidas livremente para um dos dois corpos. Suas direções para o segundo corpo são determinadas pelo princípio actio = reactio. As condições de equilíbrio para o corpo ① resultam em

$$\rightarrow: \quad \underline{\underline{G_H = 0}},$$

$$\widehat{G}: \quad (a + b)F - bB = 0 \quad \rightarrow \quad \underline{\underline{B = \frac{a+b}{b}F}},$$

$$\widehat{B}: \quad aF + bG_V = 0 \quad \rightarrow \quad \underline{\underline{G_V = -\frac{a}{b}F}}.$$

Das condições de equilíbrio para o corpo ②, em conjunto com os resultados para G_H e G_V, obtemos

$$\uparrow: \quad -G_V + A_V = 0 \quad \rightarrow \quad \underline{\underline{A_V}} = G_V = \underline{\underline{-\frac{a}{b}F}},$$

$$\rightarrow: \quad -G_H + A_H = 0 \quad \rightarrow \quad \underline{\underline{A_H}} = G_H = \underline{\underline{0}},$$

$$\widehat{A}: \quad M_A + hG_H + cG_V = 0 \quad \rightarrow \quad \underline{\underline{M_A}} = -hG_H - cG_V = \underline{\underline{\frac{ac}{b}F}}.$$

Os sinais negativos de G_V e A_V indicam que seus sentidos, na verdade, são opostos aos considerados no diagrama de corpo livre.

Como verificação, as condições de equilíbrio são aplicadas ao sistema completo (figura 5.16c), onde a articulação G é considerada congelada:

$$\uparrow: \quad -F + B + A_V = 0 \quad \rightarrow \quad -F + \frac{a+b}{b}F - \frac{a}{b}F = 0,$$

$$\rightarrow: \quad A_H = 0,$$

$$\overset{\frown}{B}: \qquad aF + M_A + hA_H + (b + c)A_V = 0$$

$$\rightarrow \qquad aF + \frac{ac}{b}F - (b + c)\,\frac{a}{b}F = 0.$$

Exemplo 5.6 O cavalete simétrico da figura 5.17a consiste de duas barras conectadas pela articulação C e fixadas pela corda S. Ele é carregado com um cilindro sem atrito de peso W.

Determine as reações de apoio em A e B, a força S na corda e a reação de junta em C. O peso do cavalete pode ser desprezado.

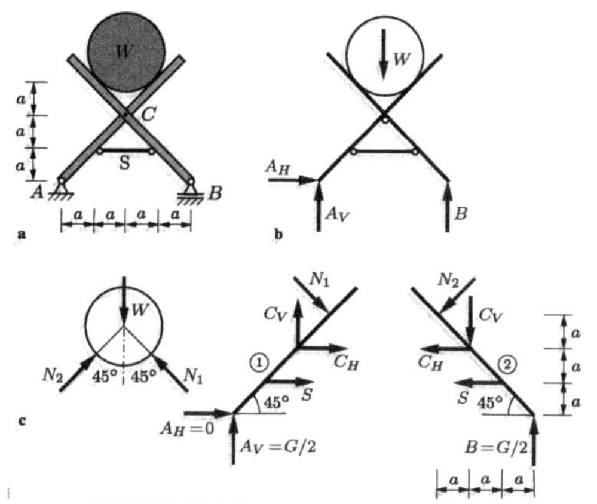

Figura 5.17

Solução Como apenas três reações de apoio estão presentes (veja a figura 5.17b), elas podem ser determinadas pela aplicação das condições de equilíbrio ao sistema completo:

$$\rightarrow: \qquad \underline{\underline{A_H = 0,}}$$

$$\overset{\frown}{A}: \qquad -2aW + 4aB = 0 \qquad \rightarrow \qquad \underline{\underline{B = W/2,}} \qquad \text{(a)}$$

$$\overset{\frown}{B}: \qquad -4aA_V + 2aW = 0 \qquad \rightarrow \qquad \underline{\underline{A_V = W/2.}}$$

Para determinar as forças na corda e na articulação, separamos a estrutura em suas duas partes ($n = 2$). Na articulação C e na corda S, no total $v = 2 + 1 = 3$ forças são transferidas (figura 5.17c). Com $r = 3$, a condição necessária (5.3) para a determinância estática é preenchida: $3 + 3 = 3 \cdot 2$.

Como a superfície do cilindro é considerada sem atrito, as forças de contato N_1 e N_2 entre as barras e o cilindro atuam em direções normais aos respectivos planos de contato. Consequentemente, com sen 45° = $\sqrt{2}/2$, as condições de equilíbrio para o cilindro são

$$\rightarrow: \qquad \frac{\sqrt{2}}{2}N_2 - \frac{\sqrt{2}}{2}N_1 = 0 \qquad \rightarrow \qquad N_1 = N_2,$$

$$\uparrow: \qquad -W + \frac{\sqrt{2}}{2}N_2 + \frac{\sqrt{2}}{2}N_1 = 0 \qquad \rightarrow \qquad N_1 = N_2 = \frac{\sqrt{2}}{2}W. \qquad \text{(b)}$$

A partir das condições de equilíbrio para a barra ②, obtemos, com (a) e (b):

$$\overset{\frown}{C}: \quad \sqrt{2}\,aN_2 - aS + 2aB = 0 \quad \rightarrow \quad \underline{\underline{S}} = 2B + \sqrt{2}\,N_2 = \underline{\underline{2W}},$$

$$\uparrow: \quad -\frac{\sqrt{2}}{2}N_2 - C_V + B = 0 \quad \rightarrow \quad \underline{\underline{C_V}} = B - \frac{\sqrt{2}}{2}N_2 = \underline{\underline{0}},$$

$$\rightarrow: \quad -\frac{\sqrt{2}}{2}N_2 - C_H - S = 0 \quad \rightarrow \quad \underline{\underline{C_H}} = -\frac{\sqrt{2}}{2}N_2 - S = \underline{\underline{-\frac{5}{2}W}}.$$

O mesmo resultado é obtido quando as condições de equilíbrio são aplicadas à barra ①. Através de considerações de simetria, podemos concluir, da figura 5.17c, sem nenhum cálculo, que $N_1 = N_2$ e $C_V = 0$.

5.3.2 O arco triarticulado

O arco mostrado na figura 5.18a é estaticamente determinado, porque é imóvel e no total existem três reações de apoio em A e B. Numa estrutura real, o arco AB não é rígido, mas deforma sob a aplicação de cargas. Se B for um apoio móvel, isso pode levar a uma grande deformação que pode não ser tolerada.

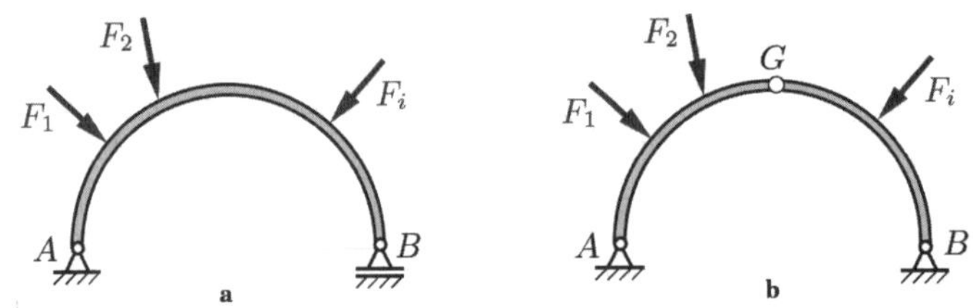

Figura 5.18

Tal deslocamento é evitado se A e B forem projetados como apoios articulados. Como consequência, a determinância estática da estrutura é perdida. Entretanto, a determinância estática pode ser restabelecida se uma articulação adicional G for introduzida numa posição arbitrária (figura 5.18b). Tal estrutura é denominada *arco triarticulado*. Ela consiste de $n = 2$ corpos conectados pela articulação G, que transfere $v = 2$ reações de junta. Como os apoios A e B transferem $r = 2 + 2 = 4$ reações de apoio, a condição para determinância estática (5.3) é preenchida: $4 + 2 = 3 \cdot 2$. Portanto, levando em conta a imobilidade da estrutura, o arco triarticulado é estaticamente determinado.

Os dois corpos de um arco triarticulado não precisam necessariamente ter forma arqueada. Uma estrutura arbitrária consistindo de dois corpos conectados por uma articulação e suportada por dois apoios articulados (no total *três* articulações) é também chamada de arco triarticulado, de agora em diante. Dois exemplos são mostrados na figura 5.19: a) um quadro e b) uma treliça consistindo de outras duas treliças (compare com o capítulo 6).

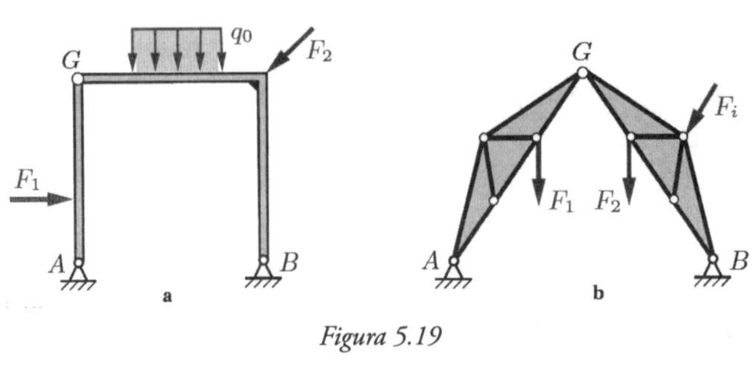

Figura 5.19

Para calcular as forças nos apoios e na articulação, isolamos os dois corpos ① e ② (cf. figura 5.20a,b) e aplicamos as condições de equilíbrio a cada corpo. Partindo das equações $2 \cdot 3 = 6$, as incógnitas A_H, A_V, B_H, B_V, G_H e G_V podem ser calculadas. Como verificação, as condições de equilíbrio podem ser aplicadas ao sistema completo, onde a articulação é tida como congelada.

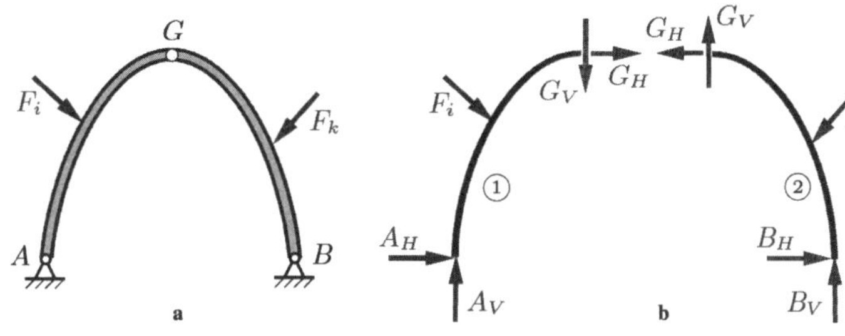

Figura 5.20

Exemplo 5.7 A estrutura mostrada na figura 5.21a consiste de duas barras, presas pela articulação G e suportadas em A e B pelos apoios articulados. O sistema é carregado com as forças $F_1 = F$ e $F_2 = 2F$.

Determine as forças nos apoios e na articulação.

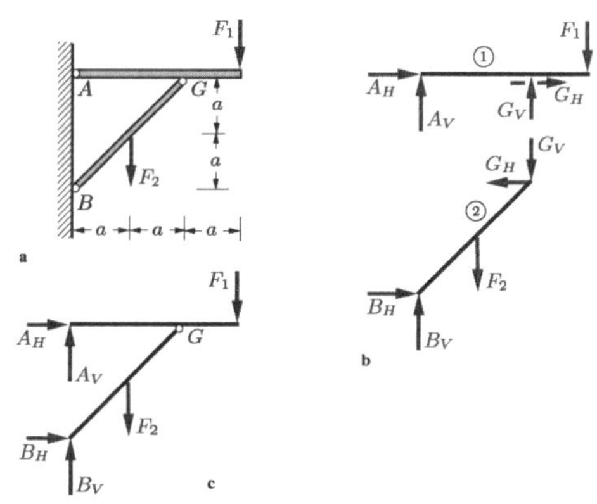

Figura 5.21

Solução A estrutura é um arco triarticulado. Para calcular as forças incógnitas, separamos os corpos ① e ② e traçamos o diagrama de corpo livre (figura 5.21b). As condições de equilíbrio para a barra ①

$$\overset{\frown}{A}: \quad 2aG_V - 3aF_1 = 0 \quad \rightarrow \quad \underline{\underline{G_V}} = \frac{3}{2}F_1 = \underline{\underline{\frac{3}{2}F}},$$

$$\overset{\frown}{G}: \quad -2aA_V - aF_1 = 0 \quad \rightarrow \quad \underline{\underline{A_V}} = \frac{1}{2}F_1 = \underline{\underline{-\frac{1}{2}F}},$$

$$\rightarrow: \quad A_H + G_H = 0.$$

Para a barra ②, obtemos

$$\overset{\frown}{B}: \quad -aF_2 - 2aG_V + 2aG_H = 0,$$

$$\widehat{G}: \quad 2aB_H - 2aB_V + aF_2 = 0,$$

$$\rightarrow: \quad B_H - G_H = 0.$$

Resolvendo o sistema de equações, temos

$$\underline{\underline{G_H}} = \frac{1}{2}F_2 + G_V = \underline{\underline{\frac{5}{2}F}}, \quad \underline{\underline{B_H}} = G_H = \underline{\underline{\frac{5}{2}F}},$$

$$\underline{\underline{B_V}} = \frac{1}{2}F_2 + B_H = \underline{\underline{\frac{7}{2}F}}, \quad \underline{\underline{A_H}} = -G_H = \underline{\underline{-\frac{5}{2}F}}.$$

Como verificação, usamos o equilíbrio de forças para todo o sistema (congelado), de acordo com a figura 5.21c:

$$\uparrow: \quad A_V + B_V - F_1 - F_2 = 0 \quad \rightarrow \quad -\frac{1}{2}F + \frac{7}{2}F - F - 2F = 0,$$

$$\rightarrow: \quad A_H + B_H = 0 \quad \rightarrow \quad -\frac{5}{2}F + \frac{5}{2}F = 0.$$

5.3.3 A viga articulada

Estruturas com grande largura são muitas vezes necessariamente suportadas por mais de dois apoios. Como exemplo, considere a viga mostrada na figura 5.22a. Como $r = 5$, o sistema é estaticamente indeterminado com dois graus de indeterminância estática (veja a seção 5.1.2). Consequentemente, o cálculo das reações de apoio unicamente a partir das condições de equilíbrio é impossível.

Uma estrutura de múltiplos corpos estaticamente determinada pode ser obtida se a viga contínua for dividida em várias partes, pela introdução de um número apropriado de articulações. Tal estrutura é chamada de *viga articulada*.

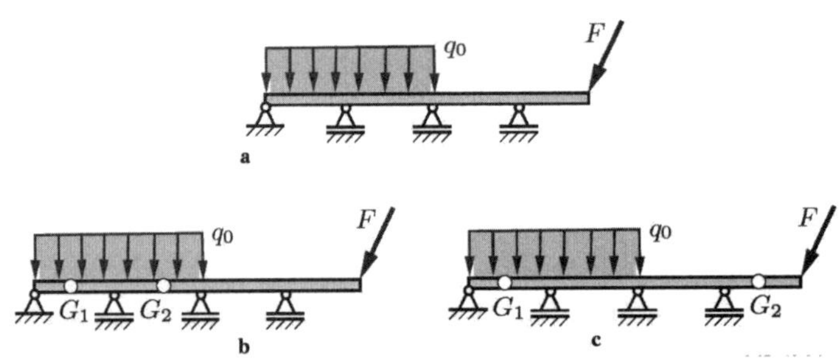

Figura 5.22

Se o número dessas articulações for g, a viga contínua será dividida em $n = g + 1$ partes. Como cada articulação transfere duas componentes de força, o número de reações de junta é $v - 2g$. Portanto, de acordo com (5.3), a condição necessária para a determinância estática assume a forma

$$r + v = 3n \quad \rightarrow \quad r + 2g = 3(g + 1). \tag{5.4}$$

Assim, o número de articulações necessárias é dado por

$$g = r - 3. \tag{5.5}$$

A viga da figura 5.22a tem $r = 5$ reações de apoio. Então, de acordo com (5.5), duas articulações são necessárias: $g = 5 - 3 = 2$. Há várias possibilidades para o arranjo das articulações; as reações de apoio e de junta dependem de suas posições. Uma possibilidade é mostrada na figura 5.22b. Ao contrário, a figura 5.22c mostra um arranjo de articulações que leva a uma estrutura móvel, isto é, cinematicamente indeterminada, que é estaticamente sem uso.

Para determinar as reações de apoio e de junta, primeiro dividimos a viga articulada em suas partes e, subsequentemente, aplicamos as condições de equilíbrio a cada corpo.

Exemplo 5.8 A viga articulada mostrada na figura 5.23a é carregada com a força única F e a carga de linha q_0.

Determine as forças de apoio e de articulação.

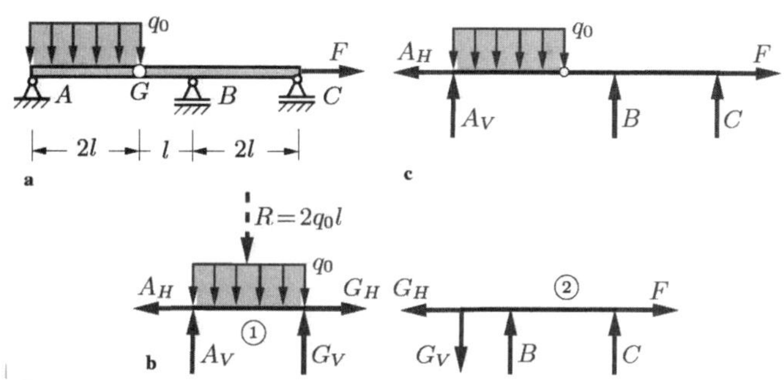

Figura 5.23

Solução O sistema é estaticamente determinado. Separamos os dois corpos e traçamos o diagrama de corpo livre (figura 5.23b). A carga de linha pode ser substituída por sua força resultante estaticamente equivalente $R = 2q_0 l$, que atua no meio da viga ①.

Frequentemente, é vantajoso usar equações de momento com relação às articulações e aos apoios. As incógnitas podem, então, ser calculadas sucessivamente, a partir das equações, com apenas uma incógnita. Aqui, as condições de equilíbrio para a viga ① são

$$\overset{\frown}{A}: \quad -lR + 2lG_V = 0 \quad \rightarrow \quad \underline{\underline{G_V}} = \frac{1}{2}R = \underline{\underline{q_0 l}},$$

$$\overset{\frown}{G}: \quad -2lA_V + lR = 0 \quad \rightarrow \quad \underline{\underline{A_V}} = \frac{1}{2}R = \underline{\underline{q_0 l}},$$

$$\rightarrow: \quad -A_H + G_H = 0,$$

e para a viga ② são

$$\overset{\frown}{B}: \quad lG_V + 2lC = 0,$$

$\overset{\frown}{C}: \quad 3lG_V - 2lB = 0,$

$\rightarrow: \quad -G_H + F = 0 \quad \rightarrow \quad \underline{\underline{G_H = F.}}$

A solução do sistema de equações restante é

$$\underline{\underline{A_H}} = G_H = \underline{\underline{F}}, \ \underline{\underline{B}} = \frac{3}{2}G_V = \underline{\underline{\frac{3}{2}q_0 l}},$$

$$\underline{\underline{C}} = \frac{1}{2}G_V = \underline{\underline{-\frac{1}{2}q_0 l}},$$

Como verificação, as condições de equilíbrio de forças para o sistema completo são usadas (figura 5.23c):

$\rightarrow: \quad -A_H + F = 0 \quad \rightarrow \quad -F + F = 0,$

$\uparrow: \quad A_V - 2q_0 l + B + C = 0 \quad \rightarrow \quad q_0 l - 2q_0 l + \frac{3}{2} q_0 l - \frac{1}{2} q_0 l = 0.$

5.3.4 Determinância cinemática

Nesta seção, determinância ou indeterminância estática e cinemática são discutidas em mais detalhes que na seção 5.3.1. Novamente, vamos restringir a discussão a estruturas de múltiplas partes planas.

O número f de graus de liberdade de um sistema de n corpos sem nenhuma junta é dado por $3n$ (3 graus de liberdade para cada corpo). Este número é reduzido pelo número de restrições r através de apoios e pelo número de restrições v através de juntas:

$$f = 3n - (r + v). \tag{5.6}$$

Cada restrição r e v, respectivamente, está associada a uma reação de apoio ou de junta. Além do mais, o número de condições de equilíbrio disponíveis é dado por $3n$ (três equações para cada corpo).

Para $f > 0$, o sistema é móvel. Ao contrário, para $f < 0$, o número $r + v$ de reações de apoio e de junta excede em x o número $3n$ de condições de equilíbrio. Neste caso, o sistema é estaticamente indeterminado, onde o grau x de indeterminância estática é dado por

$$x = -f = r + v - 3n. \tag{5.7}$$

Muito embora seja impossível determinar *todas* as reações de apoio e de juntas de sistemas estaticamente indeterminados unicamente a partir das condições de equilíbrio, é possível calcularmos algumas reações em certos casos. Por exemplo, vamos considerar o sistema da figura 5.24a, onde por conta de $n = 2$, $r = 5$ e $v = 2$, o grau de indeterminância estática é igual a um. De qualquer forma, para a viga $\overline{GC}$, as componentes da força na articulação G e a força no apoio simples C podem ser calculadas para uma dada carga a partir das três condições de equilíbrio. Dois outros exemplos de sistemas com um ou dois graus de indeterminância estática, respectivamente, são apresentados nas figuras 5.24b e c. Em ambos os casos, as reações de apoio podem ser calculadas a partir das condições de equilíbrio aplicadas às estruturas completas: o sistemas são *estaticamente determinados externamente*. No entanto, as reações de junta (força na barra, forças nas articulações) entre as partes do sistema não podem ser calculadas. Tais sistemas são chamados de *estaticamente determinados internamente.*

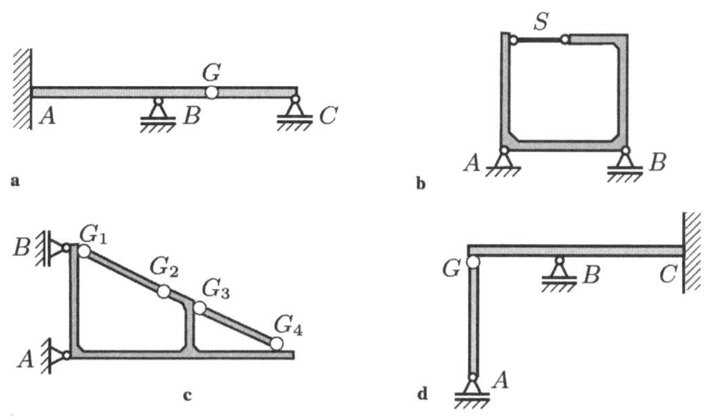

Figura 5.24

Sistemas estaticamente indeterminados, em certos casos, podem sofrer deslocamentos finitos ou infinitesimais, isto é, eles são, então, também cinematicamente indeterminados. Como exemplo, o sistema mostrado na figura 5.24d é estaticamente indeterminado de um grau, porque $n = 2$, $r = 5$ e $v = 2$. Entretanto, podemos ver que o sistema não é imóvel, já que a barra vertical pode girar infinitesimalmente em torno de G. É evidente que tal estrutura não é capaz de suportar cargas arbitrárias.

Por fim, para $f = 3n - (r + v) = 0$, a condição necessária para determinância estática é preenchida (cf. (5.3)). Então, todas as reações de apoio e de junta podem ser calculadas, exceto no caso excepcional de um sistema móvel.

Agora, vamos responder à questão de como podemos determinar se uma estrutura de múltiplas partes é ou não móvel. Vamos primeiro considerar apenas sistemas planos preenchendo a condição necessária para determinância estática ($f = 0$). A questão do sistema ser móvel ou não, pode sempre ser formalmente decidida pela reescrita das condições de equilíbrio na forma de um sistema linear de equações (cf. apêndice A.2):

$$\boldsymbol{A}\boldsymbol{x} = \boldsymbol{b}. \tag{5.8}$$

Aqui, $\boldsymbol{b} = (b_1, \ldots \ldots, b_{3n})^T$ é dado pela carga prevista, $\boldsymbol{x} = (x_1, \ldots \ldots, x_{3n})^T$ representa as reações incógnitas de apoio e de junta, e a matriz $\boldsymbol{A}$ é dada através dos coeficientes encontrados pela anotação das condições de equilíbrio. O sistema de equações tem uma solução única se a determinante da matriz $\boldsymbol{A}$ for não zero:

$$\det \boldsymbol{A} \neq 0. \tag{5.9}$$

A estrutura de múltiplas partes com $f = 0$ é, então, não só estaticamente como também cinematicamente determinada. Essa condição é muito geral; ela vale também para um sistema espacial arbitrário.

Exemplo 5.9 Formule as condições de equilíbrio para a viga mostrada na figura 5.25a ($0 \le \alpha \le \pi$) na forma ***Ax*** = ***b***. Calcule a determinante da matriz ***A***. Responda: o sistema é estaticamente útil para todo valor do ângulo α?

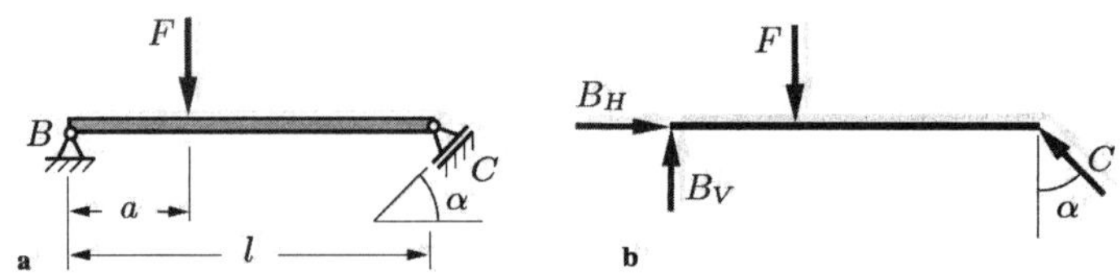

Figura 5.25

Solução As condições de equilíbrio (cf. figura 5.25b)

$\rightarrow$: $B_H - C \operatorname{sen} \alpha = 0,$

$\uparrow$: $B_V + C \cos \alpha - F = 0,$

$\overset{\frown}{C}$: $lB_V - (l - a)F = 0$

podem ser escritas na representação de matriz como

$$\begin{pmatrix} 1 & 0 & -sen\alpha \\ 0 & 1 & \cos\alpha \\ 0 & l & 0 \end{pmatrix} \begin{pmatrix} B_H \\ B_V \\ C \end{pmatrix} = \begin{pmatrix} 0 \\ F \\ (l-a)F \end{pmatrix} \quad i.e., \quad Ax = b.$$

A determinante de ***A*** é avaliada através da expansão do cofator ao longo da primeira coluna:

$$\underline{\underline{\det A}} = \begin{vmatrix} 1 & 0 & -sen\alpha \\ 0 & 1 & \cos\alpha \\ 0 & l & 0 \end{vmatrix} = 1.\begin{vmatrix} 1 & \cos\alpha \\ l & 0 \end{vmatrix} = \underline{\underline{-l\cos\alpha}}.$$

Consequentemente, encontramos

$$\det A \begin{cases} \neq 0 & para \ \alpha \neq \pi/2, \\ = 0 & para \ \alpha = \pi/2. \end{cases}$$

Portanto, a viga é suportada cinematicamente determinada (imóvel) para $\alpha \neq \pi/2$ e cinematicamente indeterminada unicamente para $\alpha = \pi/2$. Nesse último caso, o apoio simples C pode se mover na direção vertical. Assim, a viga pode girar infinitesimalmente em torno do apoio articulado B e é, portanto, estaticamente sem uso.

Deve-se mencionar que, muito embora a viga seja formalmente útil para ângulos α próximos de $\pi/2$, tal construção deve ser evitada, do ponto de vista técnico, porque as forças nos apoios se tornam muito grandes, neste caso.

5.4 Problemas suplementares

Soluções detalhadas para a maioria dos exemplos seguintes são dadas em (**A**) D. Gross et al. *Formeln und Aufgaben zur Technischen Mechanik 1*, Springer, Berlin 2011, ou (**B**) W. Hauger et al. *Aufgaben zur Technischen Mechanik 1-3*, Springer, Berlin 2011.

Exemplo 5.10 A viga mostrada na figura 5.26 é apoiada pelas três barras e submetida a uma linha de carga triangular.

Determine as forças nas barras.

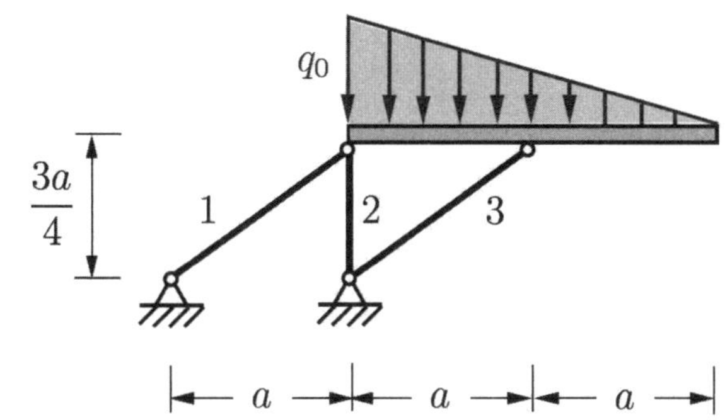

Figura 5.26

Resultados: veja (B) $S_1 = 10q_0a/9$, $S_2 = -q_0a$, $S_3 = -10q_0a/9$.

Exemplo 5.11 A estrutura mostrada na figura 5.27 consiste de uma viga e três barras. Ela suporta uma força concentrada *F*.

Determine a reação de apoio em *A* e as forças nas barras.

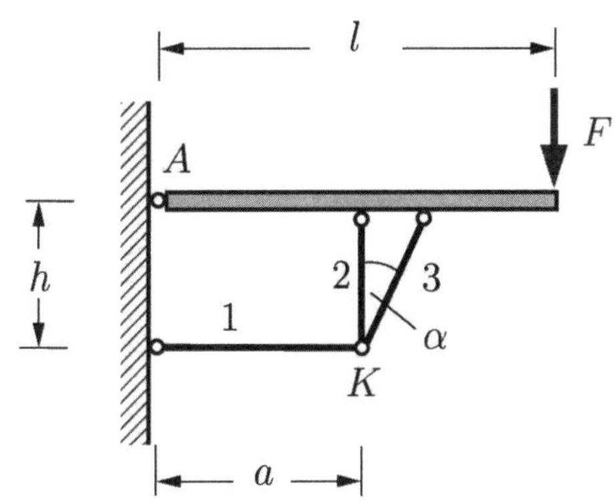

Figura 5.27

Resultados: veja (B)

$A_V = F$, $A_H = -lF/h$,

$S_1 = -lF/h, \qquad S_2 = lF/(h \text{ tg } \alpha), \; S_3 = -lF/(h \text{ sen } \alpha).$

Exemplo 5.12 A viga com apoio simples (comprimento a = 1 m) mostrada na figura 5.28 é submetida às três forças concentradas F_1 = 4 kN, F_2 = 2 kN, F_3 = 3 kN, a carga de linha q_0 = 5 kN/m e o momento M_0 = 4 kNm.

Calcule as reações de apoio.

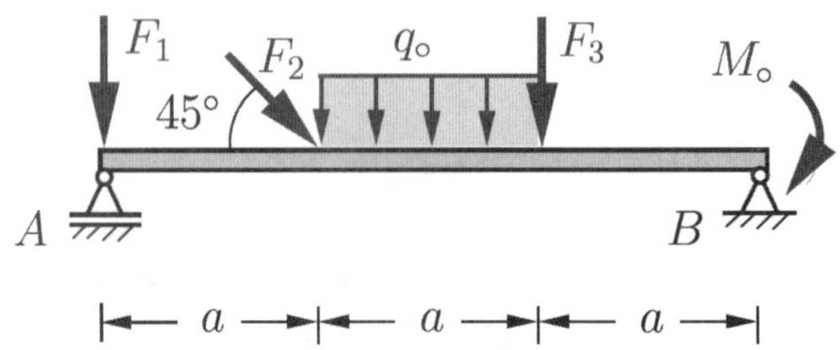

Figura 5.28

Resultados: veja (A) $A = 7{,}11$ kN, $B_H = 1{,}41$ kN, $B_V = 6{,}30$ kN.

Exemplo 5.13 Encontre as reações de apoio para a viga articulada mostrada na figura 5.29.

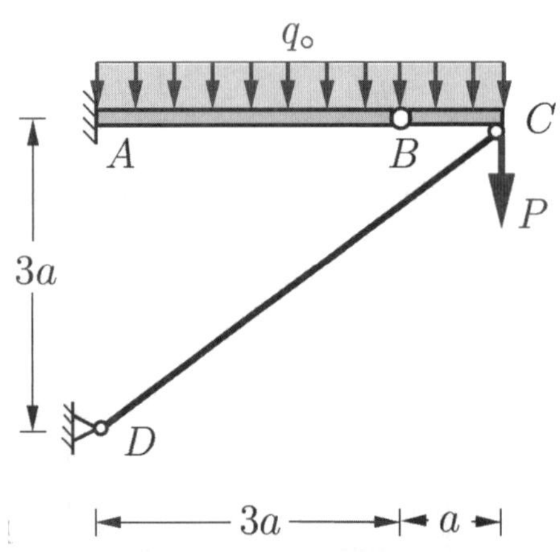

Figura 5.29

Resultados: veja (A)

$A_V = 7q_0a/2, \qquad A_H = -4P/3 - 2q_0a/3,$

$D = 5P/3 + 5q_0a/6, \qquad M_A = -3q_0a^2.$

Exemplo 5.14 A viga articulada da figura 5.30 suporta uma força concentrada e uma carga de linha triangular.

Determine as reações de apoio e a força na articulação.

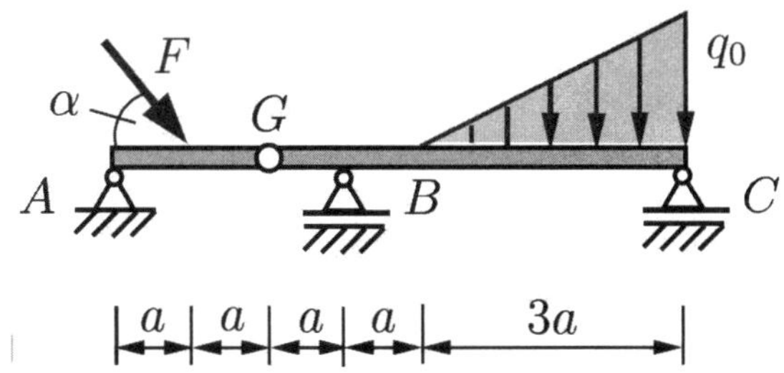

Figura 5.30

Resultados: veja (B)

$B = (3q_0a + 5F \text{ sen } \alpha)/8$, $C = (9q_0a - F \text{ sen } \alpha)/8$,

$A_V = F \text{ sen } \alpha/2$, $A_H = F \cos \alpha$, $G_V = F \text{ sen } \alpha/2$, $G_H = 0$.

Exemplo 5.15 Determine as reações de apoio para a estrutura mostrada na figura 5.31. A polia é sem atrito.

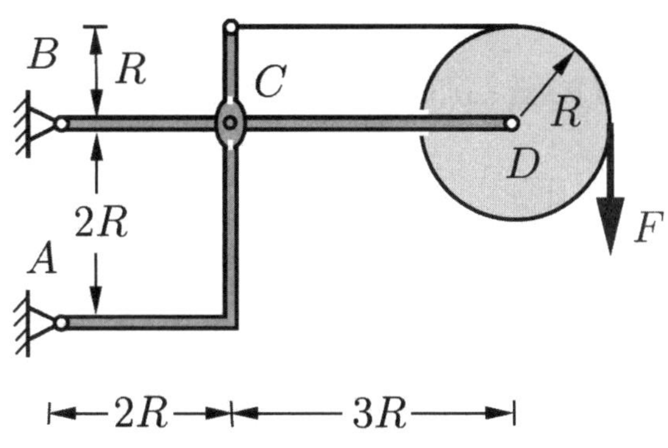

Figura 5.31

Resultados: veja (A)

$A_H = 3F$, $A_V = 5F/2$,

$B_H = -3F$, $B_V = -3F/2$.

Exemplo 5.16 Uma viga homogênea (peso *W*) é suspensa por um guindaste (figura 5.32).

Determine as reações de apoio em *A* e *B* e a força na articulação *C*.

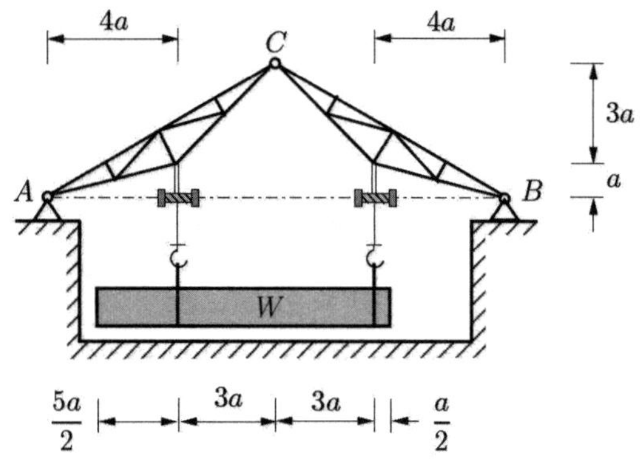

Figura 5.32

Resultados: veja (B)

$A_V = 4W/7$, $A_H = W/2$, $B_V = 3W/7$,

$B_H = -W/2$, $C_V = 2W/21$, $C_H = -W/2$.

Exemplo 5.17 Um mastro (peso W_1) tem um apoio articulado (conexão bola e soquete) em A. Além disso, ele é apoiado por duas barras. Sua extremidade superior suporta um peso W_2 (figura 5.33).

Determine a força de reação em A e as forças nas barras.

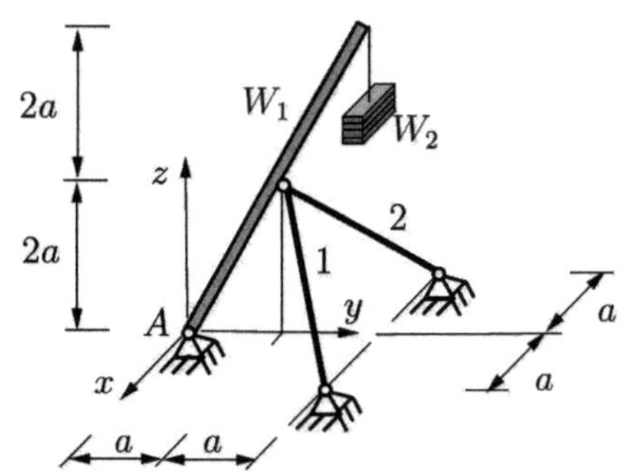

Figura 5.33

Resultados: veja (B)

$A_x = 0$, $A_y = (W_1 + 2W_2)/4$, $A_z = W_1/2$,

$S_1 = S_2 = \sqrt{6}\,(W_1 + 2W_2)/8$.

Exemplo 5.18 Determine as reações de apoio para o quadro mostrado na figura 5.34.

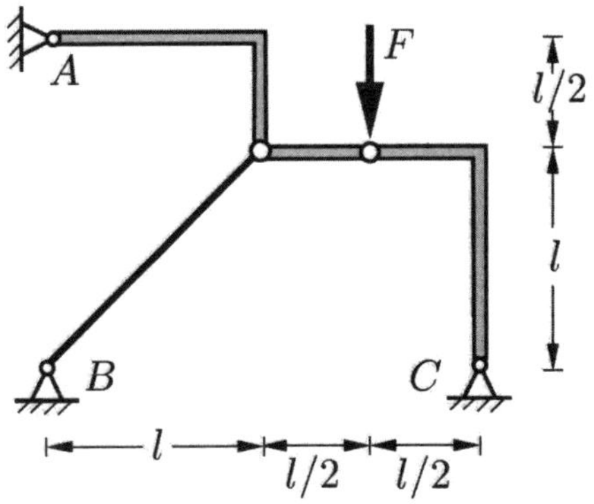

Figura 5.34

Resultados: veja (A)

$A_H = F/3, \qquad A_V = -F/6,$

$B = \sqrt{2}\ F/6, \qquad C_H = F/2, \qquad C_V = F.$

Exemplo 5.19 Calcule as reações de apoio para a estrutura espacial da figura 5.35.

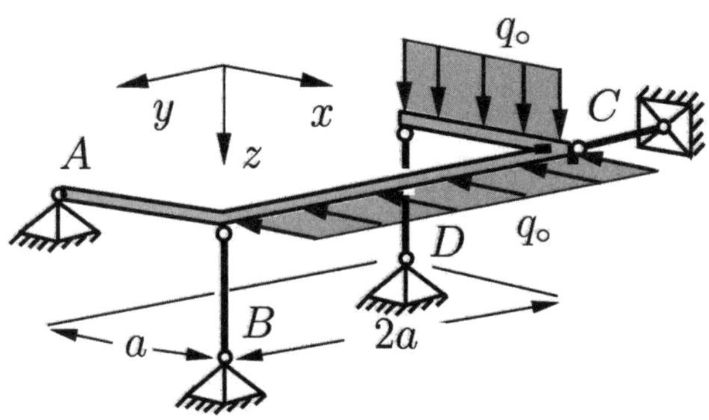

Figura 5.35

Resultados: veja (A)

$A_x = A_y = 2q_0a, \quad A_z = q_0a/2,$

$B_z = -q_0a/2, \qquad C_y = 2q_0a, \qquad D_z = -q_0a.$

5.5 Resumo

- Apoios e elementos de conexão, respectivamente, são classificados de acordo com o número de forças de reação e momentos de acoplamento transferidos. Um apoio simples transfere uma reação, um apoio articulado, duas reações etc. Analogamente, uma articulação como elemento de junta transfere duas reações etc.

- Uma estrutura será estaticamente determinada se todas as reações de apoio e de junta puderem ser calculadas a partir das condições de equilíbrio. Este será o caso se o número de reações de apoio e de junta desconhecidas for igual ao número de condições de equilíbrio e a estrutura for imóvel.

- Uma estrutura será cinematicamente determinada se for imóvel. Uma estrutura que possa sofrer deslocamentos finitos ou infinitesimais é cinematicamente indeterminada.

- Para calcular as reações de apoio e de junta, normalmente os passos seguintes são necessários:

    - Remoção dos apoios da estrutura e separação dos corpos individuais.
    - Esboço dos diagramas de corpo livre; todas as forças e momentos de acoplamento atuantes, bem como todas as forças e momentos de acoplamento de reação deve ser traçadas.
    - Formulação das condições de equilíbrio. No caso plano há 3 equações para cada corpo, p.ex.,
      $\sum F_{ix} = 0, \qquad \sum F_{iy} = 0, \qquad \sum M_i^{(A)} = 0,$
    - onde A é um ponto de referência arbitrário (apropriadamente escolhido). No caso espacial, há 5 condições de equilíbrio para cada corpo.
    - Cálculo das incógnitas por resolução do sistema de equações. Nota: o número de condições de equilíbrio e o número de incógnitas deve ser igual!
    - O sistema de equações terá uma única solução se a determinante da matriz de coeficiente for não zero. Então, a estrutura será estática e cinematicamente determinada.

Capítulo 6

Treliças

Objetivos: Uma treliça é uma estrutura composta de membros estreitos que são conectados em suas extremidades por juntas. A treliça é uma das estruturas mais importantes em aplicações de engenharia. Depois de estudar este capítulo, os estudantes deverão ser capazes de reconhecer se uma dada treliça é estática e cinematicamente determinada. Além disso, eles vão se familiarizar com métodos para determinação das forças internas numa treliça estaticamente determinada.

6.1 Treliças estaticamente determinadas

Uma estrutura que é composta de membros retos estreitos é chamada de treliça. Para poder determinar as forças internas nos membros individuais, as seguintes considerações são feitas:

1. Os membros são conectados por meio de pinos lisos (juntas sem atrito);
2. Forças externas são aplicadas apenas nos pinos.

Uma treliça que satisfaça essas considerações é chamada de "treliça ideal". Seus membros só estão sujeitos a tensão ou a compressão (membros de duas forças, veja a seção 2.4).

Em treliças reais, essas condições ideais não são exatamente satisfeitas. Por exemplo, as juntas podem apresentar atrito, ou as extremidades dos membros podem ser soldadas a uma placa de fixação. Mesmo assim, a consideração de conexões presas por pinos sem atrito produzirá resultados satisfatórios se os eixos dos membros forem concorrentes nas juntas. Além disso, forças externas podem ser aplicadas ao longo dos eixos dos membros (p.ex., o peso dos membros). Tais forças são desprezadas (p.ex., se o peso dos membros for pequeno em comparação com as cargas) ou suas resultantes são substituídas por forças estaticamente equivalentes nos pinos adjacentes.

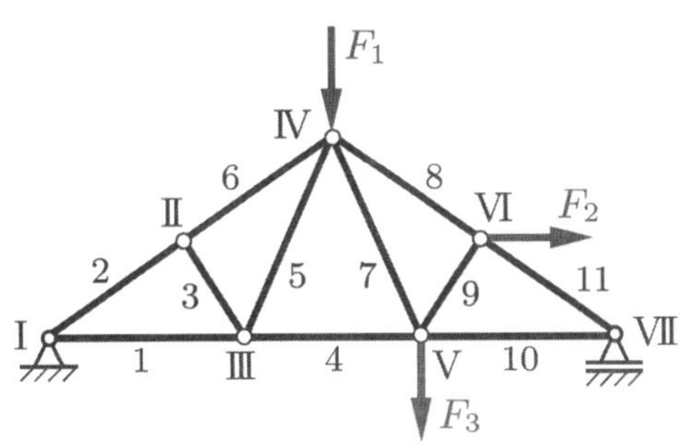

Figura 6.1

Neste capítulo, vamos focar nas treliças planas; treliças espaciais pode ser tratadas usando-se os mesmos métodos. Como exemplo, considere a treliça mostrada na figura 6.1. Ela consiste de 11 membros que são conectados por 7 pinos (os pinos nos suportes também são contados). Os membros são marcados com algarismos arábicos e os pinos com algarismos romanos.

Para determinar as forças internas nos membros, podemos traçar um diagrama de corpo livre para cada junta da treliça. Como as forças nos pinos são concorrentes, há duas condições de equilíbrio em cada junta (veja a seção 2.3). No exemplo presente, temos, então, $7 \cdot 2 = 14$ equações para as 14 forças incógnitas (11 forças nos membros e 3 forças nos apoios).

Uma treliça é dita *estaticamente determinada* se todas as forças incógnitas, isto é, as forças nos membros e nos apoios, puderem ser determinadas a partir das condições de equilíbrio. Seja uma treliça plana composta de m membros conectados através de j juntas, e seja o número de reações de apoio r. Para poder determinar as $m + r$ forças incógnitas a partir das $2j$ condições de equilíbrio, o número de incógnitas tem de ser igual ao número de equações:

$$2j = m + r. \tag{6.1}$$

Esta é uma *condição necessária* para a determinância de uma treliça plana. Como vamos discutir, posteriormente, porém, ela não será suficiente em casos de apoio ou arranjo de membros impróprios. Se a treliça for rígida, o número de reações de apoio deverá ser $r = 3$.

No caso de uma *treliça espacial*, há três condições de equilíbrio em cada junta, resultando num total de $3j$ equações. Consequentemente,

$$3j = m + r \tag{6.2}$$

é a condição necessária correspondente para uma treliça espacial. Se a treliça for um corpo rígido, o apoio deve ser estaticamente determinado: $r = 6$ (compare com a seção 3.2.2).

Para a treliça mostrada na figura 6.2a, temos $j = 7$, $m = 10$ e $r = 2 \cdot 2$ (conexões de dois pinos). Portanto, como $2 \cdot 7 = 10 + 4$, a condição necessária (6.1) é satisfeita. A treliça tem, além disso, movimentos completamente restritos. Assim, ela é estaticamente determinada.

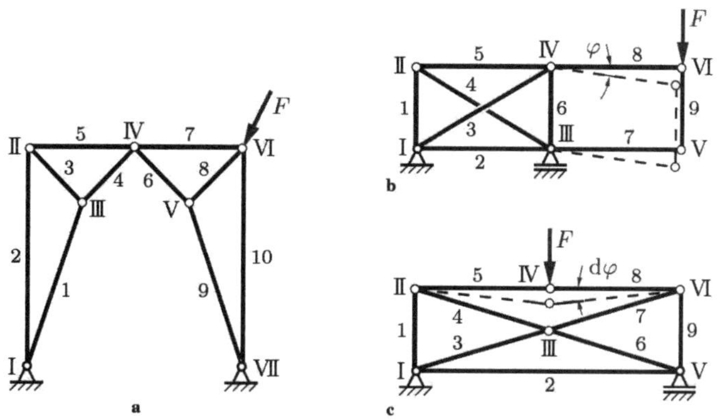

Figura 6.2

Uma treliça com movimentos completamente restritos é dita *cinematicamente determinada*. Ao contrário, uma treliça que não seja uma estrutura rígida e, portanto, que seja capaz de se mover é dita cinematicamente indeterminada. Este é o caso se houver menos incógnitas que condições de equilíbrio independentes. Se houver mais incógnitas que condições de equilíbrio, o sistema será chamado estaticamente indeterminado.

Vamos considerar apenas treliças que satisfazem as condições necessárias (6.1) e (6.2), respectivamente. Ainda assim, uma treliça não será estaticamente determinada se os membros ou os apoios forem inapropriadamente arranjados. Considere, por exemplo, as treliças mostradas nas figuras 6.2a e 6.2c. Com $j = 6$, $m = 9$ e $r = 3$, a condição necessária (6.1) é satisfeita. Contudo, os membros 7 e 8 da treliça da figura 6.2b podem rotacionar em torno de um ângulo finito φ, enquanto os membros 5 e 8 da treliça da figura 6.2c podem rotacionar em torno de um ângulo infinitesimalmente pequeno $d\varphi$. Cada uma das treliças inapropriadamente restritas é estaticamente indeterminada.

6.2 Projeto de uma treliça

No que segue, vamos discutir três métodos para projeto de uma treliça plana estática e cinematicamente determinada.

Método 1: Começamos com uma única barra e adicionamos dois membros para formar um triângulo (veja a figura 6.3). Esse elemento básico representa um corpo rígido. Ele pode ser estendido adicionando-se sucessivamente dois membros por vez, e os conectando de tal forma que a estrutura permaneça rígida (tem-se que evitar que dois membros fiquem ao longo de uma linha reta; tal arranjo impróprio é indicado pela linha tracejada na figura 6.3). Uma treliça projetada a partir de um triângulo básico, como descrito, é chamada de *treliça plana simples*.

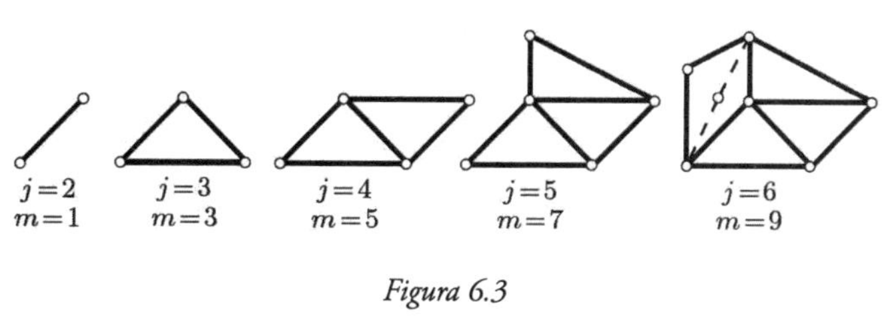

Figura 6.3

Como se pode verificar por inspeção, a relação

$$2j = m + 3 \tag{6.3}$$

é satisfeita pelas treliças mostradas na figura 6.3. Para cada junta adicional, numa treliça simples, há dois membros adicionais. Consequentemente, a equação (6.3) permanece válida. Se a treliça for suportada de tal maneira que haja $r = 3$ reações incógnitas que a restrinjam completamente, então ela será estaticamente determinada (veja a condição necessária (6.1)).

Método 2: Duas treliças simples são conectadas por três membros (figura 6.4a). Para assegurar a rigidez do sistema, os eixos dos membros não devem ser paralelos ou concorrentes. As duas treliças simples também podem ser conectadas por uma junta e um membro: o sistema da figura 6.4b foi obtido pela substituição dos membros 2 e 3 na figura 6.4a pela junta I.

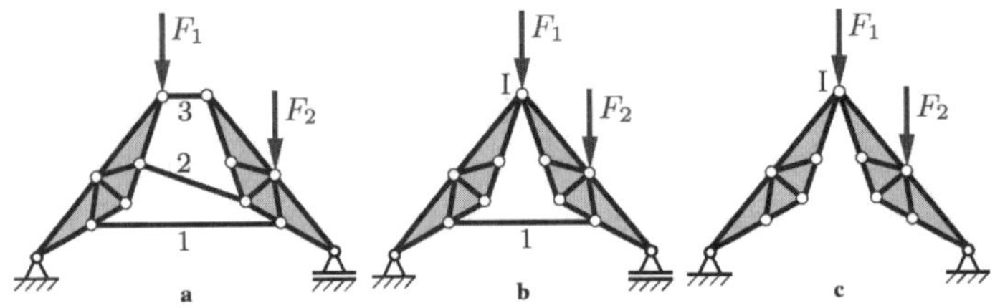

Figura 6.4

Se duas treliças simples forem conectadas por uma única junta, o sistema será não rígido. Para obter um sistema estática e cinematicamente determinado, um apoio adicional deve ser introduzido; um exemplo é dado na figura 6.4c. Este sistema representa um arco triarticulado. Deve-se notar que em vez de conectar as duas treliças simples por uma junta, as treliças podem ser conectadas por dois membros que não sejam paralelos nem concorrentes.

Podemos facilmente verificar que para os três exemplos mostrados na figura 6.4, a condição necessária (6.1) é satisfeita. Como esses sistemas têm movimento completamente restrito, eles são estaticamente determinados.

Método 3: Considere uma treliça que foi projetada de acordo com o primeiro ou o segundo método. Se removermos um membro dela, ela se tornará não rígida. Consequentemente, temos de adicionar um membro numa posição diferente, de modo que a treliça volte a ser rígida. Como ao fazê-lo nem o número dos membros nem o número de juntas é alterado, a condição (6.1) ainda é satisfeita.

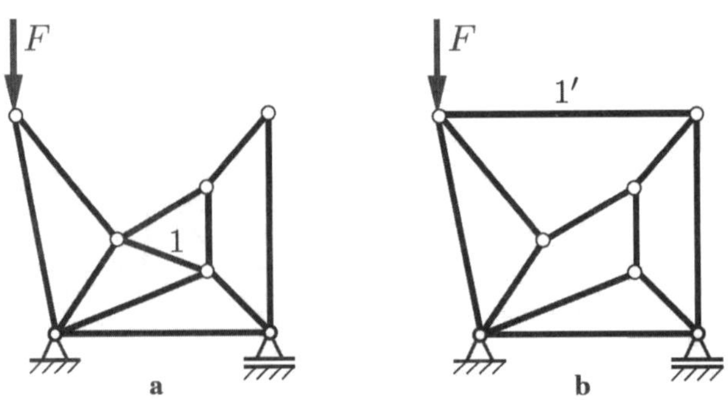

Figura 6.5

Um exemplo do método 3 é mostrado na figura 6.5. Se removermos o membro 1 da treliça simples da figura 6.5a, o sistema só será parcialmente restrito. Adicionando o membro 1´, temos a treliça estaticamente determinada mostrada na figura 6.5b.

6.3 Determinação das forças internas

No que segue, dois métodos para determinação das forças internas nos membros individuais de uma treliça estaticamente determinada serão discutidos. Em ambos os métodos, as condições de equilíbrio são aplicadas a diagramas de corpo livre convenientes.

6.3.1 Método das juntas

O *método das juntas* consiste da aplicação das condições de equilíbrio ao diagrama de corpo livre de cada junta da treliça. Ele é um método sistemático e pode ser usado para toda treliça estaticamente determinada.

Na prática, frequentemente é conveniente identificar primeiro os membros da treliça que têm uma força interna que desapareça. Esses membros são chamados de *membros de força zero*. Se os membros de força zero forem reconhecidos antecipadamente, o número de incógnitas será reduzido, o que simplifica a análise. Deve-se notar que a carga determina se um membro é de força zero ou não.

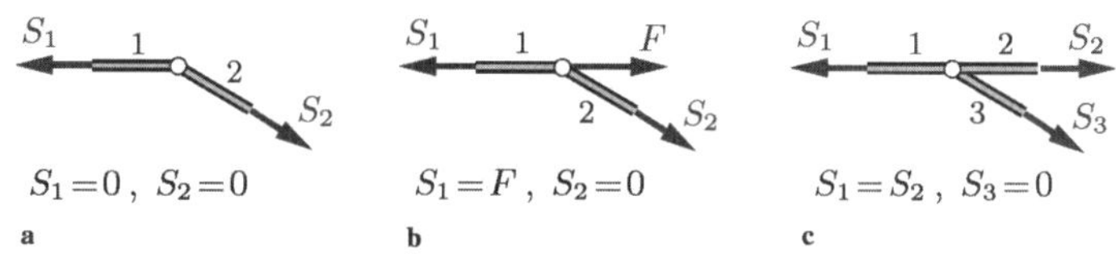

Figura 6.6

As regras seguintes são úteis na identificação de membros de força zero.

1. Se dois membros forem não colineares numa junta *não carregada* (figura 6.6a), então ambos serão membros de força zero;
2. Sejam dois membros conectados numa junta *carregada* (figura 6.6b). Se a linha de ação da força externa F coincidir com a direção de um dos membros, então o outro será um membro de força zero;
3. Sejam três membros conectados numa junta *não carregada* (figura 6.6c). Se dois membros tiverem a mesma direção, o terceiro será um membro de força zero.

Essas regras podem ser verificadas pela aplicação das condições de equilíbrio às respectivas juntas.

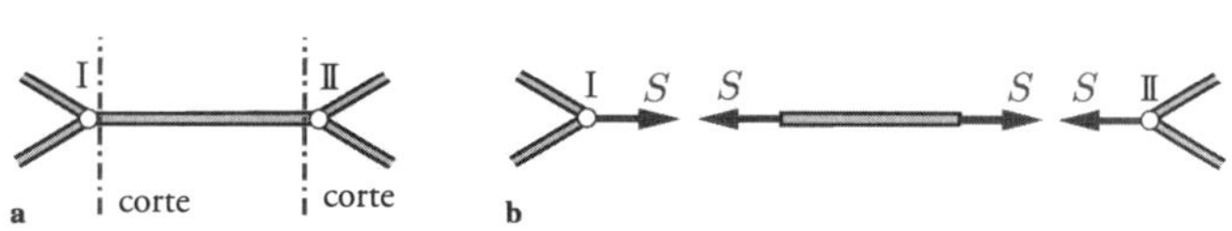

Figura 6.7

Para liberar um membro de uma treliça de suas restrições, o cortamos em ambas as extremidades, isto é, nas juntas adjacentes (figura 6.7a). o diagrama de corpo livre correspondente é mostrado na figura 6.7b. Os membros numa treliça estão sujeitos a tesão ou compressão; a figura 6.7b mostra uma barra sob tensão. De acordo com a terceira lei de Newton (actio = reactio), forças S de igual magnitude e sentidos opostos atuam nos pinos I e II. Como pode ser visto na figura 6.7b, uma seta que aponta para fora do pino (puxando) indica tensão no membro, enquanto uma seta que aponta para o pino (empurrando) indica compressão.

Nem sempre é possível determinar por inspeção se um membro está sujeito a tensão ou compressão. Deste modo, sempre vamos considerar que todos os membros de uma treliça estão sob tensão. Se a análise produzir um valor negativo para a força num membro, este membro estará, na realidade, sujeito a compressão.

As $m + r$ forças incógnitas podem ser determinadas a partir das $2j$ condições de equilíbrio para as j juntas. Também podemos aplicar as três condições de equilíbrio para a treliça completa. Essas equações não são independentes das condições de equilíbrio nas juntas. Desta forma, elas podem fornecer uma verificação da correção da análise. Na prática, pode ser mais conveniente determinar primeiro as reações de apoio a partir do diagrama de corpo livre da treliça completa. Depois, três outras equações de equilíbrio no método das juntas servirão como verificação.

O método das juntas também pode ser usado para determinar as forças numa treliça espacial em que haja três condições de equilíbrio em cada junta. Se a treliça for um corpo rígido, deverá haver seis forças de apoio para assegurar um apoio estaticamente determinado. As seis condições de equilíbrio para a treliça completa podem ser usadas como verificação. Por outro lado, se as forças de apoio forem calculadas de antemão, seis outras condições de equilíbrio no método das juntas podem servir como verificação.

Exemplo 6.1 A treliça mostrada na figura 6.8a é carregada por uma força externa F.

Determine as forças nos apoios e nos membros da treliça.

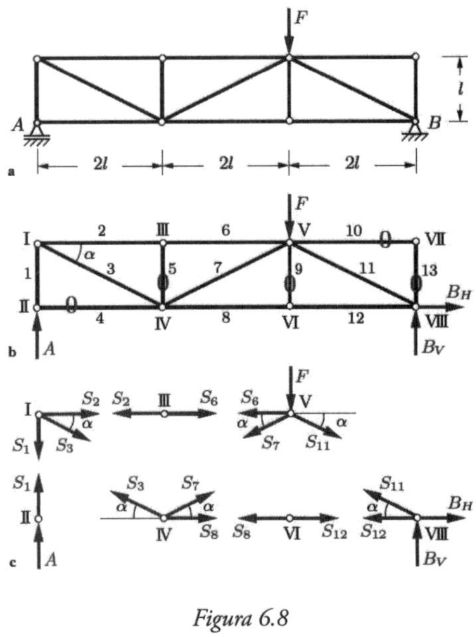

Figura 6.8

Solução A figura 6.8a representa uma treliça simples que tem os movimentos completamente restritos. Consequentemente, ela é estaticamente determinada.

Seus membros estão numerados no diagrama de corpo livre da treliça completa (figura 6.8b). Os membros de força zero são identificados por inspeção e marcados com zeros: o membro 4 (de acordo com a regra 2), os membros 5 e 9 (regra 3) e os membros 10 e 13 (regra 1).

Para reduzir ainda mais o número de forças incógnitas, calculamos as forças de apoio pela aplicação das condições de equilíbrio da treliça completa:

$$\rightarrow: \quad \underline{\underline{B_H = 0,}}$$

$$\widehat{A}: \quad -4lF + 6lB_V = 0 \quad \rightarrow \quad \underline{\underline{B_V = \frac{2}{3}F,}}$$

$$\widehat{B}: \quad -6lA + 2lF = 0 \quad \rightarrow \quad \underline{\underline{A = \frac{1}{3}F.}}$$

A figura 6.8c mostra os diagramas de corpo livre das juntas. Como previamente afirmado, consideramos que todos os membros estão sujeitos a tensão. Em conformidade, todas as setas correspondentes apontam para fora das juntas. Os membros de força zero são omitidos nos diagramas de corpo livre. Deste modo, a junta VII não precisa ser considerada. Aplicando as condições de equilíbrio a cada junta, temos

$$
\begin{array}{lll}
\text{I)} & \rightarrow: & S_2 + S_3 \cos\alpha = 0, \\
 & \downarrow: & S_1 + S_3 \operatorname{sen}\alpha = 0, \\
\text{II)} & \uparrow: & S_1 + A = 0, \\
\text{III)} & \rightarrow: & S_6 + S_2 = 0, \\
\text{IV)} & \rightarrow: & S_8 + S_7 \cos\alpha - S_3 \cos\alpha = 0, \\
 & \uparrow: & S_7 \operatorname{sen}\alpha + S_3 \operatorname{sen}\alpha = 0, \\
\text{V)} & \rightarrow: & S_{11} \cos\alpha - S_6 - S_7 \cos\alpha = 0, \\
 & \downarrow: & S_7 \operatorname{sen}\alpha + S_{11} \operatorname{sen}\alpha + F = 0, \\
\text{VI)} & \rightarrow: & S_{12} + S_8 = 0, \\
\text{VIII)} & \rightarrow: & B_H - S_{11} \cos\alpha - S_{12} = 0, \\
 & \uparrow: & B_V + S_{11} \operatorname{sen}\alpha = 0.
\end{array}
$$

Essas são 11 equações para as 8 forças incógnita nos membros e as 3 forças nos apoios. Como as forças de apoio foram calculadas antecipadamente e já são conhecidas, a análise é simplificada, e três equações podem ser usadas para verificação da correção dos resultados. Usando as relações geométricas $sen\alpha = l/\sqrt{5l^2} = 1/\sqrt{5}, \cos\alpha = 2l/\sqrt{5l^2} = 2/\sqrt{5}$, obtemos

$$\underline{\underline{S_1 = -\frac{1}{3}F,}} \quad \underline{\underline{S_2 = S_6 = -\frac{2}{3}F,}} \quad \underline{\underline{S_3 = -\frac{\sqrt{5}}{3}F,}}$$

$$\underline{\underline{S_7 = -\frac{\sqrt{5}}{3}F,}} \quad \underline{\underline{S_8 = S_{12} = -\frac{4}{3}F,}} \quad \underline{\underline{S_{11} = -\frac{2}{3}\sqrt{5}F.}}$$

É útil apresentar os resultados sem as dimensões, numa tabela, incluindo sinais negativos:

Tabela de forças

i	1	2	3	4	5	6	7	8	9	10	11	12	13
$\frac{S_i}{F}$	$-\frac{1}{3}$	$-\frac{2}{3}$	$\frac{\sqrt{5}}{3}$	0	0	$-\frac{2}{3}$	$-\frac{\sqrt{5}}{3}$	$\frac{4}{3}$	0	0	$-\frac{2}{3}\sqrt{5}$	$\frac{4}{3}$	0

Os valores negativos para os membros 1, 2, 6, 7 e 11 indicam que eles estão sob compressão.

Exemplo 6.2 A figura 6.9 mostra uma treliça espacial carregada com duas forças externas F nas juntas IV e V.

Calcule as forças nos membros 1 – 6.

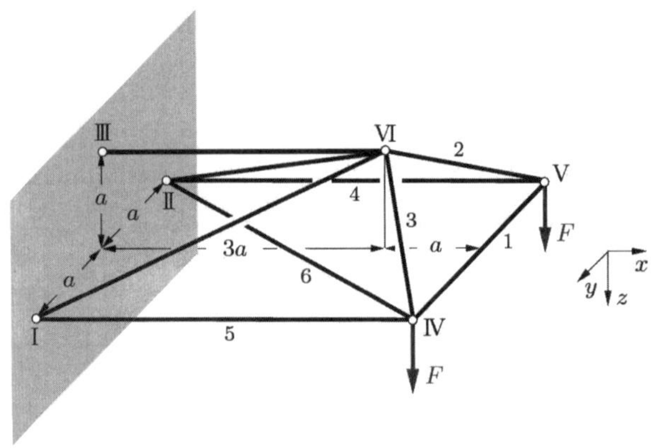

Figura 6.9

Solução Liberamos as juntas V e IV, passando cortes imaginários pelas barras, e consideramos que os membros 1 – 6 estão sob tensão. As equações vetoriais de equilíbrio para essas juntas são dadas por

$$\text{V:} \qquad S_1\boldsymbol{e}_y + S_2\boldsymbol{e}_{\text{V/VI}} - S_4\boldsymbol{e}_x + F\boldsymbol{e}_z = \boldsymbol{0},$$

$$\text{IV:} \qquad -S_1\boldsymbol{e}_y + S_3\boldsymbol{e}_{\text{IV/VI}} - S_5\boldsymbol{e}_x + S_6\boldsymbol{e}_{\text{IV/II}} + F\boldsymbol{e}_z = \boldsymbol{0}.$$

Os vetores unitários inicialmente incógnitos podem ser determinados a partir dos vetores que conectam juntas adjacentes, p.ex., para $\boldsymbol{e}_{\text{V/VI}}$, obtemos

$$e_{V/VI} = \frac{1}{\sqrt{a^2+a^2+a^2}}\begin{pmatrix}-a\\a\\-a\end{pmatrix} = \frac{1}{\sqrt{3}}\begin{pmatrix}-1\\1\\-1\end{pmatrix}.$$

Similarmente, os outros vetores unitários são

$$e_{IV/VI} = \frac{1}{\sqrt{3}}\begin{pmatrix} -1 \\ -1 \\ -1 \end{pmatrix}, \qquad e_{IV/II} = \frac{1}{\sqrt{5}}\begin{pmatrix} -2 \\ -1 \\ 0 \end{pmatrix},$$

$$e_x = \begin{pmatrix} 1 \\ 0 \\ 0 \end{pmatrix}, \qquad e_y = \begin{pmatrix} 0 \\ 1 \\ 0 \end{pmatrix}, \qquad e_z = \begin{pmatrix} 0 \\ 0 \\ 1 \end{pmatrix}.$$

Introduzindo estes nas duas equações vetoriais, obtemos as seis equações escalares

$$\text{V:} \quad -S_2\frac{1}{\sqrt{3}} - S_4 = 0, \qquad \text{IV:} \quad -S_3\frac{1}{\sqrt{3}} - S_5 - S_6\frac{2}{\sqrt{5}} = 0,$$

$$S_1 + S_2\frac{1}{\sqrt{3}} = 0, \qquad -S_1 - S_3\frac{1}{\sqrt{3}} - S_6\frac{2}{\sqrt{5}} = 0,$$

$$-S_2\frac{1}{\sqrt{3}} + F = 0, \qquad -S_3\frac{1}{\sqrt{3}} + F = 0.$$

Suas soluções produzem as forças

$$\underline{\underline{S_2 = \sqrt{3}F}}, \quad \underline{\underline{S_1 = -F}}, \quad \underline{\underline{S_4 = -F}},$$

$$\underline{\underline{S_3 = \sqrt{3}F}}, \quad \underline{\underline{S_6 = 0}}, \quad \underline{\underline{S_5 = -F}}.$$

6.3.2 Método das seções

Nem sempre é necessário determinarmos as forças em todos os membros de uma treliça. Se apenas algumas forças forem de interesse, pode ser vantajoso usar o *método das seções*, em vez do método das juntas. Neste caso, a treliça é dividida em duas partes por um corte. Este corte tem de ser feito de tal maneira que passe por *três* membros, que não pertençam todos à mesma junta, ou passe através de *uma* junta e *um* membro. Se as reações de apoio forem calculadas de antemão, o diagrama de corpo livre para cada parte da treliça conterá apenas três forças incógnitas que poderão ser determinadas pelas três condições de equilíbrio.

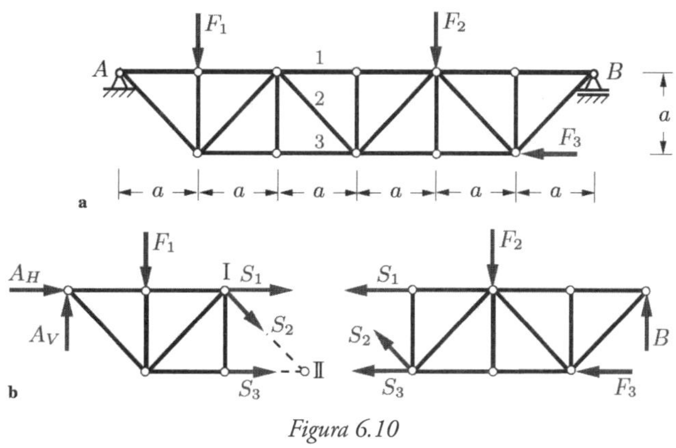

Figura 6.10

Para ilustrar o método, consideramos a treliça mostrada na figura 6.10a com o objetivo de determinar as forças nos membros 1 – 3. Como primeiro passo, as reações nos apoios A e B são calculadas pela aplicação das condições de equilíbrio ao diagrama de corpo livre da treliça completa (não mostrado na figura). No segundo passo, passamos uma seção imaginária pelos membros 1 – 3, cortando a treliça em duas partes. A figura 6.10b mostra os diagramas de corpo livre das duas partes da treliça. As forças internas nos membros 1 – 3 atuam como forças externas nos diagramas de corpo livre; elas são consideradas forças tensoras.

Ambas as partes da treliça da figura 6.10b são corpos rígidos em equilíbrio. Portanto, qualquer uma das partes pode ser usada para a análise. Na prática, a parte que envolve um número menor de forças normalmente leva a um cálculo mais simples. Vamos aplicar as condições de equilíbrio ao diagrama de corpo livre do lado esquerdo da figura 6.10b. É vantajoso usar equações de momento em torno dos pontos de interseção de duas forças incógnitas. Cada uma das equações correspondentes contém apenas *uma* força incógnita e pode ser resolvida imediatamente:

$$\overset{\frown}{I}: \quad -2aA_V + aF_1 + aS_3 = 0 \quad \rightarrow \quad S_3 = 2A_V - F_1,$$

$$\overset{\frown}{II}: \quad -3aA_V - aA_H + 2aF_1 - aS_1 = 0 \quad \rightarrow \quad S_1 = 2F_1 - 3A_V - A_H,$$

$$\uparrow: \quad A_V - F_1 - \sqrt{2}\, S_2 = 0 \quad \rightarrow \quad S_2 = \sqrt{2}\,(A_V - F_1).$$

Como as reações de apoio foram calculadas antecipadamente, as forças nos membros 1 – 3 são, agora, conhecidas.

Em muitos casos, o método de seções pode ser aplicado sem termos de determinar as forças nos apoios. Considere, por exemplo, a treliça da figura 6.11a. As forças nos membros 1 – 3 podem ser obtidas imediatamente a partir das condições de equilíbrio para a parte da treliça da direita, como mostrado na figura 6.11b.

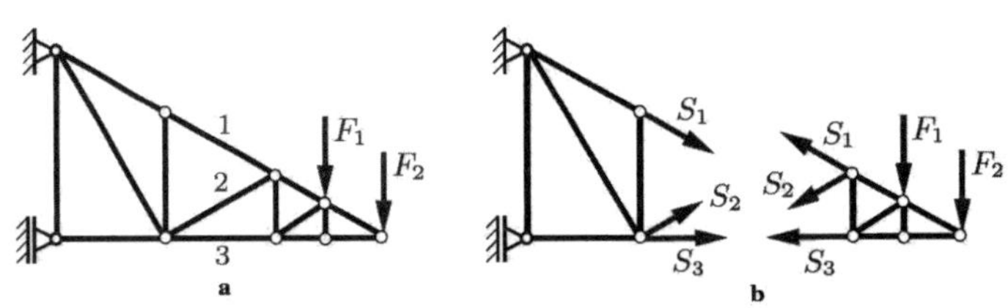

Figura 6.11

O método das seções também é aplicável a treliças espaciais. Como há seis condições de equilíbrio para um corpo rígida no caso de um problema espacial, a treliça tem de ser dividida por um corte através dos seis membros, ou através de três membros e um pino.

Exemplo 6.3 Uma treliça é carregada com duas forças, $F_1 = 2F$ e $F_2 = F$, como mostrado na figura 6.12a.

Determine a força S_4.

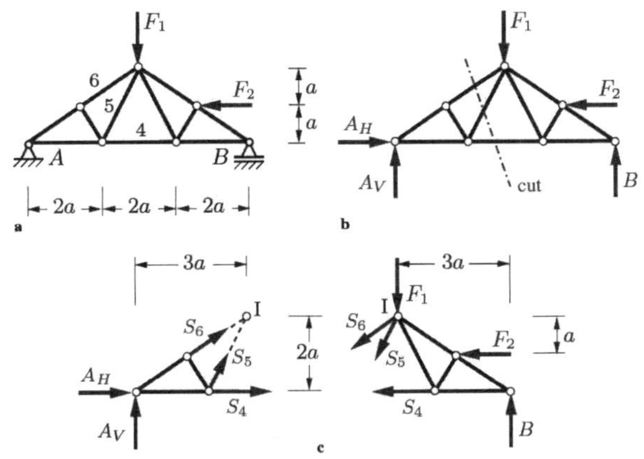

Figura 6.12

Solução Primeiro, determinamos as forças nos suportes. Aplicando as condições de equilíbrio ao diagrama de corpo livre da treliça completa (figura 6.12b), temos

$$\overset{\frown}{A}: \quad -3aF_1 + aF_2 + 6aB = 0 \quad \rightarrow \quad B = \frac{3F_1 - F_2}{6} = \frac{5}{6}F,$$

$$\overset{\frown}{B}: \quad -6aA_V + 3aF_1 + aF_2 = 0 \quad \rightarrow \quad A_V = \frac{3F_1 + F_2}{6} = \frac{7}{6}F,$$

$$\rightarrow: \quad A_H - F_2 = 0 \quad \rightarrow \quad A_H = F_2 = F.$$

Então, passamos uma seção imaginária através dos membros 4 – 6 (figura 6.12c). A força incógnita S_4 vem da equação de momento em torno do ponto I (interseção das linhas de ação das forças S_5 e S_6) do diagrama de corpo livre do lado esquerdo da figura 6.12c:

$$\overset{\frown}{I}: \quad 2aS_4 + 2aA_H - 3aA_V = 0 \quad \rightarrow \quad \underline{\underline{S_4}} = \frac{1}{2}(3A_V - 2aA_H) = \underline{\underline{\frac{3}{4}F}}.$$

A equação de momento correspondente para o diagrama de corpo livre do lado direito pode ser usada como verificação:

$$\overset{\frown}{I}: \quad -2aS_4 + 3aB - aF_2 = 0 \quad \rightarrow \quad S_4 = \frac{1}{2}(3B - F_2) = \frac{3}{4}F.$$

6.4 Problemas suplementares

Soluções detalhadas para a maioria dos exemplos seguintes são dadas em (**A**) D. Gross et al. *Formeln und Aufgaben zur Technischen Mechanik 1*, Springer, Berlin 2011, ou (**B**) W. Hauger et al. *Aufgaben zur Technischen Mechanik 1-3*, Springer, Berlin 2011.

Exemplo 6.4 A treliça mostrada na figura 6.13 suporta duas forças $F_1 = F$ e $F_2 = 3F$.

Calcule as forças nos membros 1, 2 e 3.

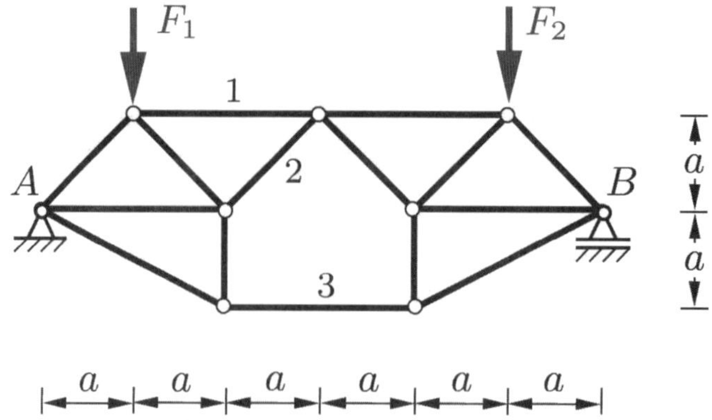

Figura 6.13

Resultados: veja (B) $S_1 = -2F/3$, $S_2 = \sqrt{2}\ F/3$, $S_3 = F$.

Exemplo 6.5 Determine as forças nos membros 1, 2 e 3 da treliça mostrada na figura 6.14.

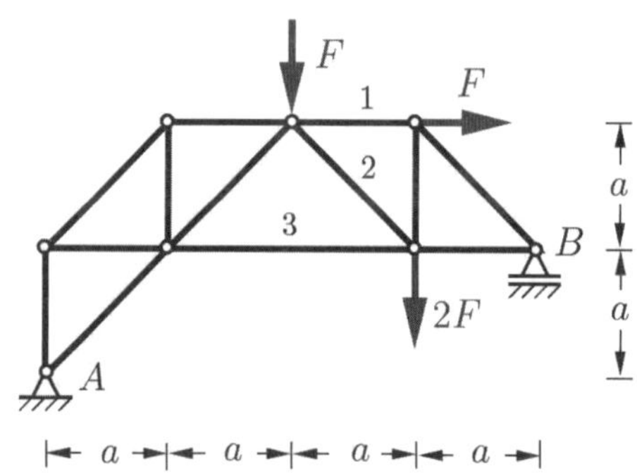

Figura 6.14

Resultados: veja (A) $S_1 = -3F/2$, $S_2 = \sqrt{2}\ F/2$, $S_3 = 3F$.

Exemplo 6.6 A estrutura da figura 6.15 consiste de uma viga articulada *AB* e cinco barras. Ela é submetida a uma carga de linha q_0.

Determine as forças nas barras.

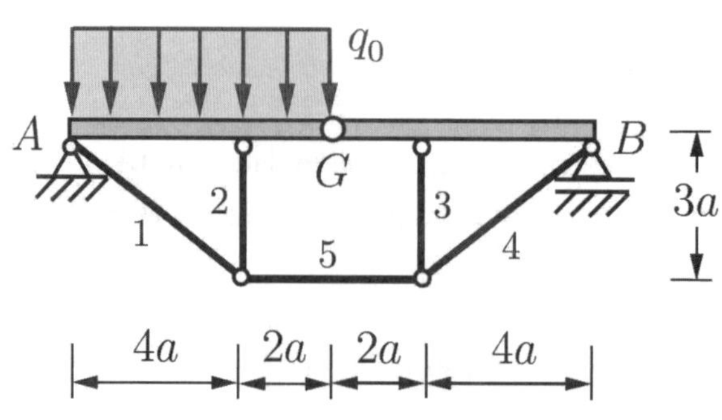

Figura 6.15

Resultados: veja (B) $S_1 = S_4 = 15q_0a/4$, $S_2 = S_3 = -q_0a/4$, $S_5 = 3q_0a$.

Exemplo 6.7 Determine as forças nos membros 1 – 7 da treliça mostrada na figura 6.16.

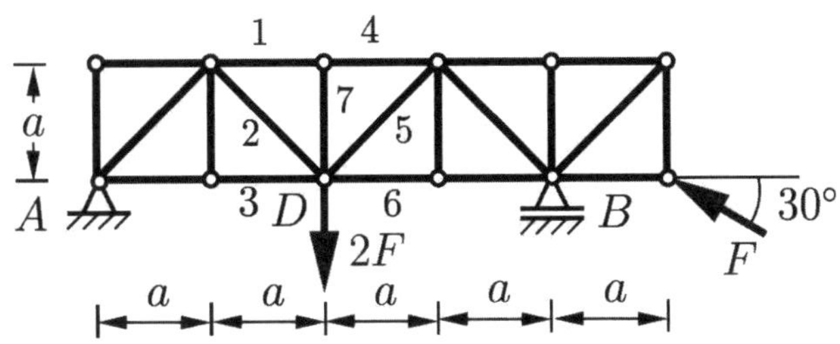

Figura 6.16

Resultados: veja (A)

$$S_1 = S_4 = -\frac{9}{4}F,\ S_2 = \frac{9}{8}\sqrt{2}F, \qquad S_7 = 0,$$

$$S_3 = \left(\frac{9}{8} - \frac{\sqrt{3}}{2}\right)F, \qquad S_5 = \frac{7}{8}\sqrt{2}F, \qquad S_6 = \left(\frac{11}{8} - \frac{\sqrt{3}}{2}\right)F.$$

Exemplo 6.8 A treliça mostrada na figura 6.17 suporta as forças F_1 = 10 kN e F_2 = 20 kN.

Calcule as forças em todos os membros.

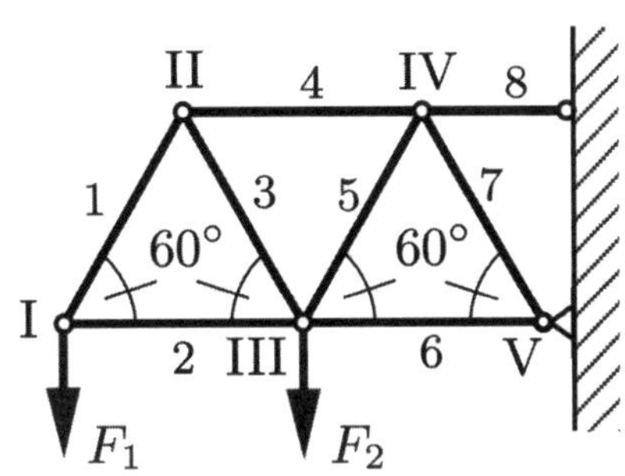

Figura 6.17

Resultados: veja (A)

$S_1 = S_4 = -S_3 = 11{,}6$ kN, $S_2 = -5{,}8$ kN,

$S_5 = -S_7 = 34{,}6$ kN, $S_6 = -28{,}9$ kN, $S_8 = 46{,}2$ kN.

Exemplo 6.9 Uma corda é passada em torno do pino liso *C* da treliça mostrada na figura 6.18. Uma extremidade da corda é presa a uma parede rígida; a outra suporta uma caixa de peso *W*.
Calcule a força S_{11} no membro 11.

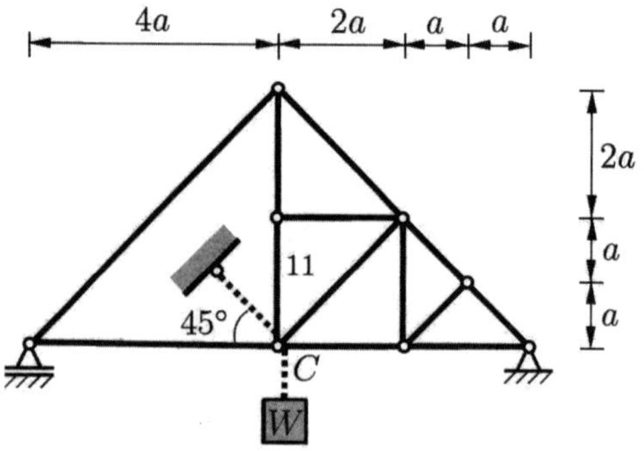

Figura 6.18

Resultado: $S_{11} = (1 - \sqrt{2}/2)W.$

Exemplo 6.10 A treliça mostrada na figura 6.19 suporta as forças $F_1 = 10$ kN e $F_2 = 20$ kN (dado $a = 3$ m).

Calcule as forças nos membros 6 e 8.

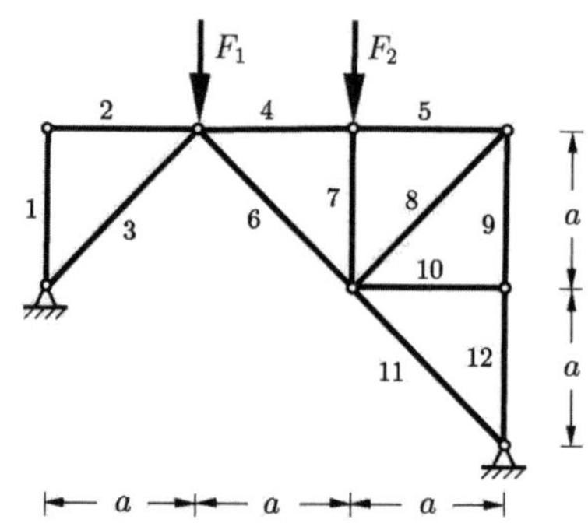

Figura 6.19

Resultados: $S_6 = 0,\quad S_8 = 10\sqrt{2}$ kN.

Exemplo 6.11 Determine as reações de apoio e as forças nos membros da treliça espacial mostrada na figura 6.20.

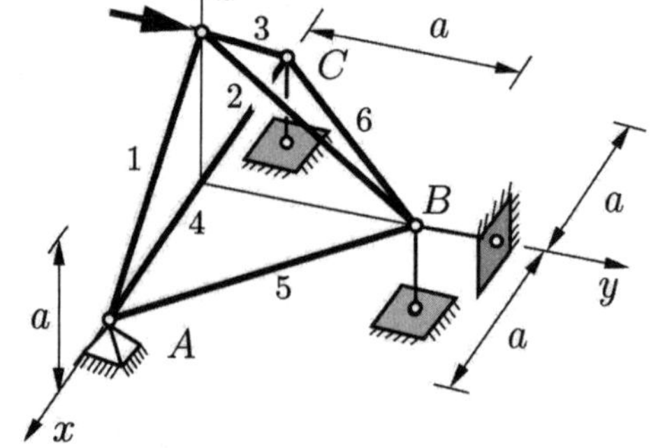

Figura 6.20

Resultados: veja (A)

$A_x = A_y = 0, \qquad A_z = C_z = -F/2,$

$B_z = -B_y = F, \qquad S_1 = S_3 = F/\sqrt{2},$

$S_2 = -\sqrt{2}F, \qquad S_4 = -F/2, \qquad S_5 = S_6 = 0.$

Exemplo 6.12 Calcule as forças em todos os membros da treliça espacial da figura 6.21.

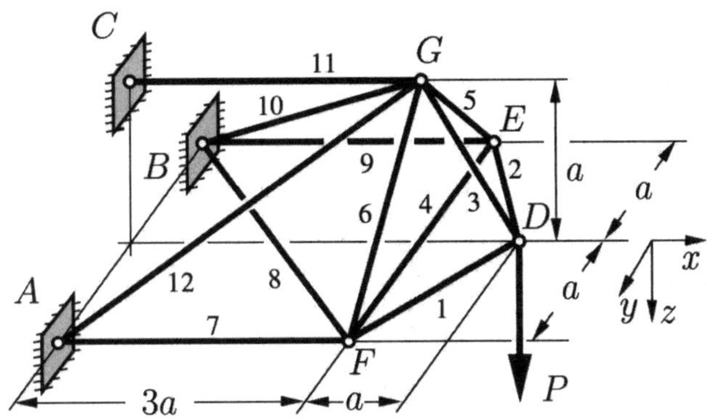

Figura 6.21

Resultados: veja (A)

$S_1 = S_2 = -P/\sqrt{2}, S_3 = \sqrt{2}P,$

$S_4 = -S_7 = -S_9 = -P/2, \qquad S_5 = S_6 = S_8 = 0,$

$S_{10} = S_{12} = -\sqrt{11}\,P/2, \qquad S_{11} = 4P.$

6.5 Resumo

- Uma treliça é uma estrutura que consiste de membros retos conectados em juntas.
- Uma treliça é estaticamente determinada se as forças nos membros e nos apoios puderem ser determinadas a partir das condições de equilíbrio. Este é o caso se o número das forças incógnitas for igual ao número das condições de equilíbrio independentes e o sistema for rígido.
- Uma treliça é cinematicamente determinada se tiver os movimentos completamente restritos. Ela é cinematicamente indeterminada se não for rígida e, consequentemente, puder sofrer um movimento finito ou infinitesimal.
    - As forças internas nos membros e as reações de apoio podem ser determinadas com o método das juntas:

- Trace diagramas de corpo livre de todas as juntas. Introduza as cargas externas, as reações de apoio e as forças nos membros. Considere que a força em cada membro é uma força tensora.
- Anote as condições de equilíbrio para as juntas (2 equações para uma treliça plana, 3 para uma treliça espacial).
- Resolva o sistema de equações.
- O sistema de equações tem uma única solução se a determinante da matriz dos coeficientes não for igual a zero. Então, a treliça é estaticamente e cinematicamente determinada.

• Normalmente é mais prático aplicar o método das seções, em vez do método das juntas, se apenas algumas forças deverem ser determinadas.

Capítulo 7

Vigas, quadros, arcos

Objetivos: Vigas estão entre os elementos mais importantes na engenharia estrutural. Neste capítulo, explicamos como as forças internas numa viga podem ser tornadas acessíveis para cálculo.

A *força normal*, a *força de cisalhamento* e o *momento de flexão* são introduzidos. Os estudantes vão aprender a determinar esses valores com o auxílio das condições de equilíbrio. Além disso, eles vão aprender a aplicar corretamente as relações diferenciais entre cargas externas e forças internas.

7.1 Resultantes de esforço

Vigas são membros estruturais finos que oferecem resistência à flexão. Elas estão entre os elementos mais importantes na engenharia. Neste capítulo, as forças internas em estruturas compostas de vigas são analisadas. O conhecimento dessas forças internas é importante para podermos determinar a capacidade de suporte de carga de uma viga, para calcularmos a área da seção transversal necessária para sustentar uma dada carga, ou para calcularmos a deformação. Para fins de simplicidade, a discussão seguinte está limitada a problemas planos estaticamente determinados, como indicado na figura 7.1a.

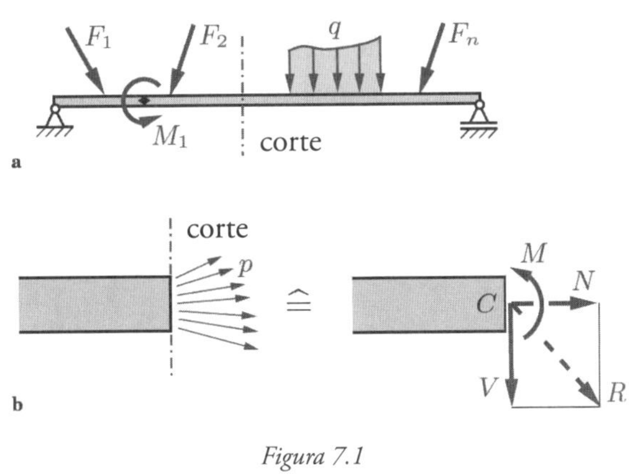

Figura 7.1

De acordo com a seção 1.4, as forças internas numa viga podem ser tornadas visíveis e, assim, acessíveis para cálculo com o auxílio de um diagrama de corpo livre. Em conformidade, passamos uma seção imaginária perpendicularmente ao eixo da viga. As forças internas p (forças por unidade de área) atuando na seção transversal são distribuídas através da área da seção transversal (figura 7.1b). Sua intensidade é chamada de *esforço*. A distribuição real das forças através da seção transversal é desconhecida. No entanto, mostramos na seção 3.1.3 que qualquer sistema de forças pode ser substituído por uma força resultante R que atua num ponto arbitrário C e um acoplamento correspondente $M^{(C)}$. Quando efetuando isso, escolhemos a centroide C da área da seção transversal como ponto de referência da redução. No que segue, adotamos a prática comum da omissão do sobrescrito C que se refere ao ponto de referência: em vez de $M^{(C)}$, escrevemos simplesmente M. A força resultante R é resolvida em suas componentes N (normal à seção transversal, na direção do eixo da viga) e V (na seção transversal, ortogonal ao eixo da viga). Os valores N, V e M são chamados de *resultantes de esforço*. Em particular,

> N é chamada *força normal*, V é a *força de cisalhamento* e M é o *momento de flexão*.

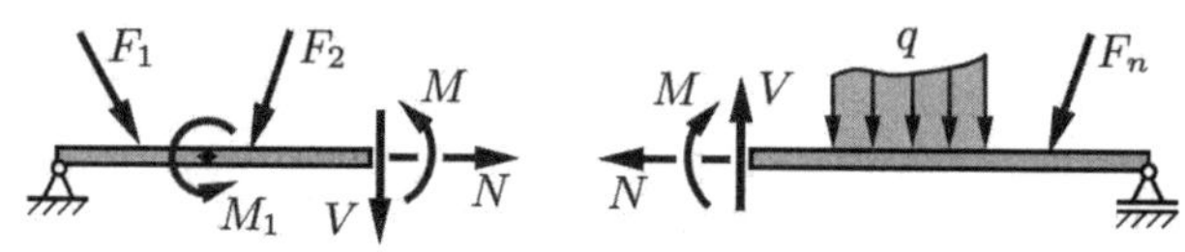

Figura 7.2

Para determinar as resultantes de esforço, a viga pode ser dividida por um corte em dois segmentos (método das seções). Um diagrama de corpo livre de cada parte da viga vai incluir todas as forças atuando sobre a parte respectiva, isto é, as cargas aplicadas (forças e acoplamentos), as reações de apoio e as resultantes de esforço atuando nas seções do corte. Em virtude da terceira lei de Newton (ação é igual a reação), elas atuam em sentidos opostos (compare com a figura 7.2). Como cada parte da viga está em equilíbrio, as três condições de equilíbrio para cada parte podem ser usadas para calcular as três resultantes de esforço incógnitas.

Antes de podermos fornecer exemplos para a determinação das resultantes de esforço, uma convenção de sinal deve ser introduzida. Considere as duas porções adjacentes da mesma viga mostrada na figura 7.3. A coordenada x coincide com a direção do eixo da viga e aponta para a direita; a coordenada z aponta para baixo. Em conformidade, o eixo y é dirigido para fora do plano x,z (sistema da mão direita, veja o apêndice A.1). Pelo corte da viga, uma face esquerda e outra direita são obtidas (veja a figura 7.3). Elas são caracterizadas por um vetor normal $\boldsymbol{n}$ que aponta para fora do interior da viga. Se o vetor $\boldsymbol{n}$ apontar no sentido positivo (negativo) do eixo x, a face correspondente será chamada de positiva (negativa). A convenção de sinal seguinte é adotada:

> Resultantes de esforço *positivas* numa face *positiva* (*negativa*) apontam na direção *positiva* (*negativa*) das coordenadas.

Aqui, o momento de flexão M tem de ser interpretado como um vetor momento apontando na direção do eixo y (direção positiva, de acordo com a regra da mão direita). A figura 7.3 mostra as resultantes de esforço com suas direções positivas. Nos exemplos seguintes, vamos aderir estritamente a esta convenção de sinal. Deve-se notar, porém, que existem convenções de sinal diferentes.

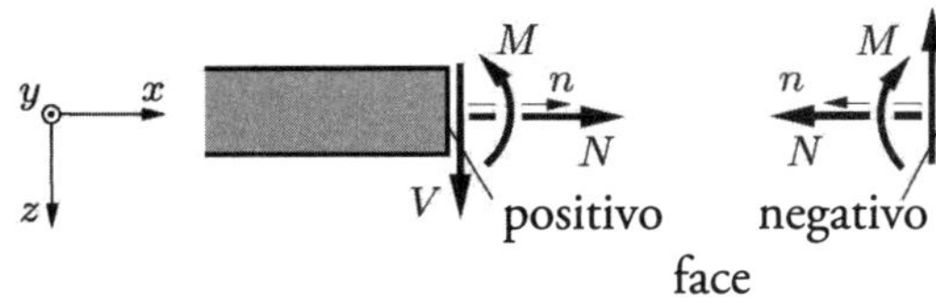

Figura 7.3

No caso de uma viga horizontal, muito frequentemente apenas a coordenada x é dada. Então, subentende-se que o eixo z aponta para baixo. Às vezes, é conveniente usar um sistema de coordenadas em que o eixo x aponte para a esquerda (em vez da direita) com o eixo z novamente apontando para baixo (compare com o exemplo 7.4). Aí, o eixo y é direcionado para o plano do papel. Nesse caso, apenas a direção positiva da força de cisalhamento V, de acordo com a figura 7.3, é invertida; as direções positivas de M e N permanecem inalteradas.

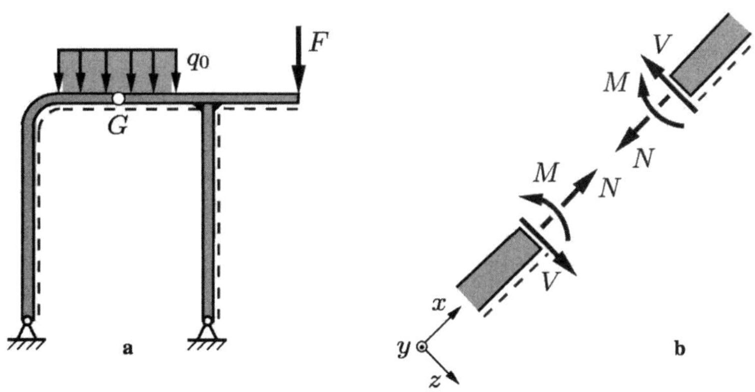

Figura 7.4

A convenção de sinal para quadros e arcos pode ser introduzida desenhando-se uma linha tracejada de um lado de cada parte do sistema (figura 7.4a). O lado com a linha tracejada pode, então, ser interpretado como "lado subjacente" da parte respectiva e o sistema de coordenadas pode ser escolhido como o da viga: o eixo x na direção da linha tracejada, o eixo z apontando para a linha tracejada ("para baixo"). A figura 7.4b mostra as resultantes de esforço com suas direções positivas.

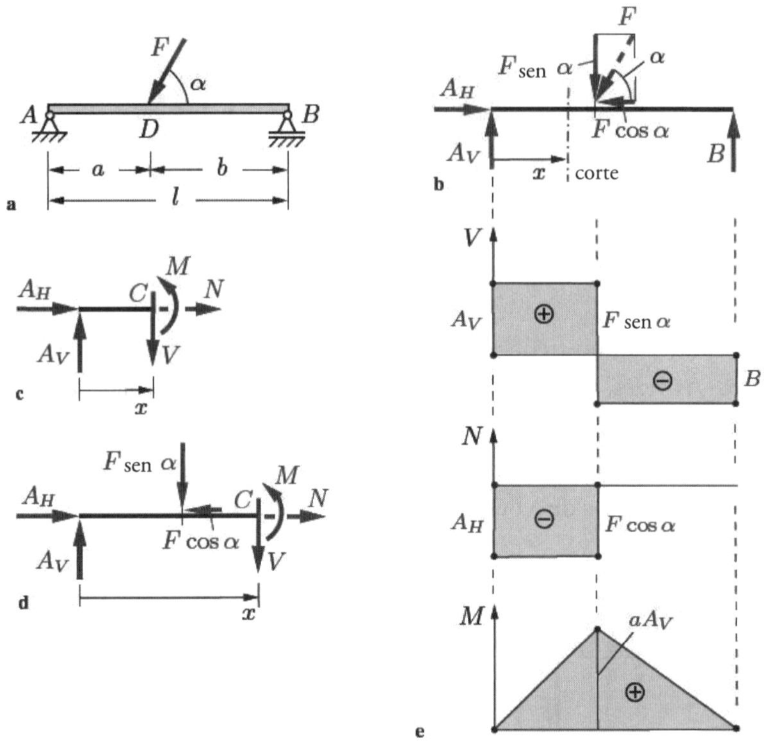

Figura 7.5

Agora, vamos determinar as resultantes de esforço para a viga de apoio simples mostrada na figura 7.5a. Primeiro, as reações de apoio são calculadas a partir das condições de equilíbrio para o diagrama de corpo livre da viga como um todo (figura 7.5b). Com $F_V = F \operatorname{sen} \alpha$ e $F_H = F \cos \alpha$, obtemos

$$\rightarrow: \quad A_H - F_H = 0 \quad \rightarrow \quad A_H = F_H,$$

$$\widehat{A}: \quad lB - aF_V = 0 \quad \rightarrow \quad B = \frac{a}{l} F_V,$$

$$\widehat{B}: \quad -lA_V + bF_V = 0 \quad \rightarrow \quad A_V = \frac{b}{l} F_V.$$

Num segundo passo, um sistema de coordenadas é escolhido e a viga é dividida em duas partes por um corte numa posição arbitrária x entre os pontos A e D ($0 < x < a$, figura 7.5b). O diagrama de corpo livre do segmento esquerdo da viga é mostrado na figura 7.5c. Vamos sempre representar as resultantes de esforço na seção do corte com suas direções positivas. Se a análise produzir um valor negativo para uma resultante de esforço, essa resultante atua, na verdade, no sentido oposto. As condições de equilíbrio para esta parte da viga resultam em

$$\rightarrow: \quad A_H + N = 0 \quad \rightarrow \quad N = -A_H = -F_H,$$

$$\uparrow: \quad A_V - V = 0 \quad \rightarrow \quad V = A_V = \frac{b}{l} F_V,$$

$$\widehat{C}: \quad xA_V - M = 0 \quad \rightarrow \quad M = x\, A_V = x \frac{b}{l} F_V.$$

Agora, cortamos a viga numa posição x arbitrária entre os pontos D e B ($a < x < l$). O diagrama de corpo livre da parte esquerda é mostrado na figura 7.5d. A partir das condições de equilíbrio, obtemos

$$\rightarrow: \quad A_H - F_H + N = 0 \quad \rightarrow \quad N = F_H - A_H = 0,$$

$$\uparrow: \quad A_V - F_V - V = 0 \quad \rightarrow \quad V = A_V - F_V = \frac{b-l}{l}F_V = -\frac{a}{l}F_V = -B,$$

$$\widehat{C}: \quad xA_V - (x-a)F_V - M = 0 \quad \rightarrow \quad M = xA_V - (x-a)F_V = \left(1 - \frac{x}{l}\right)aF_V.$$

Deve-se notar que as condições de equilíbrio para as partes direitas correspondentes produzem os mesmos resultados para as resultantes de esforço. Comumente, a parte da viga com um menor número de forças é escolhida, uma vez que ela permite um cálculo mais simples dos resultados.

As resultantes de esforço são funções da coordenada x: elas são mostradas graficamente na figura 7.5c. Esses gráficos são chamados de *diagramas de força de cisalhamento*, de *força normal* e de *momento de flexão*, respectivamente. Os diagramas de força de cisalhamento e de força normal exibem uma descontinuidade em salto no ponto D (ponto de aplicação da força externa F). Esses saltos têm a magnitude das componentes F_V e F_H, respectivamente. O diagrama de momento de flexão apresenta uma descontinuidade de inclinação em D. O momento de flexão máximo está localizado em D. Comumente, ele é o valor mais importante no projeto de uma viga.

Este exemplo mostra que, para determinar as resultantes de esforço, a viga pode ser seccionada numa posição arbitrária x entre duas cargas concentradas (cargas externas ou reações de apoio). O processo de seccionamento tem de ser realizado para cada uma das expansões. Como há descontinuidades nos pontos de aplicação de uma carga concentrada, esses pontos não devem ser escolhidos para seção (entretanto, compare com a seção 7.2.5).

7.2 Resultantes de esforço em vigas retas

Vigas estão normalmente sujeitas a forças perpendiculares a seus eixos. Se não houver componentes de forças (forças externas ou reações de apoio) na direção do eixo de uma viga, a força normal desaparece: $N = 0$. Nas subseções seguintes, vamos nos concentrar em tais problemas.

7.2.1 Vigas sob cargas concentradas

Para determinar as resultantes de esforço V e M, escolhemos um sistema de coordenadas e imaginamos o corte da viga numa posição arbitrária x. As resultantes de esforço são representadas com suas direções positivas nos diagramas de corpo livre; elas podem ser calculadas a partir das condições de equilíbrio para qualquer porção da viga. Os resultados da análise são normalmente apresentados num diagrama de força de cisalhamento e num diagrama de momento de flexão.

Como alternativa a esse método elementar, existe outro para determinação das resultantes de esforço. Ele é baseado nas relações diferenciais entre a carga e as resultantes de esforço e será apresentado nas seções de 7.2.2 até 7.2.4.

Para fins de simplicidade, restringimos a discussão no que segue a vigas que estão submetidas a cargas concentradas e a acoplamentos. Como exemplo, consideramos a viga de apoio simples mostrada na figura 7.6a.

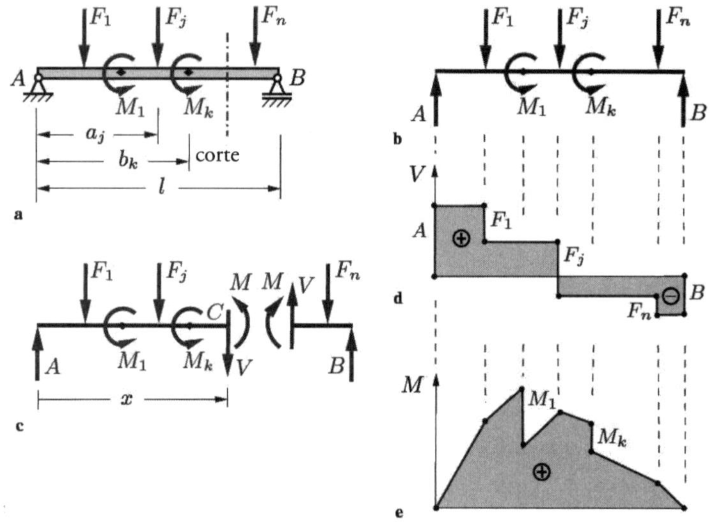

Figura 7.6

As reações de apoio são obtidas a partir das condições de equilíbrio para o diagrama de corpo livre da viga como um todo (figura 7.6b):

$$\widehat{A}: \quad lB - \sum a_i F_i + \sum M_i = 0 \quad \rightarrow \quad B = \frac{1}{l}[\sum a_i F_i - \sum M_i],$$

$$\widehat{B}: \quad -lA + \sum (l - a_i)F_i + \sum M_i = 0 \quad \rightarrow \quad A = \frac{1}{l}[\sum (l - a_i)F_i + \sum M_i].$$

Agora, vamos imaginar o corte da viga numa posição arbitrária x (figura 7.6c). Como a força normal é igual a zero, ela não é mostrada no diagrama de corpo livre. As condições de equilíbrio para a porção esquerda da viga,

$$\uparrow: \quad A - \sum F_i - V = 0,$$

$$\widehat{C}: \quad -xA + \sum (x - a_i)F_i + \sum M_i + M = 0,$$

resultam na força de cisalhamento e no momento de flexão:

$$V = A - \sum F_i, \tag{7.1}$$

$$M = xA - \sum (x - a_i)F_i - \sum M_i. \tag{7.2}$$

As somatórias em (7.1) e (7.2) incluem apenas as forças F_i e os acoplamentos M_i que atuam na porção esquerda da viga.

As resultantes de esforço também podem ser calculadas com as condições de equilíbrio para a parte direita da viga. Normalmente, a parte da viga que permite cálculo mais simples dos resultados é escolhida.

O diagrama da força de cisalhamento é mostrado na figura 7.6d. De acordo com (7.1), a força de cisalhamento é constante em degraus. O diagrama da força de cisalhamento tem descontinuidades em saltos nos pontos de aplicação das forças concentradas F_i. A magnitude de um salto é igual à magnitude da respectiva força.

De acordo com (7.2), o momento de flexão (figura 7.6e) é uma função linear em degraus da coordena x. O diagrama exibe descontinuidades em inclinação nos pontos de aplicação das forças F_i e descontinuidades em salto (magnitudes M_i) nos pontos de aplicação dos acoplamentos externos M_i. Os apoios A e B (articulação e apoio móvel) não podem exercer um momento. Portanto, o momento de flexão é zero nas extremidades de uma viga de apoio simples.

Existe uma relação entre o momento de flexão e a força de cisalhamento. Se a derivada de (7.2) com relação a x for calculada e (7.1) for aplicada, obteremos

$$\frac{dM}{dx} = A - \sum F_i = V. \tag{7.3}$$

As inclinações das linhas retas no diagrama de momento de flexão são, assim, dadas pelos valores correspondentes da força de cisalhamento.

Exemplo 7.1 A viga de apoio simples da figura 7.7a está sujeita a três forças $F_1 = F$, $F_2 = 2F$ e $F_3 = -F$.

Trace os diagramas de força de cisalhamento e de momento de flexão.

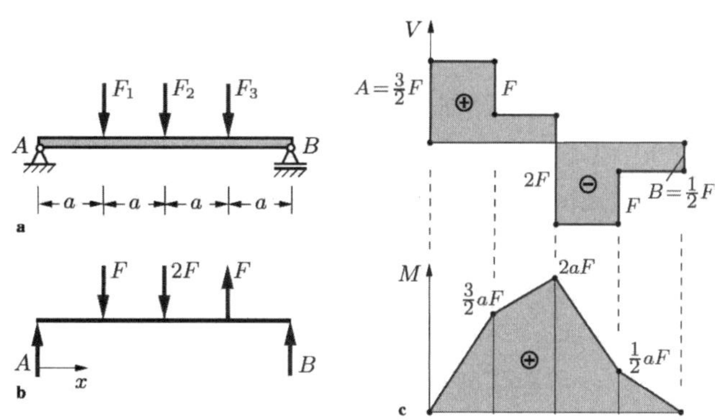

Figura 7.7

Solução Como primeiro passo, traçamos o diagrama de corpo livre da viga inteira (figura 7.7b) e calculamos as reações de apoio A e B. As condições de equilíbrio produzem

$$\widehat{A}: \quad -aF - 2a2F + 3aF + 4aB = 0 \quad \rightarrow \quad B = \frac{1}{2}\cdot F,$$

$$\widehat{B}: \quad -4aA + 3aF + 2a2F - aF = 0 \quad \rightarrow \quad A = \frac{3}{2}F.$$

No próximo passo, passamos seções imaginárias por posições x arbitrárias em cada expansão entre duas cargas concentradas. O equilíbrio das forças para as partes do lado esquerdo da viga produz a força de cisalhamento (os diagramas de corpo livre correspondentes não são mostrados na figura 7.7):

$V = A = 3F/2$ para $0 < x < a,$

$V = A - F = F/2$ para $a < x < 2a,$

$V = A - F - 2F = -3F/2$ para $2a < x < 3a,$

$V = A - F - 2F + F = -F/2$ para $3a < x < 4a.$

O momento de flexão é obtido a partir do equilíbrio dos momentos:

$M = xA = \frac{3}{2}\,xF$ para $0 \le x \le a,$

$M = xA - (x-a)F = (a + \frac{1}{2}\,x)F$ para $a \le x \le 2a,$

$M = xA - (x-a)F - (x-2a)2F = (5a - \frac{3}{2}\,x)F$ para $2a \le x \le 3a,$

$M = xA - (x-a)F - (x-2a)2F + (x-3a)F = (2a - \frac{1}{2}\,x)F$ para $3a \le x \le 4a.$

Deve-se notar que teria sido mais simples usarmos as partes do lado direito, em vez das do lado esquerdo, para $x > 2a$.

Os diagramas da força de cisalhamento e do momento de flexão são mostrados na figura 7.7c. O diagrama do momento de flexão tem inclinação positiva (negativa) nas regiões de força de cisalhamento positiva (negativa).

Os valores das resultantes de esforço na extremidade direita da viga ($x = 4a$) podem servir de verificação:

- a força de cisalhamento tem uma descontinuidade em salto de magnitude B (o diagrama deve fechar em $x = 4a$),
- o momento de flexão é zero (apoio móvel na extremidade da viga).

Como a viga da figura 7.7a tem apoio simples, os resultados para V e M já foram dados por (7.1) e (7.2).

Exemplo 7.2 Determine os diagramas da força de cisalhamento e do momento de flexão da viga cantiléver mostrada na figura 7.8a.

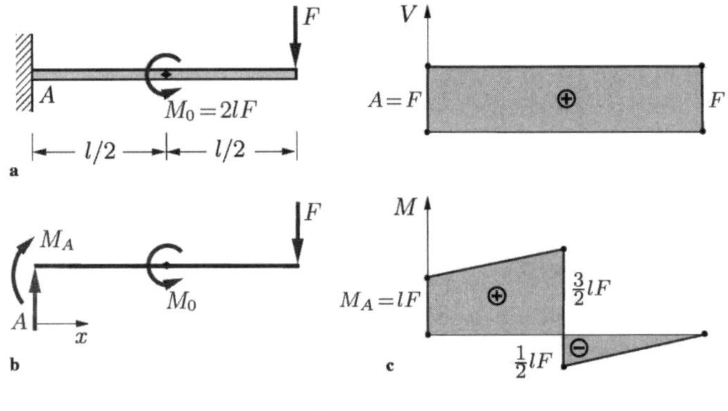

Figura 7.8

Solução Primeiro, as reações de apoio são calculadas com o auxílio do diagrama de corpo livre da viga completa (figura 7.8b). As condições de equilíbrio produzem

$$\uparrow: \quad A - F = 0 \quad \rightarrow \quad A = F,$$

$$\overset{\frown}{A}: \quad -M_A + M_0 - lF = 0 \quad \rightarrow \quad M_A = M_0 - lF = lF.$$

Para obter a força de cisalhamento, seccionamos a viga numa posição arbitrária x (como não há carga concentrada atuando entre ambas as extremidades da viga, apenas uma região de x precisa ser considerada). A força de cisalhamento vem da condição de equilíbrio das forças na direção vertical:

$$\underline{\underline{V}} = A = \underline{\underline{F}} \quad \text{para} \quad 0 < x < l.$$

Em virtude do acoplamento M_0 no centro da viga, duas regiões de x devem ser consideradas quando o momento de flexão é calculado. Em conformidade, passamos um corte na região dada por $0 < x < l/2$ e outro na expansão $l/2 < x < l$. O equilíbrio dos momentos produz

$$\underline{\underline{M}} = M_A + xA = \underline{\underline{(l+x)F}} \quad \text{para} \quad 0 < x < \frac{l}{2},$$

$$\underline{\underline{M}} = M_A + xA - M_0 = \underline{\underline{(x-l)F}} \quad \text{para} \quad \frac{l}{2} < x \leq l.$$

Os diagramas de força de cisalhamento e de momento de flexão são mostrados na figura 7.8c. A força de cisalhamento é constante ao longo de todo o comprimento da viga. O momento de flexão é uma função linear da coordenada x e tem um salto de magnitude $M_0 = 2lF$ no ponto de aplicação ($x = l/2$) do acoplamento externo M_0. As duas linhas retas nas regiões $x < l/2$ e $x > l/2$ têm a mesma inclinação, uma vez que a força de cisalhamento tem o mesmo valor em ambas as regiões (veja (7.3)).

Deve-se notar que neste exemplo as reações de apoio não precisam ser calculadas para determinarmos a força de cisalhamento e o momento de flexão. Se aplicarmos as condições de equilíbrio às porções do lado direito da viga cortada, as resultantes de esforço serão imediatamente obtidas. As reações de apoio A e M_A podem, então, ser encontradas a partir dos diagramas: elas são iguais à força de cisalhamento e ao momento de flexão, respectivamente, em $x = 0$.

Exemplo 7.3 Trace os diagramas das resultantes de esforço para a viga mostrada na figura 7.9a.

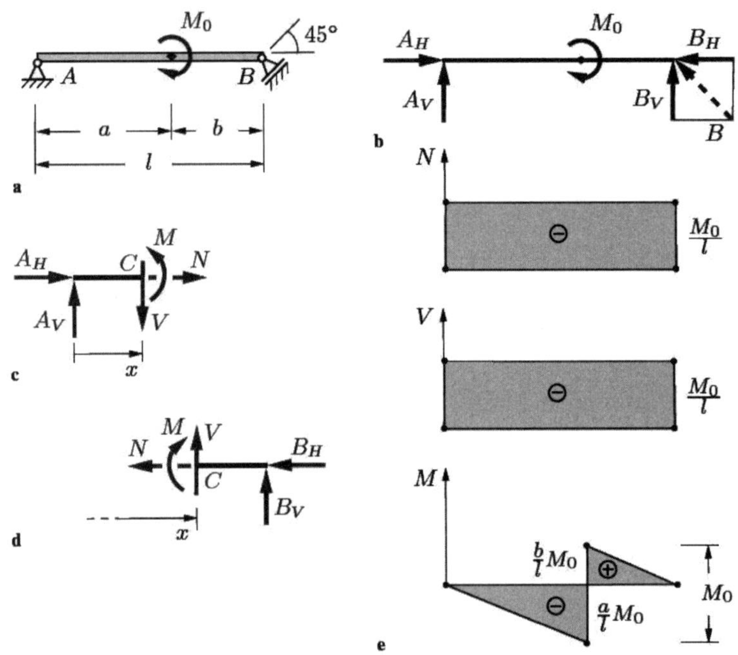

Figura 7.9

Solução As reações de apoio vêm das condições de equilíbrio para a viga completa (figura 7.9b). Com as componentes $B_H = B_V$ da força de reação B (linha de ação abaixo de 45° em relação o eixo vertical), obtemos

$$\overset{\frown}{A}: \quad M_0 - lB_V = 0 \quad \rightarrow \quad B_V = B_H = \frac{M_0}{l},$$

$$\overset{\frown}{B}: \quad lA_V + M_0 = 0 \quad \rightarrow \quad A_V = -\frac{M_0}{l},$$

$$\rightarrow: \quad A_H - B_H = 0 \quad \rightarrow \quad A_H = \frac{M_0}{l}.$$

As forças A e B representam um acoplamento com o momento M_0.

Como há uma descontinuidade no momento de flexão, duas regiões de x devem ser consideradas para descrevê-la para toda a viga. Primeiro, imaginamos a viga sendo cortada na região $x < a$. As condições de equilíbrio para a porção esquerda da viga (figura 7.9c) produzem

$$\rightarrow: \quad A_H + N = 0 \quad \rightarrow \quad \underline{\underline{N}} = -A_H = \underline{\underline{-\frac{M_0}{l}}},$$

$$\uparrow: \quad A_V - V = 0 \quad \rightarrow \quad \underline{\underline{V}} = A_V = \underline{\underline{-\frac{M_0}{l}}},$$

$$\overset{\frown}{C}: \quad -xA_V + M = 0 \quad \rightarrow \quad \underline{\underline{M}} = xA_V = \underline{\underline{-\frac{x}{l}M_0}}.$$

Para obtermos as resultantes de esforço para a direita do acoplamento aplicado, a viga é seccionada numa posição $x > a$. Agora, é mais simples usar o diagrama de corpo livre da porção direita da viga (figura 7.9d). Note os sentidos positivos das resultantes de esforço (face negativa!) nesse diagrama. As condições de equilíbrio levam a

$$\leftarrow: \quad N + B_H = 0 \quad \rightarrow \quad \underline{\underline{N = -B_H = -\frac{M_0}{l}}},$$

$$\uparrow: \quad V + B_V = 0 \quad \rightarrow \quad \underline{\underline{V = -B_V = \frac{M_0}{l}}},$$

$$\curvearrowleft C: \quad M - (l - x)B_V = 0 \quad \rightarrow \quad \underline{\underline{M = (l - x)B_V = \frac{l - x}{l}M_0}}.$$

As resultantes de esforço são mostradas graficamente na figura 7.9e. O diagrama de momento tem uma descontinuidade de salto no ponto de aplicação do acoplamento aplicado ($x = a$). As duas linhas retas nas regiões $x < a$ e $x > a$ têm a mesma inclinação, já que a força de cisalhamento tem o mesmo valor em ambas as regiões (veja, também, (7.3)). A força normal é induzida pelas reações de apoio e é constante em toda a viga.

Deve-se notar que as reações de apoio são independentes do ponto de aplicação do acoplamento aplicado. O diagrama de momento de flexão, porém, depende desse ponto.

7.2.2 Relação entre cargas e resultantes de esforço

Uma relação entre a força de cisalhamento V e o momento de flexão M para vigas sob cargas concentradas já foi dada em (7.3). Esse resultado é agora estendido a uma viga que está submetida a uma carga $q(x)$ (força por unidade de comprimento) que varia continuamente ao longo do comprimento da viga (figura 7.10a). A figura 7.10b mostra o diagrama de corpo livre de um elemento de comprimento infinitesimal dx da viga. A carga q pode ser considerada constante ao longo do comprimento dx, já que o efeito de qualquer alteração de q desaparece no limite $dx \rightarrow 0$ (compare com a seção 4.1). A carga distribuída é substituída por sua resultante $dF = q dx$. A força de cisalhamento V e o momento de flexão M atuam na posição x. Elas são traçadas em seus sentidos positivos (face negativa!). Passando à localização $x + dx$, as resultantes de esforço foram alteradas nas quantidades dV e dM, respectivamente, para os valores $V + dV$ e $M + dM$. Elas também são mostradas com seus sentidos positivos. As condições de equilíbrio produzem

$$\uparrow: \quad V - q dx - (V + dV) = 0 \quad \rightarrow \quad q dx + dV = 0, \tag{7.4}$$

$$\curvearrowleft C: \quad -M - dx V + \frac{dx}{2} q dx + M + dM = 0$$

$$\rightarrow \quad -V dx + dM + \frac{1}{2} \cdot q dx \cdot dx = 0. \tag{7.5}$$

De (7.4), obtemos

$$\frac{dV}{dx} = -q. \tag{7.6}$$

Desta forma, a inclinação do diagrama da força de cisalhamento é igual à intensidade negativa da carga aplicada.

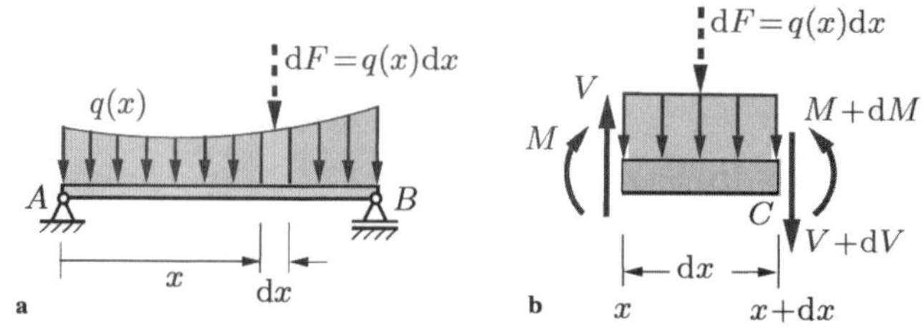

Figura 7.10

O termo em (7.5) contendo dx · dx é "pequeno de ordem mais alta", em comparação com dx ou dM. Consequentemente, ele desaparece no limite d$x \to 0$ e (7.5) se reduz a

$$\frac{dM}{dx} = V. \tag{7.7}$$

A derivada do momento de flexão com relação a x é igual à força de cisalhamento. Esse resultado já é conhecido do caso de vigas sob forças concentradas (veja (7.3)). Deve-se notar que os sinais algébricos em (7.6) e (7.7) resultam da convenção de sinal para as resultantes de esforço.

Se (7.7) for diferenciada e (7.6) introduzida, obteremos

$$\frac{d^2M}{dx^2} = -q. \tag{7.8}$$

As relações diferenciais (7.6) e (7.7) podem ser usadas, por exemplo, para determinarmos qualitativamente as resultantes de esforço, e também podem servir como verificação. Por exemplo, se q = const, então a força de cisalhamento é uma função linear de x, de acordo com (7.6), e o momento de flexão é representado por uma parábola quadrática, de acordo com (7.7). A tabela ao final desta seção mostra as relações entre a carga e as resultantes de esforço para vários exemplos simples de q.

O valor mais importante para o projeto de uma viga é normalmente a magnitude do momento de flexão máximo. A coordenada x correspondente para um máximo relativo é caracterizada pela condição de uma força de cisalhamento desaparecendo (compare com (7.7)). Deve-se notar, porém, que o máximo absoluto pode ser localizado numa extremidade da viga ou de uma expansão (posição de descontinuidade).

q	V	M
0	constante	linear
constante	linear	parábola quadrática
linear	parábola quadrática	parábola cúbica

7.2.3 Integração e condições limites

As relações (7.6) e (7.7) também podem ser usadas para determinarmos quantitativamente as resultantes de esforço para uma dada carga $q(x)$. Se integrarmos (7.6) e (7.7), obteremos

$$V = -\int q\mathrm{d}x + C_1, \tag{7.9}$$

$$M = \int V\mathrm{d}x + C_2. \tag{7.10}$$

As constantes de integração C_1 e C_2 podem ser calculadas se as funções (7.9) e (7.10) para as resultantes de esforço forem avaliadas em posições de x em que os valores de V ou M forem conhecidos. As equações correspondentes são chamadas *condições limites*. A tabela seguinte mostra as resultantes de esforço que desaparecem num dado apoio na extremidade de uma viga. As sentenças $V \neq 0$ e/ou $M \neq 0$ não podem ser usadas como condições limites.

apoio		V	M
pino		$\neq 0$	**0**
movimento paralelo		**0**	$\neq 0$
luva deslizante	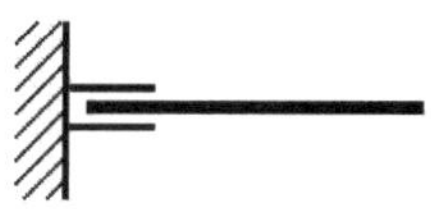	$\neq 0$	$\neq 0$
extremidade fixa		$\neq 0$	$\neq 0$
extremidade livre		**0**	**0**

(7.11)

Em comparação com o método das seções (veja a seção 7.2.1), as reações de apoio *não* têm de ser calculadas para determinarmos as resultantes de esforço V e M: elas são obtidas automaticamente por meio de integração. Se, por outro lado, algumas reações de apoio forem conhecidas de antemão, elas também poderão ser usadas para determinarmos as constantes de integração.

Para ilustrar o procedimento, vamos considerar as três vigas mostradas nas figuras 7.11a–c. Elas estão submetidas à mesma carga, mas têm apoios diferentes. Com $q = q_0 = \text{const}$, as equações (7.9) e (7.10) produzem

$$V = -q_0 x + C_1,$$

$$M = \frac{1}{2} q_0 x^2 + C_1 x + C_2$$

para cada viga.

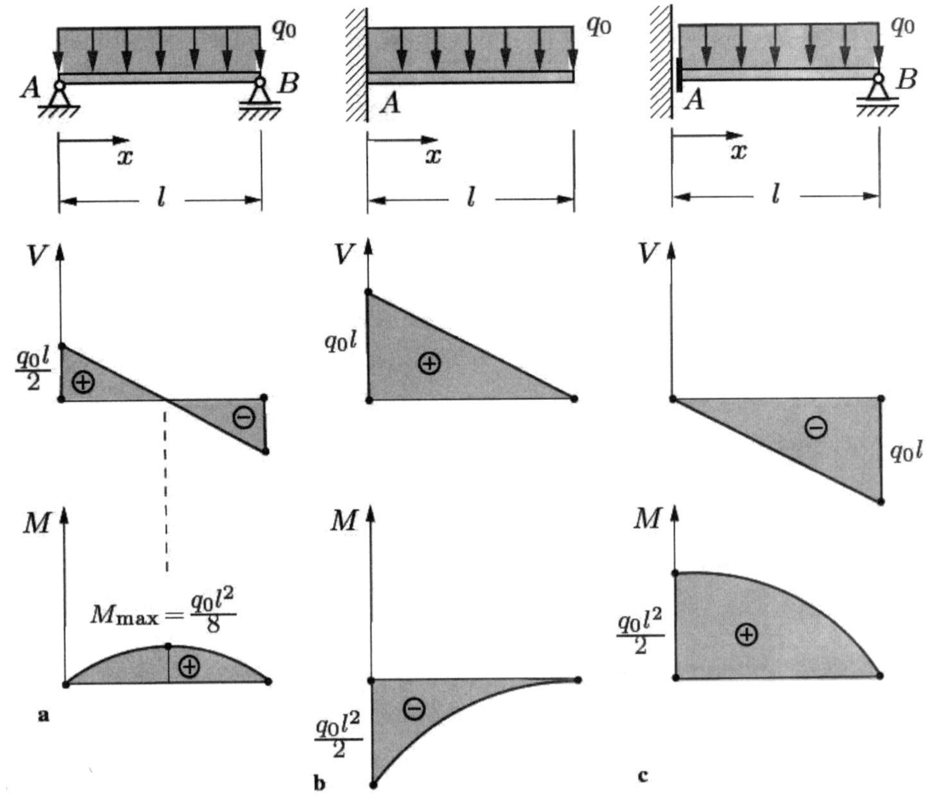

Figura 7.11

As condições limites

a) $M(0) = 0$, b) $V(l) = 0$, c) $V(0) = 0$,
$M(l) = 0$, $M(l) = 0$, $M(l) = 0$

e, portanto, as constantes de integração resultantes

a) $0 = C_2$, b) $0 = -q_0 l + C_1$, c) $0 = C_1$,

a), b), c) $0 = \dfrac{1}{2}\, q_0 l_2 + C_1 l + C_2$

$$\rightarrow \quad \begin{cases} C_1 = \dfrac{1}{2} q_0 l, \\ C_2 = 0, \end{cases} \quad \begin{cases} C_1 = q_0 l, \\ C_2 = \dfrac{1}{2} q_0 l^2, \end{cases} \quad \begin{cases} C_1 = 0, \\ C_2 = \dfrac{1}{2} q_0 l^2 \end{cases}$$

são diferentes para cada um dos casos de a) a c). Isso leva às seguintes resultantes de esforço (figuras 7.11a–c):

$$\text{a) } V = \frac{1}{2} q_0 l \left(1 - 2\frac{x}{l}\right), \quad M = \frac{1}{2} q_0 l^2 \frac{x}{l} \left(1 - \frac{x}{l}\right),$$

$$\text{b) } V = q_0 l \left(1 - \frac{x}{l}\right), \qquad M = -\frac{1}{2} q_0 l^2 \left(1 - \frac{x}{l}\right)^2,$$

$$\text{c) } V = -q_0 x, \qquad M = \frac{1}{2} q_0 l^2 \left[1 - \left(\frac{x}{l}\right)^2\right].$$

Os resultados são escritos de tal forma que os termos entre parênteses não têm dimensões. O momento de flexão máximo $M_{\text{máx}} = q_0 l^2/8$ para a viga de apoio simples está localizado no centro da viga ($x = l/2$: $V = 0$).

As reações de apoio podem ser tiradas dos diagramas; elas são iguais aos valores das resultantes de esforço nas extremidades das vigas:

a) $A = V(0) = \frac{1}{2} q_0 l,$ $\qquad B = -V(l) = \frac{1}{2} q_0 l,$

b) $A = V(0) = q_0 l,$ $\qquad M_A = M(0) = -\frac{1}{2} q_0 l^2,$

c) $M_A = M(0) = \frac{1}{2} q_0 l^2,$ $\qquad B = -V(l) = q_0 l.$

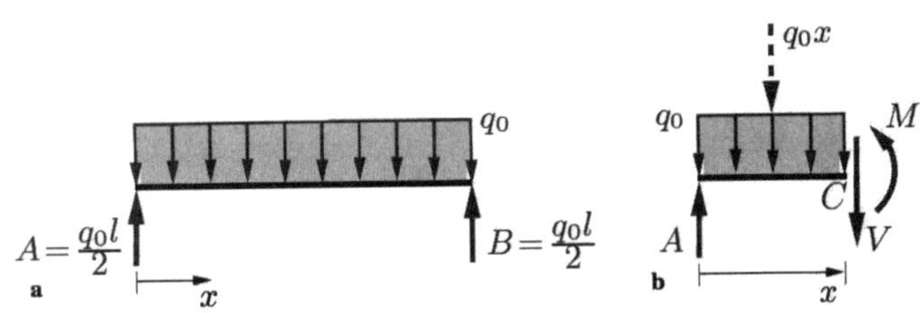

Figura 7.12

Os diagramas da força de cisalhamento e do momento de flexão também podem ser obtidos com o método das seções. Para explicar este método no caso de uma carga distribuída, a viga da figura 7.11a é reconsiderada. Num primeiro passo, as reações de apoio têm de ser calculadas (figura 7.12a). Em seguida, a viga é seccionada numa posição x arbitrária (figura 7.12b). Depois, substituímos a carga distribuída q_0 por sua resultante $q_0 x$ (note que a carga distribuída não deve ser substituída por sua resultante para toda a viga, isto é, antes da viga ser dividida pelo corte). As condições de equilíbrio para a porção esquerda da viga (figura 7.12b) produzem as resultantes de esforço

$$\uparrow: \quad A - q\,0x - V = 0$$
$$\rightarrow \quad V = A - q\,0x = \frac{1}{2} q\,0l \left(1 - 2\frac{x}{l}\right),$$

$$\overset{\frown}{C}: \quad -xA + \frac{1}{2} xq\,0x + M = 0$$
$$\rightarrow \quad M = xA - \frac{1}{2} q\,0x^2 = \frac{1}{2} q0l^2 \frac{x}{l} \left(1 - \frac{x}{l}\right).$$

Este método é recomendado apenas se a resultante da carga distribuída atuando na viga cortada e sua linha de ação puderem ser facilmente fornecidas.

Exemplo 7.4 A viga cantiléver da figura 7.13a está sujeita a uma carga linear triangular.

Determine as resultantes de esforço através de integração.

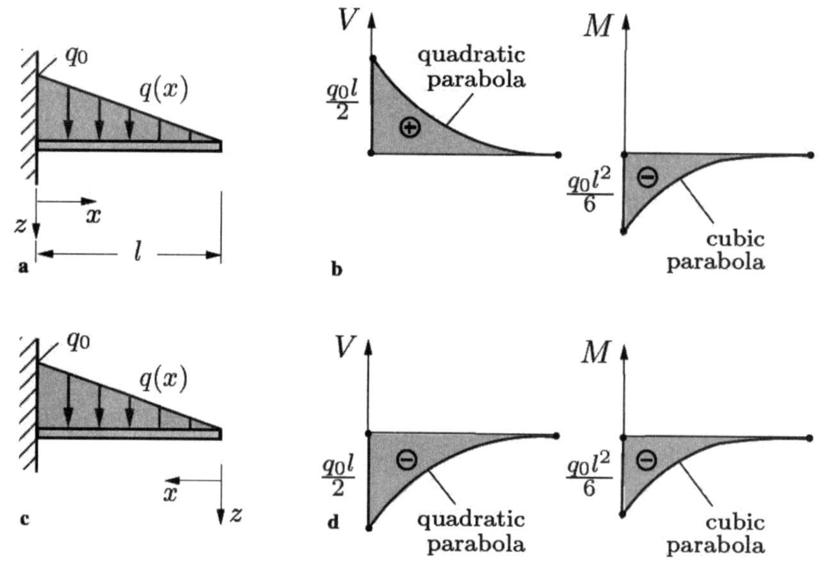

Figura 7.13

Solução No sistema de coordenadas dado na figura 7.13a, a carga é descrita pela equação $q(x) = q_0(l - x)/l$. A integração leva a

$$V(x) = \frac{q_0}{2l}(l-x)^2 + C_1, \quad M(x) = \frac{q_0}{2l}(l-x)^3 + C_1 x + C_2,$$

(compare com (7.9) e (7.10)). As condições limites $V(l) = 0$ e $M(l) = 0$ resultam nas constantes de integração: $C_1 = 0$ e $C_2 = 0$. Assim,

$$\underline{\underline{V(x) = \frac{1}{2}q_0 l\left(1-\frac{x}{l}\right)^2}}, \qquad \underline{\underline{M(x) = -\frac{1}{6}q_0 l^2\left(1-\frac{x}{l}\right)^3}},$$

veja a figura 7.13b. O diagrama da força de cisalhamento tem uma inclinação que desaparece em $x = l$, já que a carga distribuída é zero na extremidade livre da viga ($V'(l) = -q(l) = 0$). Analogamente, o diagrama do momento de flexão tem uma inclinação que desaparece em $x = l$, uma vez que a força de cisalhamento é zero na extremidade livre ($M'(l) = V(l) = 0$).

Neste exemplo, teria sido mais conveniente a introdução do sistema de coordenadas de acordo com a figura 7.13c. Aqui, o eixo x aponta para a esquerda. Nesse sistema de coordenadas, a carga triangular é descrita pela equação mais simples $q(x) = q_0 x/l$, e a integração e as condições limites $V(0) = 0$ e $M(0) = 0$ fornecem as resultantes de esforço (figura 7.13d)

$$V(x) = -\frac{1}{2} q_0 l \left(\frac{x}{l}\right)^2, \qquad M(x) = -\frac{1}{6} q_0 l^2 \left(\frac{x}{l}\right)^3.$$

Note que com esta escolha do sistema de coordenadas, o sinal algébrico da força de cisalhamento é invertido (veja a seção 7.1).

Também deve-se notar que as resultantes de esforço podem facilmente ser determinadas com o método das seções.

7.2.4 Condições correspondentes

Frequentemente, a carga $q(x)$ é dada através de diferentes funções de x, em diferentes porções da viga (em vez de uma função para todo co comprimento da viga). Neste caso, a viga deve ser dividida em várias regiões e a integração de (7.6) e (7.7) deve ser realizada separadamente em cada uma dessas regiões.

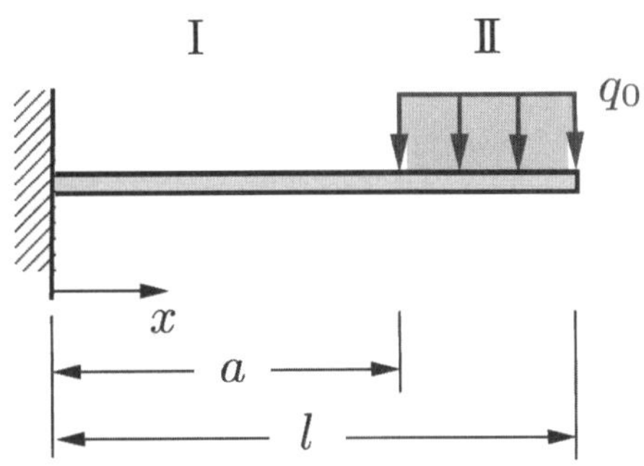

Figura 7.14

Para ilustrar o método, a viga cantiléver mostrada na figura 7.14 é considerada. A carga é dada por

$$q(x) = \begin{cases} 0 & para \quad 0 \le x < a, \\ q_0 & para \quad a < x < l. \end{cases}$$

A integração na região I ($0 \le x < a$) e na região II ($a < x < l$) produz

$$\begin{aligned} &\text{I: } q_I = 0, \\ &\quad V_I = C_1, \\ &\quad M_I = C_1 x + C_2, \\ &\text{II: } q_{II} = q_0, \\ &\quad V_{II} = -q_0 x + C_3, \\ &\quad M_{II} = -\frac{1}{2} q_0 x^2 + C_3 x + C_4. \end{aligned} \tag{7.12}$$

As *duas* condições limites

$$V_{II}(l) = 0, \qquad M_{II}(l) = 0 \tag{7.13}$$

não são suficientes para determinarmos as *quatro* constantes de integração C_1–C_4. Consequentemente, duas equações adicionais devem ser usadas. Elas descrevem o comportamento das resultantes de esforço no ponto $x = a$ (ponto de transição da região I para a região II). Essas equações são denominadas *condições correspondentes.*

A viga não está sujeita a uma força concentrada nem a um acoplamento externo em $x = a$. Portanto, não há saltos nos diagramas de força de cisalhamento nem de momento de flexão (já que $\mathrm{d}V/\mathrm{d}x = -q$ e q tem um salto em $x = a$, o diagrama de força de cisalhamento tem um salto na inclinação). Assim, as condições correspondentes são

$$V_{\mathrm{I}}(a) = V_{\mathrm{II}}(a), \quad M_{\mathrm{I}}(a) = M_{\mathrm{II}}(a). \tag{7.14}$$

Introduzindo (7.12) nas condições limites (7.13) e nas condições correspondentes (7.14), obtemos as constantes de integração:

$$C_1 = q_0(l - a), \quad C_2 = \frac{1}{2}\, q_0(l^2 - a^2),$$
$$C_3 = q_0 l, C_4 = \frac{1}{2}\, q_0 l^2.$$

Como segundo exemplo, consideremos a viga da figura 7.15. Ela está sujeita a uma força concentrada F em $x = a$ e a um acoplamento externo M_0 em $x = b$. Destarte, o diagrama da força de cisalhamento exibe um salto de magnitude F em $x = a$, enquanto que o diagrama de momento de flexão é contínuo nesse ponto (ele tem um salto na inclinação). As condições correspondentes para os valores das resultantes de esforço na transição da região I para a região II são, portanto,

$$V_{\mathrm{II}}(a) = V_{\mathrm{I}}(a) - F, \qquad M_{\mathrm{II}}(a) = M_{\mathrm{I}}(a). \tag{7.15}$$

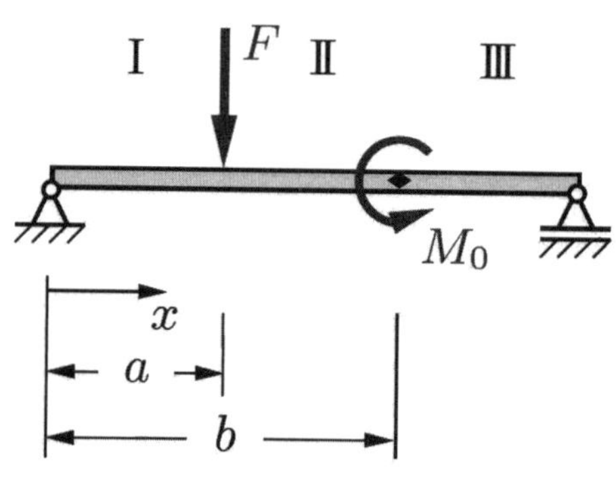

Figura 7.15

O acoplamento externo M_0 em $x = b$ causa um salto no diagrama do momento de flexão; o diagrama da força de cisalhamento é contínuo. Assim, as condições correspondentes na transição da região II para a região III são dadas por

$$V_{\mathrm{III}}(b) = V_{\mathrm{II}}(b), \quad M_{\mathrm{III}}(b) = M_{\mathrm{II}}(b) - M_0. \tag{7.16}$$

A tabela seguinte mostra as cargas que causam saltos nas resultantes de esforço ou nas inclinações dos diagramas.

Carga	V	M
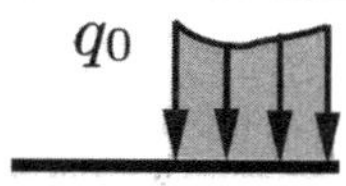	dobra	–
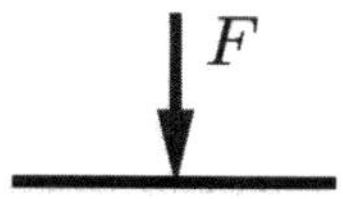	salto	dobra
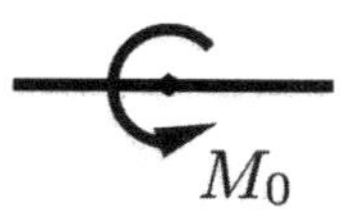	–	salto

Se uma viga tiver de ser dividida em n regiões, a integração em cada região produzirá um total de $2n$ constantes de integração. Elas podem ser determinadas a partir de $2n - 2$ condições correspondentes e 2 condições limites.

Vamos agora considerar estruturas compostas de várias vigas que são conectadas por juntas. Como um pino interno não pode exercer um momento, o momento de flexão é zero no pino: $M = 0$. A força de cisalhamento é, em geral, diferente de zero nesse ponto: $V \neq 0$. Ao contrário, num movimento paralelo, $V = 0$ e $M \neq 0$ são válidos. Essas sentenças referentes a resultantes de esforço num membro de conexão são exibidas na tabela seguinte.

Membro de conexão	V	M
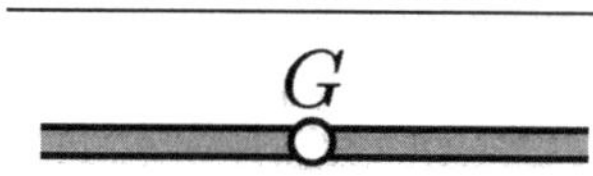	$\neq 0$	**0**
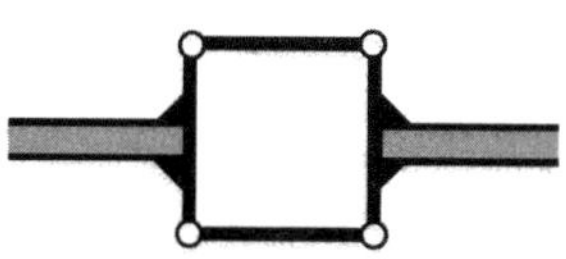	**0**	$\neq 0$

(7.17)

Se existir um pino interno ou um movimento paralelo numa estrutura, uma condição correspondente será substituída por *uma* das condições seguintes: momento de flexão ou força de cisalhamento igual a zero.

Uma divisão em regiões num membro de conexão não será necessária se nenhuma força concentrada ou acoplamento externo atuar no elemento. Além disso, nenhuma divisão em regiões será necessária no caso de uma carga distribuída que seja descrita pela mesma função à esquerda e à direita do elemento.

Se uma viga precisar ser dividida em muitas regiões, um sistema de equações com igual número de incógnitas terá de ser resolvido para se obter as constantes de integração. Deste modo, este método só é recomendado para vigas com muito poucas regiões.

Exemplo 7.5 Uma viga de apoio simples é submetida a uma força concentrada e a uma carga de linha triangular (figura 7.16a).

Determine as resultantes de esforço.

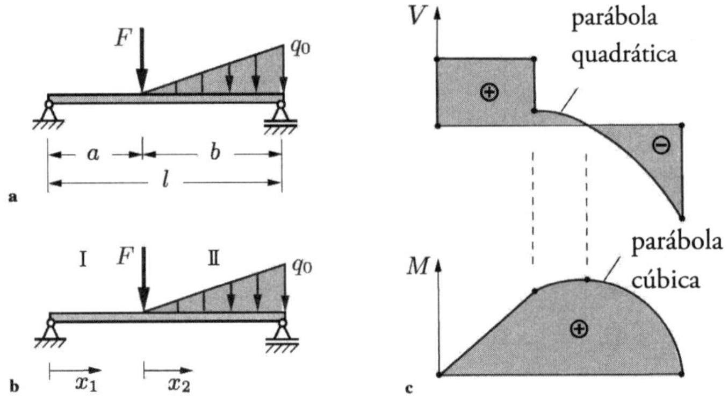

Figura 7.16

Solução A viga é dividida nas duas regiões I e II, de acordo com a figura 7.16b. Usamos a coordenada x_1 na região I e a coordenada x_2 na região II (ao invés da coordenada x para toda a extensão da viga). A integração de acordo com (7.9) e (7.10) em ambas as regiões produz

$$\text{I: } q_\text{I} = 0,$$
$$V_\text{I} = C_1,$$
$$M_\text{I} = C_1 x_1 + C_2,$$

$$\text{II: } q_\text{II} = q_0 \frac{x_2}{b},$$
$$V_\text{II} = -q_0 \frac{x_2^2}{2b} + C_3,$$
$$M_\text{II} = -q_0 \frac{x_2^3}{6b} + C_3 x_2 + C_4.$$

As condições limites e as condições correspondentes são

$$M_\text{I}(x_1 = 0) = 0, \quad M_\text{II}(x_2 = b) = 0,$$

$$V_\text{II}(x_2 = 0) = V_\text{I}(x_1 = a) - F, \qquad M_\text{II}(x_2 = 0) = M_\text{I}(x_1 = a).$$

Elas levam, após alguns cálculos, às constantes de integração:

$$C_1 = \left(\frac{1}{6} q_0 b + F\right)\frac{b}{l}, \qquad C_2 = 0,$$

$$C_3 = \left(\frac{1}{6} q_0 b - \frac{a}{b} F\right)\frac{b}{l}, \quad C_4 = \left(\frac{1}{6} q_0 b + F\right)\frac{ab}{l}.$$

Assim, obtemos as resultantes de esforço (figura 7.16c)

$$\underline{\underline{V_I}} = \left(\frac{1}{6}q_0 b + F\right)\frac{b}{l},$$

$$\underline{\underline{V_{II}}} = -q_0\frac{x_2^2}{2b} + \left(\frac{1}{6}q_0 b - \frac{a}{b}F\right)\frac{b}{l},$$

$$\underline{\underline{M_I}} = \left(\frac{1}{6}q_0 b + F\right)\frac{b}{l}x_1,$$

$$\underline{\underline{M_{II}}} = -q_0\frac{x_2^3}{6b} + \left(\frac{1}{6}q_0 b - \frac{a}{b}F\right)\frac{b}{l}x_2 + \left(\frac{1}{6}q_0 b + F\right)\frac{ab}{l}.$$

Exemplo 7.6 Determine as resultantes de esforço para a viga composta da figura 7.17a.

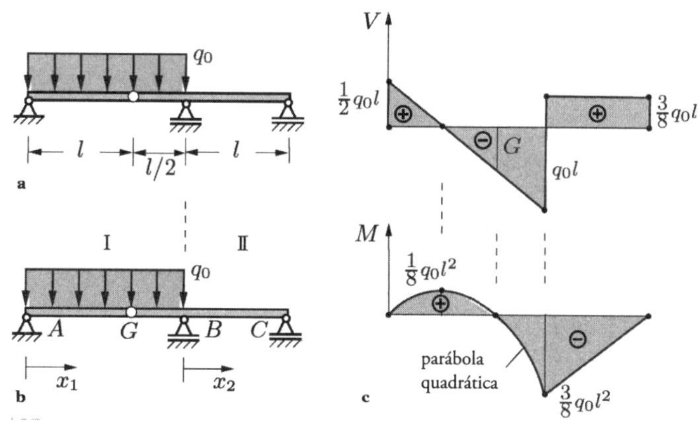

Figura 7.17

Solução A viga deve ser dividida em duas regiões na posição do apoio B (reação de apoio B e carga descontínua q!). Uma divisão em regiões no pino interno G não é necessária, já que $q = q_0$ à esquerda e à direita do pino. Usamos as coordenadas x_1 e x_2 nas regiões I e II, respectivamente (figura 7.17b). A integração leva a

I: $q_I = q_0$,

$$V_I = -q_0 x_1 + C_1,$$

$$M_I = -\frac{1}{2}q_0 x_1^2 + C_1 x_1 + C_2,$$

II: $q_{II} = 0$,

$$V_{II} = C_3,$$

$$M_{II} = C_3 x_2 + C_4.$$

As quatro condições

$$M_I(x_1 = 0) = 0, \quad M_{II}(x_2 = l) = 0 \quad \text{(condições limites)},$$

$$M_I(x_1 = \frac{3}{2}l) = M_{II}(x_2 = 0) \quad \text{(condição correspondente)},$$

$$M_I(x_1 = l) = 0 \quad \text{(momento de flexão zero no pino } G \text{ interno)}$$

produzem as quatro constantes de integração:

$$C_1 = \frac{1}{2} q_0 l, \qquad C_2 = 0, \quad C_3 = \frac{3}{8} q_0 l, \qquad C_4 = -\frac{3}{8} q_0 l^2.$$

Assim, obtemos as resultantes de esforço (figura 7.17c)

$$\underline{\underline{V_I}} = -q_0 x_1 + \frac{1}{2} q_0 l, \qquad \underline{\underline{V_{II}}} = \frac{3}{8} q_0 l,$$

$$\underline{\underline{M_I}} = \frac{1}{2} q_0 x_1^2 + \frac{1}{2} q_0 l x_1, \quad \underline{\underline{M_{II}}} = \frac{3}{8} q_0 l (x_2 - l).$$

Como verificação, as reações de apoio são tiradas do diagrama da força de cisalhamento:

$$A = V_I(x_1 = 0) = \frac{1}{2} q_0 l,$$

$$B = V_{II}(x_2 = 0) - V_I(x_1 = \frac{3}{2}l) = \frac{11}{8} q_0 l,$$

$$C = -V_{II}(x_2 = l) = \frac{3}{8} q_0 l.$$

Elas estão em equilíbrio com a carga externa resultante $3q_0 l/2$.

7.2.5 Construção ponto a ponto dos diagramas

Para aplicar a teoria a problemas práticos, nem sempre é necessário darmos as resultantes de esforço como funções de x sobre o comprimento da viga. Frequentemente, basta calcularmos as resultantes de esforço em vários pontos específicos. Os valores das resultantes de esforço nesses pontos são, então, conectadas com as curvas que são associadas à carga respectiva.

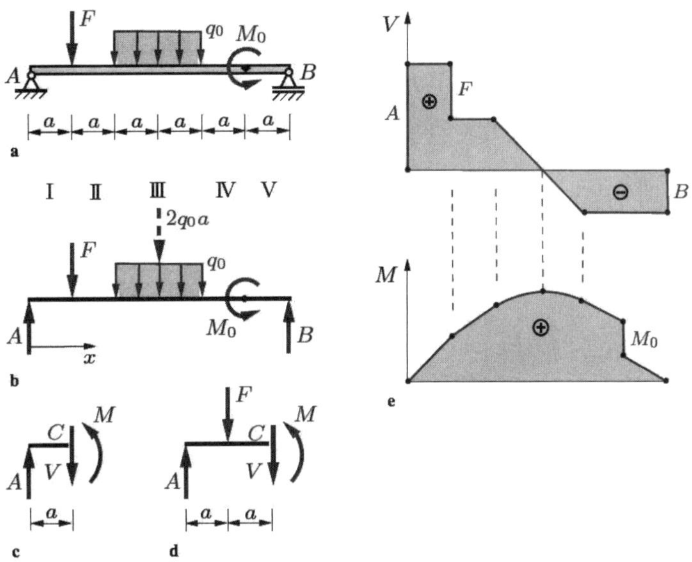

Figura 7.18

Para ilustrar o método, a viga de apoio simples da figura 7.18a é considerada. Como primeiro passo, calculamos as reações de apoio com as condições de equilíbrio para o diagrama de corpo livre da viga inteira (figura 7.18b):

$$\widehat{B}: \quad -6aA + 5aF + 3a2q_0a + M_0 = 0$$

$$\rightarrow A = \frac{1}{6}\left(5F + 6q_0a + \frac{M_0}{a}\right),$$

$$\widehat{A}: \quad -aF - 3a2q_0a + M_0 + 6aB = 0$$

$$\rightarrow B = \frac{1}{6}\left(F + 6q_0a - \frac{M_0}{a}\right),$$

As resultantes de esforço exibem saltos, ou saltos nas inclinações, em $x = a$, $2a$, $4a$ e $5a$, respectivamente. Nesses pontos específicos, as resultantes de esforço são calculadas usando-se o método das seções. Se cortarmos a viga em $x = a$ imediatamente à esquerda da força F (figura 7.18c), obteremos

$$\uparrow: \quad A - V = 0 \quad \rightarrow \quad V(a) = A = \frac{1}{6}\,(5F + 6q_0a + \frac{M_0}{a}) \text{ à esquerda de } F,$$

$$\widehat{C}: \quad -aA + M = 0 \quad \rightarrow \quad M(a) = aA = \frac{1}{6}\,(5aF + 6q_0a^2 + M_0).$$

Um corte em $x = 2a$ (figura 7.18d) produz

$$\uparrow: \quad A - F - V = 0 \quad \rightarrow \quad V(2a) = \frac{1}{6}\left(-F + 6q_0a + \frac{M_0}{a}\right),$$

$$\widehat{C}: \quad -2aA + aF + M = 0 \quad \rightarrow \quad M(2a) = \frac{1}{3}\,(2aF + 6q_0a^2 + M_0).$$

Similarmente, encontramos

$$V(4a) = \frac{1}{6}\left(-F - 6q_0a + \frac{M_0}{a}\right),$$

$$M(4a) = \frac{1}{3}\,(aF + 6q_0a^2 + 2M_0),$$

$$V(5a) = V(4a),$$

$$M(5a) = \frac{1}{6}\,(aF + 6q_0a^2 - M_0), \qquad \text{à direita de } M_0.$$

A carga distribuída é zero nas regiões I, II, IV e V. Consequentemente, a força de cisalhamento é constante em cada uma dessas regiões. Na região III, a força de cisalhamento varia linearmente, uma vez que $q = q_0 = \text{const}$. O diagrama da força de cisalhamento tem um salto de magnitude F em $x = a$.

Em conformidade, o momento de flexão varia linearmente nas regiões I, II, IV e V, e é descrito por uma parábola quadrática na região III (compare com a tabela da seção 7.2.2). O diagrama mostra um salto na inclinação em $x = a$. Como o diagrama da força de cisalhamento é contínuo em $x = 2a$ e $x = 4a$, o diagrama de momento não tem saltos nas inclinações nesses pontos ($V = \mathrm{d}M/\mathrm{d}x$). O acoplamento externo M_0 causa um salto no diagrama em $x = 5a$.
A figura 7.18e mostra os diagramas das resultantes de esforço. O momento de flexão máximo está localizado na posição do desaparecimento da força de cisalhamento.

Exemplo 7.7 Trace o diagrama das resultantes de esforço para a estrutura da figura 7.19a (a = 0,5 m, q_0 = 60 kN/m, F = 80 kN, M_0 = 10 kNm).

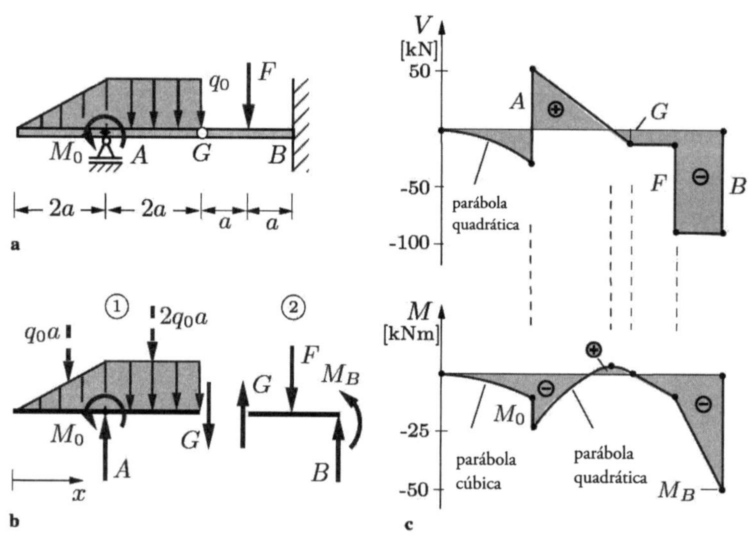

Figura 7.19

Solução Primeiro, calculamos as reações de apoio e a força no pino interno G (as componentes horizontais são zero). As condições de equilíbrio para os diagramas de corpo livre das duas porções da estrutura (figura 7.19b) produzem

① $\widehat{A}: \ \frac{2}{3}\, aq_0 a + M_0 - a2q_0 a - 2aG = 0$

$$\rightarrow \qquad G = \frac{2}{3}\, q_0 a + \frac{M_0}{2a} = -10 \text{ kN},$$

$\widehat{G}: \ \frac{8}{3}\, aq_0 a + M_0 - 2aA + a2q_0 a = 0$

$$\rightarrow \qquad A = \frac{7}{3}\, q_0 a + \frac{M_0}{2a} = 80 \text{ kN},$$

② $\widehat{B}: \ -2aG + aF + M_B = 0$

$$\rightarrow \qquad M_B = -\frac{4}{3}\, q_0 a^2 + M_0 - aF = -50 \text{ kNm},$$

$\uparrow: \qquad G - F + B = 0$

$$\rightarrow \qquad B = \frac{2}{3}\, q_0 a - \frac{M_0}{2a} + F = 90 \text{ kN}.$$

As resultantes de esforço em pontos específicos da viga são obtidas usando-se o método das seções:

$$V(2a) = \begin{cases} -q_0 a = -30 \text{ kN} & \text{à esquerda de } A, \\ -q_0 a + A = 50 \text{ kN} & \text{à direita de } A, \end{cases}$$

$$V(4a) = -q_0 a + A - 2q_0 a = -10 \text{ kN},$$

$$V(5a) = \begin{cases} G = -10 \text{ kN} & \text{à esquerda de } F, \\ G - F = -90 \text{ kN} & \text{à direita de } F, \end{cases}$$

$$V(6a) = -B = -90 \text{ kN},$$

$$M(2a) = \begin{cases} -\frac{2}{3}\, aq_0 a = -10 \text{ kNm} & \text{à esquerda de } A, \\ -\frac{2}{3}\, aq_0 a - M_0 = -20 \text{ kNm} & \text{à direita de } A, \end{cases}$$

$$M(5a) = aG = -5 \text{ kNm},$$

$$M(6a) = M_B = -50 \text{ kNm}.$$

Além disso, $V(0) = 0$, $M(0) = 0$ e $M(4a) = 0$.

Os valores das resultantes de esforço estão agora conectadas com as curvas apropriadas (linhas retas ou parábolas, figura 7.19c). Note que

- em $x = 0$, a parábola quadrática para V (porque $q(0) = 0$) e a parábola cúbica para M (porque $V(0) = 0$) têm inclinações horizontais,
- em $x = 4a$, a inclinação do diagrama de momento não tem saltos (por causa da força de cisalhamento contínua).

7.3 Resultantes de esforço em quadros e arcos

Os métodos para determinação das resultantes de esforço serão, agora, generalizadas para quadros e arcos. Note que as relações diferenciais derivadas na seção 7.2.2 só podem ser aplicadas a porções retas de um quadro; elas *não são válidas para arcos.*

Nesta seção, a discussão é limitada a problemas planos (isto é, coplanares) e é focada na construção ponto a ponto de diagramas das resultantes de esforço. De acordo com este método (veja a seção 7.2.5), as resultantes de esforço são calculadas em pontos específicos da estrutura com o auxílio do método das seções. Os sinais algébricos das resultantes de esforço são definidos usando-se linhas tracejadas (seção 7.1). Um quadro, em geral, experimenta também uma força normal, mesmo que as cargas externas atuem perpendicularmente a seus membros. Desta forma, sempre calcularemos todas as três resultantes de esforço: o momento de flexão, a força de cisalhamento e a força normal.

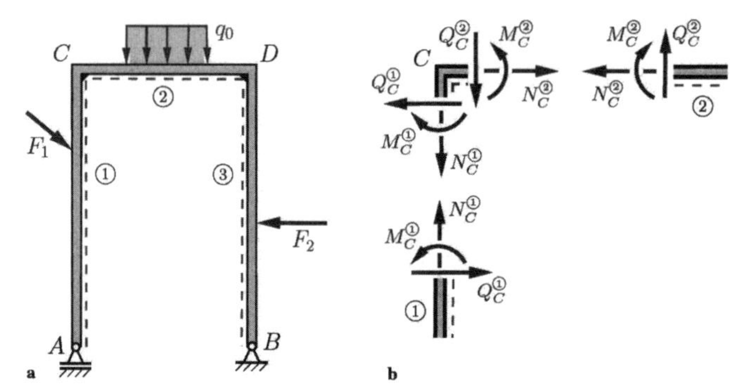

Figura 7.20

Nas arestas de quadros em que duas vigas retas estão rigidamente juntas, as condições de equilíbrio revelam como as resultantes de esforço são transferidas. Como exemplo, considere a aresta retangular externamente descarregada C do quadro mostrado na figura 7.20a. Se liberarmos a aresta por meio de cortes apropriados, as condições de equilíbrio produzirão (figura 7.20b)

$$N_C^{①} = -V_C^{②}, \quad V_C^{①} = N_C^{②}, \quad M_C^{①} = M_C^{②}. \tag{7.18}$$

Enquanto o momento de flexão é transferido inalterado da parte ① para a parte ②, a força normal se torna a força de cisalhamento e a força de cisalhamento se torna a força normal. Se as vigas estiverem juntas numa aresta sob um ângulo arbitrário, as resultantes de esforço transferidas dependerão desse ângulo.

Exemplo 7.8 Determine as resultantes de esforço para o quadro da figura 7.21a.

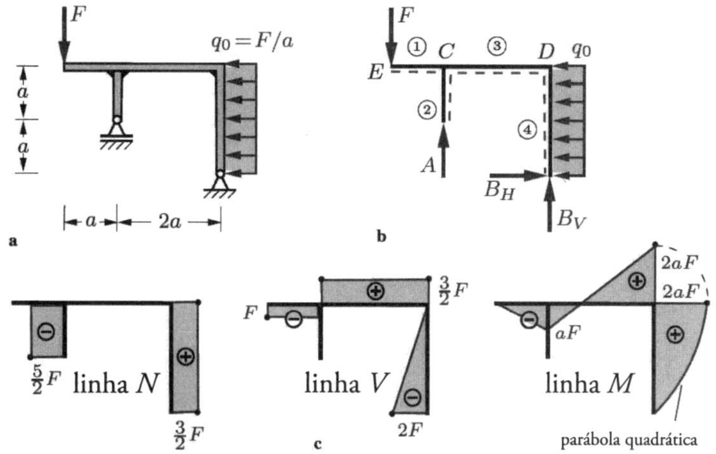

Figura 7.21

Solução As reações de apoio são obtidas a partir das condições de equilíbrio para o quadro como um todo (figura 7.21b):

$$A = \frac{5}{2}F, \qquad B_V = -\frac{3}{2}F, \qquad B_H = 2F.$$

Para definir os sinais algébricos das resultantes de esforço, introduzimos as linhas tracejadas de acordo com a figura 7.21b. As resultantes de esforço seguintes são calculadas usando-se o método das seções:

$$N_C^{①} = 0, \qquad V_C^{①} = -F, \qquad M_C^{①} = -aF,$$

$$N_C^{②} = -A = -\frac{5}{2}F, \qquad V_C^{②} = 0, M_C^{②} = 0,$$

$$N_D^{③} = 0, \qquad V_D^{③} = -F + A = \frac{3}{2}F, \qquad M_D^{③} = -3aF + 2aA = 2aF.$$

As condições de equilíbrio na aresta liberada D, onde as partes ③ e ④ estão rigidamente conectadas, produzem, em analogia a (7.18),

$$N_D^{④} = V_D^{③} = \frac{3}{2}F, \qquad V_D^{④} = -N_D^{③} = 0, \qquad M_D^{④} = M_D^{③} = 2aF.$$

Com os valores seguintes nas extremidades dos membros,

$$N_E^{①} = 0, \qquad V_E^{①} = -F, \qquad M_E^{①} = 0,$$

$$N_A^{②} = -A = -\frac{5}{2}F, \qquad V_A^{②} = 0, \qquad M_A^{②} = 0,$$

$$N_B^{④} = -B_V = \frac{3}{2}F, \qquad V_B^{④} = -B_H = -2F, \qquad M_B^{④} = 0,$$

obtemos as resultantes de esforço exibidas na figura 7.21c.

As condições de equilíbrio para o ponto de bifurcação C liberado (cortes adjacentes a C) podem servir de verificação. Como exemplo, consideramos as resultantes de esforço no sentido vertical, mostrando que a condição de equilíbrio é satisfeita:

$$V_C^{①} - V_C^{③} - N_C^{②} = 0 \quad \rightarrow \quad -F - \frac{3}{2}F + \frac{5}{2}F = 0.$$

Exemplo 7.9 Determine as resultantes de esforço para os membros da estrutura da figura 7.22a.

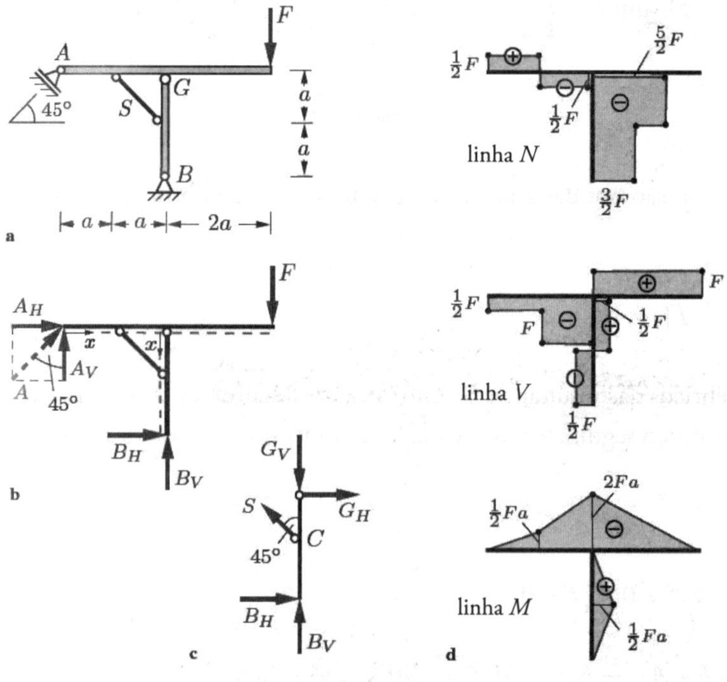

Figura 7.22

Solução Primeiro, calculamos as reações de apoio. Com as componentes $A_V = A_H$ da reação em A, as condições de equilíbrio para toda a estrutura (figura 7.22b) produzem

$$\overset{\frown}{B}: \quad 2aA_V + 2aA_H + 2aF = 0 \quad \rightarrow \quad A_V = A_H = -\frac{1}{2}F,$$

$$\rightarrow: \quad A_H + B_H = 0 \quad \rightarrow \quad B_H = \frac{1}{2}F,$$

$$\overset{\frown}{A}: \quad 2aB_V + 2aB_H - 4aF = 0 \quad \rightarrow \quad B_V = \frac{3}{2}F.$$

Então, a força na barra S (= força normal S) e a força no pino G (componentes G_H e G_V) são calculadas usando-se as condições de equilíbrio para a viga vertical (figura 7.22c):

$$\widehat{C}: \quad aG_H - aB_H = 0 \quad \rightarrow \quad G_H = \frac{F}{2},$$

$$\widehat{G}: \quad 2aB_H - a\frac{\sqrt{2}}{2}S = 0 \quad \rightarrow \quad S = \sqrt{2}\,F,$$

$$\uparrow: \quad B_V + \frac{\sqrt{2}}{2}S - G_V = 0 \quad \rightarrow \quad G_V = \frac{5}{2}F.$$

Para definir os sinais algébricos das resultantes de esforço, introduzimos as linhas tracejadas de acordo com a figura 7.22b. Os diagramas da força normal e da força de cisalhamento podem ser traçados sem mais cálculos (note os saltos nos diagramas, devidos às forças concentradas S, G_H e G_V). O diagrama do momento de flexão pode ser construído com o auxílio dos valores nos pontos específicos (figura 7.22d).

Exemplo 7.10 O arco circular da figura 7.23a está sujeito a uma força concentrada F.

Trace os diagramas das resultantes de esforço.

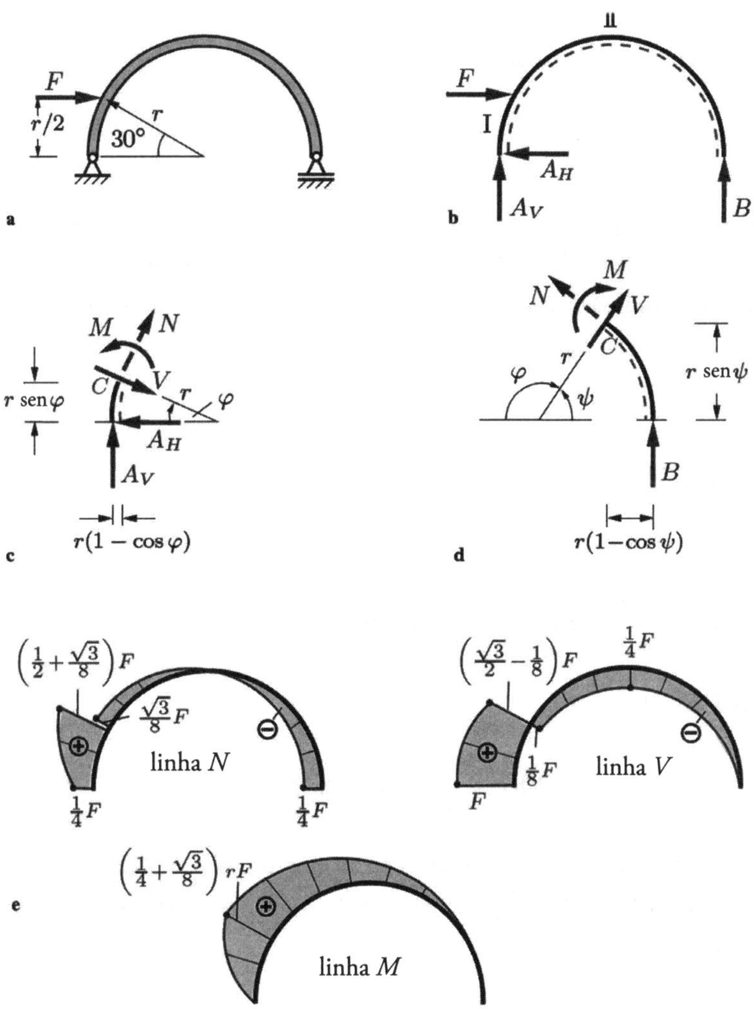

Figura 7.23

Solução As reações nos apoios vêm das condições de equilíbrio para todo o arco (figura 7.23b):

$$B = \frac{1}{4}F, \qquad A_V = -B = -\frac{1}{4}F, \qquad A_H = F.$$

Introduzimos a linha tracejada e o corte no arco, numa posição arbitrária φ, na região I ($0 < \varphi < 30°$). O diagrama de corpo livre da parte correspondente do arco é mostrado na figura 7.23c. As condições de equilíbrio levam às resultantes de esforço:

$$\nearrow: \quad N + A_V \cos\varphi - A_H \operatorname{sen}\varphi = 0$$

$$\rightarrow \quad \underline{\underline{N}} = (\operatorname{sen}\varphi + \frac{1}{4}\cos\varphi)F,$$

$$\searrow: \quad V - A_V \operatorname{sen}\varphi - A_H \cos\varphi = 0$$

$$\rightarrow \quad \underline{\underline{V}} = (\cos\varphi - \frac{1}{4}\operatorname{sen}\varphi)F,$$

$$\widehat{C}: \quad M - r\operatorname{sen}\varphi\, A_H - r(1 - \cos\varphi)A_V = 0$$

$$\rightarrow \quad \underline{\underline{M}} = (\operatorname{sen}\varphi + \frac{1}{4}\cos\varphi - \frac{1}{4})rF.$$

Como o arco é seccionado numa posição φ arbitrária, essas equações descrevem as variações das resultantes de esforço na região I. Similarmente, introduzindo o ângulo $\psi = \pi - \varphi$, as resultantes de esforço na região II ($30° < \varphi < 180°$) são obtidas a partir das condições de equilíbrio para o diagrama de corpo livre da figura 7.23d:

$$\nwarrow: \quad N + B\cos\psi = 0$$

$$\rightarrow \quad \underline{\underline{N}} = -\frac{1}{4}F\cos\psi = \frac{1}{4}F\cos\varphi,$$

$$\nearrow: \quad V + B\operatorname{sen}\psi = 0$$

$$\rightarrow \quad \underline{\underline{V}} = -\frac{1}{4}F\operatorname{sen}\psi = -\frac{1}{4}F\operatorname{sen}\varphi,$$

$$\widehat{C}: \quad -M + r(1 - \cos\psi)B = 0$$

$$\rightarrow \quad \underline{\underline{M}} = \frac{1}{4}(1 - \cos\psi)rF = \frac{1}{4}(1 + \cos\varphi)rF.$$

As resultantes de esforço são traçadas perpendicularmente ao eixo do arco na figura 7.23e. Os saltos $\Delta N = F/2$ na força normal e $\Delta V = \sqrt{3}\,F/2$ na força de cisalhamento em $\varphi = 30°$ são iguais às componentes de F tangencial e ortogonal ao arco, respectivamente.

7.4 Resultantes de esforço em estruturas espaciais

A discussão, até aqui, foi limitada a problemas planos, isto é, estruturas planas que estão sujeitas a cargas atuando no mesmo plano. Agora, estendemos a investigação das resultantes de esforço a *estruturas espaciais* e a vetores de cargas tridimensionais.

Como exemplo simples, considere a viga cantiléver da figura 7.24a, que está sujeita às forças concentradas $\boldsymbol{F}_j$ e aos acoplamentos externos $\boldsymbol{M}_j$ atuando em sentidos arbitrários. Como no caso de problemas planos, cortamos a viga numa posição arbitrária x (compare com a seção 7.1). As forças internas que atuam na seção cruzada são substituídas pela resultante $\boldsymbol{R}$ (atuando na centroide C da seção cruzada) e o acoplamento correspondente $\boldsymbol{M}^{(C)}$. Mais uma vez, o C sobrescrito é omitido: em vez de $\boldsymbol{M}^{(C)}$, escrevemos simplesmente $\boldsymbol{M}$ (figura 7.24b). Os vetores $\boldsymbol{R}$ e $\boldsymbol{M}$ têm, em geral, componentes em todas as *três* direções do sistema de coordenadas:

$$R = \begin{pmatrix} N \\ V_y \\ V_z \end{pmatrix}, \qquad M = \begin{pmatrix} M_T \\ M_y \\ M_z \end{pmatrix}. \tag{7.19}$$

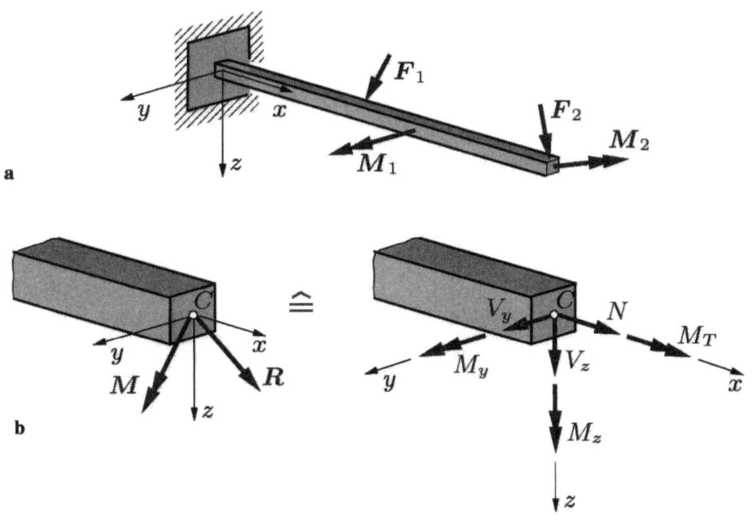

Figura 7.24

A componente da resultante $\boldsymbol{R}$ na direção x (*normal* à seção transversal) é a força normal N (compare com a seção 7.1). As componentes nas direções y e z (*perpendicular* ao eixo da viga) são as forças de cisalhamento V_y e V_z, respectivamente.

A componente M_T do momento $\boldsymbol{M}$ na direção x é denominada *torque*. Numa viga elástica, o torque causa uma torção em torno do eixo longitudinal. As componentes nas direções y e z são os momentos de flexão M_y e M_z, respectivamente.

A convenção de sinal para as resultantes de esforço coincide com a convenção de sinal para problemas planos (veja seção 7.1): resultantes de esforço positivas numa face positiva (negativa) apontam nos sentidos positivos (negativos) das coordenadas. A figura 7.24b mostra as resultantes de esforço com seus sentidos positivos. Em estruturas compostas de vários membros tendo diferentes sentidos, é útil usarmos um sistema de coordenadas diferente para cada membro.

As resultantes de esforço são determinadas usando-se o método das seções, isto é, a partir das condições de equilíbrio para uma porção da estrutura.

Exemplo 7.11 A estrutura espacial da figura 7.25a está sujeita a uma força concentrada *F*.

Determine as resultantes de esforço.

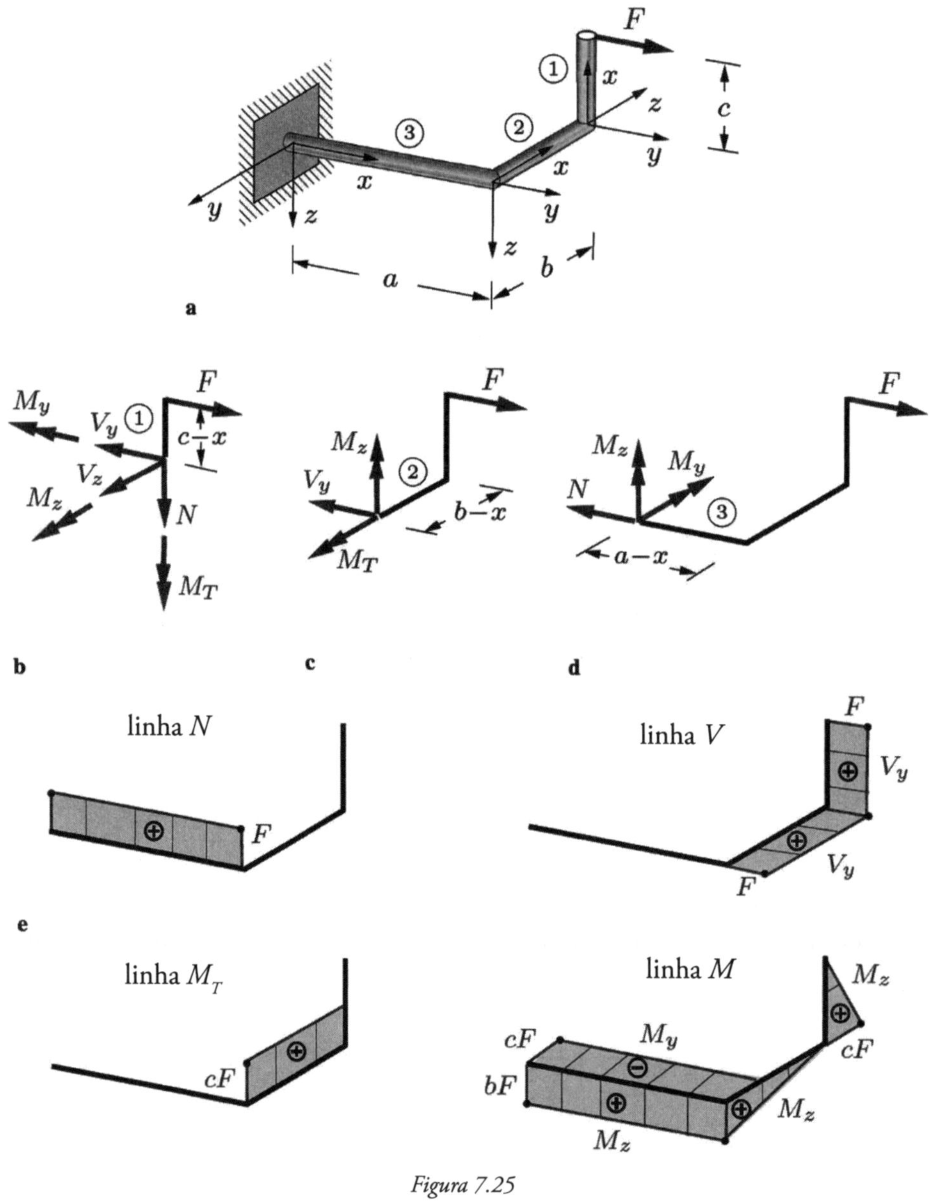

Figura 7.25

Solução Cortamos a estrutura em posições arbitrárias nas regiões ① – ③. Se aplicarmos as condições de equilíbrio às porções cortadas da estrutura, as resultantes de esforço poderão ser determinadas sem termos de calcular as reações de apoio.

Para definir os sinais algébricos das resultantes de esforço nas três regiões, usamos três sistemas de coordenadas (figura 7.25a). Primeiro, um corte é passado numa posição arbitrária x na região ①. As resultantes de esforço são traçadas no diagrama de corpo livre (figura 7.25b) com seus sentidos positivos (face negativa!). As condições de equilíbrio (3.34) produzem

$$\sum F_{iy} = 0: \quad F - V_y = 0 \quad \rightarrow \quad \underline{\underline{V_y = F,}}$$

$$\sum M_{iz} = 0: \quad (c - x)F - M_z = 0 \quad \rightarrow \quad \underline{\underline{M_z = (c - x)F.}}$$

As demais resultantes de esforço são zero na região ①.

As resultantes de esforço nas regiões ② e ③ também são obtidas usando-se o método das seções. O diagrama de corpo livre para a região ② (figura 7.25c) leva a

$$\sum F_{iy} = 0: \quad F - V_y = 0 \quad \rightarrow \quad \underline{\underline{V_y = F,}}$$

$$\sum M_{ix} = 0: \quad cF - M_T = 0 \quad \rightarrow \quad \underline{\underline{M_T = cF,}}$$

$$\sum M_{iz} = 0: \quad (b - x)F - M_z = 0 \quad \rightarrow \quad \underline{\underline{M_z = (b - x)F,}}$$

e para a região ③ (figura 7.25d), obtemos

$$\sum F_{ix} = 0: \quad F - N = 0 \quad \rightarrow \quad \underline{\underline{N = F,}}$$

$$\sum M_{iy} = 0: \quad -cF - M_y = 0 \quad \rightarrow \quad \underline{\underline{M_y = -cF,}}$$

$$\sum M_{iz} = 0: \quad bF - M_z = 0 \quad \rightarrow \quad \underline{\underline{M_z = bF.}}$$

As resultantes de esforço que são iguais a zero são omitidas nesses diagramas de corpo livre para fins de clareza das figuras.

As resultantes de esforço estão presentes na figura 7.25e. As reações de apoio são iguais aos valores das resultantes de esforço na extremidade fixa.

Exemplo 7.12 O arco circular fixo da figura 7.26a está sujeito a uma força concentrada F que atua perpendicularmente a seu plano.

Determine as resultantes de esforço.

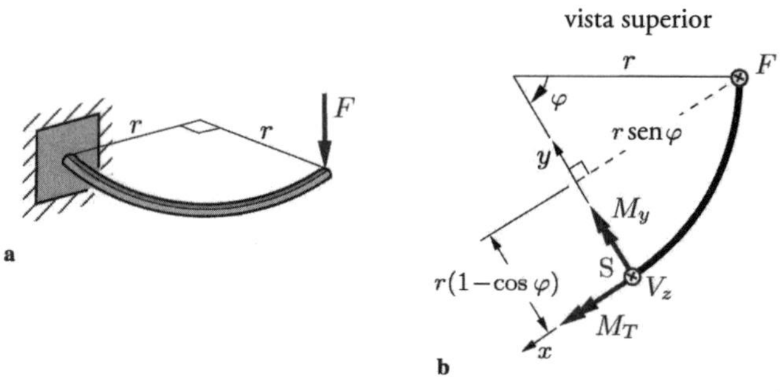

Figura 7.26

Solução Seccionamos o arco numa posição arbitrária φ e consideramos a porção cortada do arco (figura 7.26b). Para definir os sinais algébricos das resultantes de esforço, um sistema de coordenadas *x,y,z* é usado. Na posição *S* dada por φ, a força de cisalhamento V_z, o torque M_T e o momento de flexão M_y são introduzidos com seus sentidos positivos (face positiva). As demais resultantes de esforço são zero; elas são omitidas do diagrama de corpo livre.

As condições de equilíbrio produzem

$$\sum F_{iz} = 0: \quad V_z + F = 0 \quad \rightarrow \quad \underline{\underline{V_z = -F,}}$$

$$\sum M_{ix}^{(S)} = 0: \quad M_T + Fr(1 - \cos\varphi) = 0 \quad \rightarrow \quad \underline{\underline{M_T = -Fr(1 - \cos\varphi),}}$$

$$\sum M_{iy}^{(S)} = 0: \quad M_y + Fr \operatorname{sen}\varphi = 0 \quad \rightarrow \quad \underline{\underline{M_y = -F\,r\,sen\varphi.}}$$

7.5 Problemas suplementares

Soluções detalhadas para a maioria dos exemplos seguintes são dadas em (**A**) D. Gross et al. *Formeln und Aufgaben zur Technischen Mechanik 1*, Springer, Berlin 2011, ou (**B**) W. Hauger et al. *Aufgaben zur Technischen Mechanik 1-3*, Springer, Berlin 2011.

Exemplo 7.13 Um guindaste sobre duas rodas pode se move sobre uma viga (peso desprezível). Seu peso *W* é linearmente distribuído como indicado na figura 7.27.

Determine o valor $\xi = \xi^*$ para o qual o momento de flexão atinge seu valor máximo $M_{máx}$. Calcule $M_{máx}$.

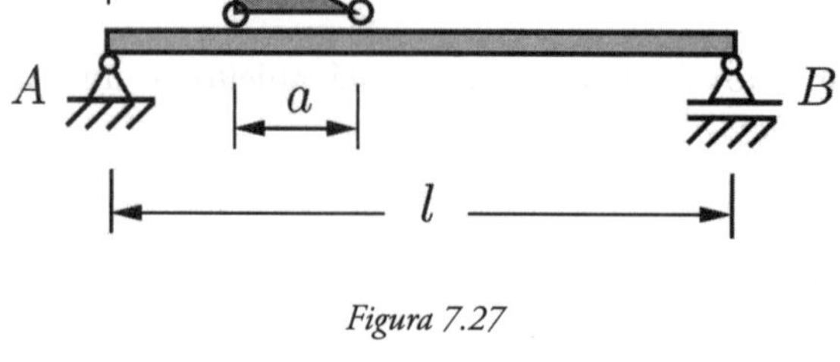

Figura 7.27

Resultados: veja (B) $\xi^* = (3l - a)/6, \quad M_{\max} = \dfrac{1}{36}\left(3 - \dfrac{a}{l}\right)^2 Wl.$

Exemplo 7.14 Determine o momento de flexão para uma cantiléver sujeita a uma carga de linha senoidal (figura 7.28).

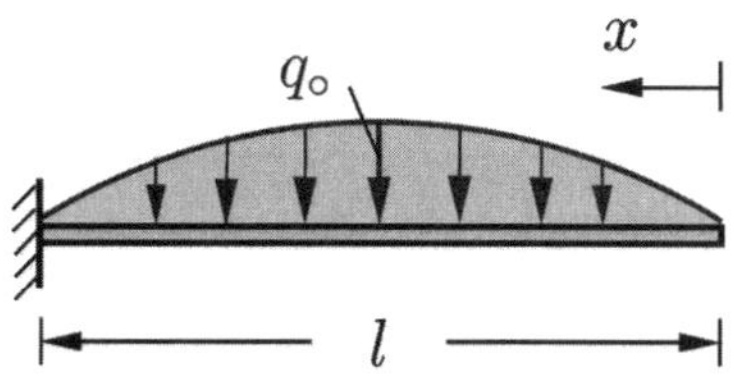

Figura 7.28

Resultado: veja (A) $M(x) = \dfrac{q_0 l^2}{\pi}\left(\dfrac{x}{l} - sen\dfrac{\pi x}{l}\right).$

Exemplo 7.15 A estrutura da figura 7.29 consiste de uma viga articulada e cinco barras. Ela está sujeita a duas forças concentradas.

Determine as forças nas barras e o momento de flexão na viga.

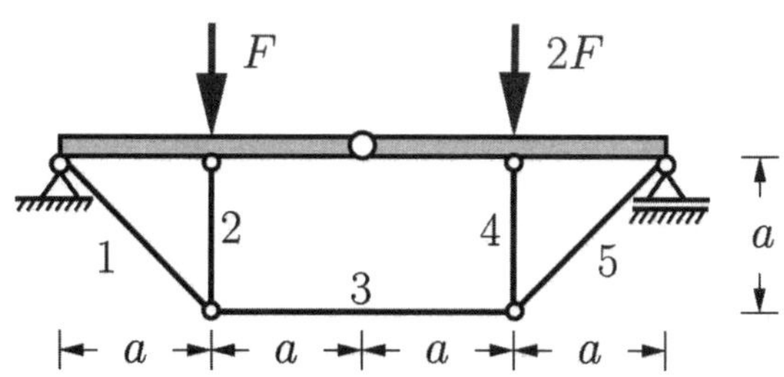

Figura 7.29

Resultados: veja (A)

$S_1 = S_5 = \dfrac{3}{2}F, \quad S_2 = S_4 = -S_3 = -\dfrac{3}{2}F, \quad M_{máx} = aF/4.$

Exemplo 7.16 Uma viga de apoio simples suporta uma carga de linha linearmente variável, como mostrado na figura 7.30.

Calcule a localização e a magnitude do momento de flexão máximo para $q_1 = 2q_0$.

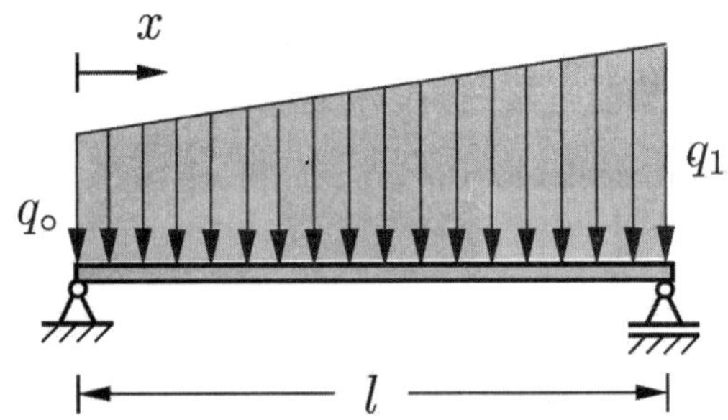

Figura 7.30

Resultados: veja (A) $x^* = 0{,}53l$, $M_{\text{máx}} = 0{,}19q_0l^2$.

Exemplo 7.17 Trace os diagramas da força de cisalhamento e do momento de flexão para a viga articulada mostrada na figura 7.31.

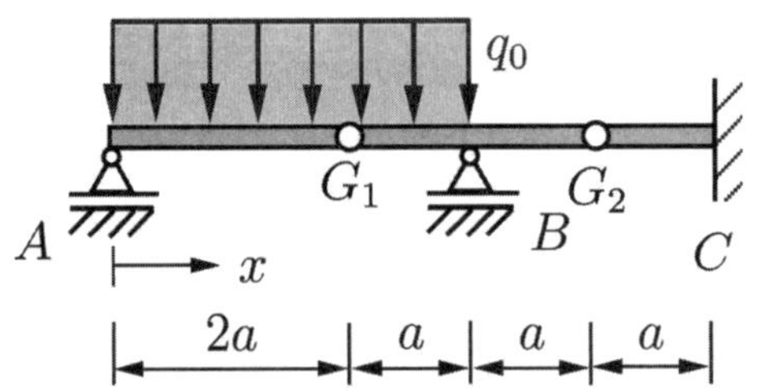

Figura 7.31

Resultado: veja (B) Valores selecionados:

$V(0) = q_0a$, $V(a) = 0$, $V(5a) = 3q_0a/2$,

$M(a) = q_0a^2/2$, $M(3a) = -3q_0a^2/2$, $M(5a) = 3q_0a^2/2$.

Exemplo 7.18 A viga mostrada na figura 7.32 suporta uma carga de linha q_0 uniformemente distribuída e um acoplamento $M_0 = 4q_0a^2$.

Trace os diagramas da força de cisalhamento e do momento de flexão.

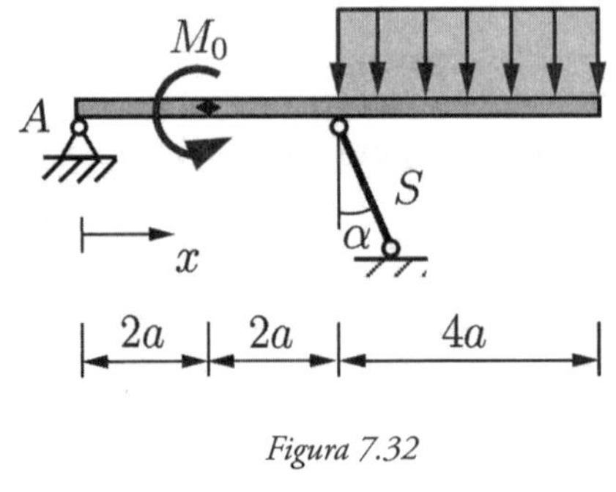

Figura 7.32

Resultado: veja (B) Valores selecionados: $V(a) = -q_0 a$, $M(4a) = -8q_0 a^2$.

Exemplo 7.19 Determine a distância a da articulação G até o apoio B (figura 7.33) de modo que a magnitude do momento de flexão máximo se torne mínima.

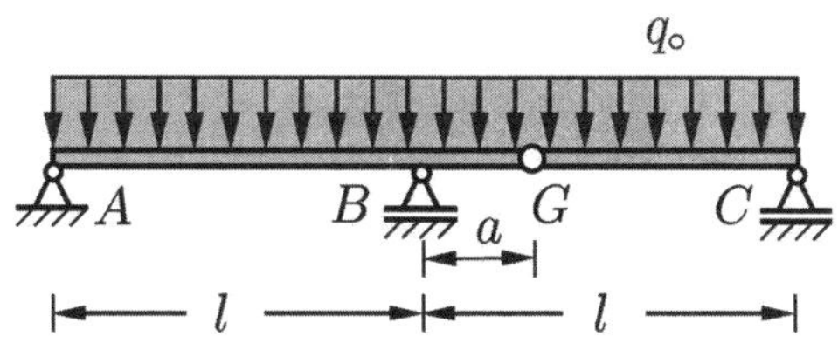

Figura 7.33

Resultado: veja (A) $a = (3 - \sqrt{8})l = 0{,}172l$.

Exemplo 7.20 Determine as resultantes de esforço para o membro angulado fixo mostrado na figura 7.34.

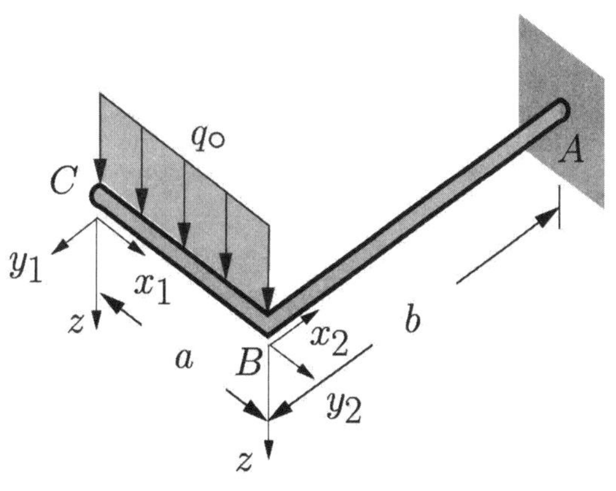

Figura 7.34

Resultados: veja (A)

$\overline{CB}$ $V_z = -q_0 x_1$, $M_y = -q_0 x_1^2/2$,

$\overline{BA}$ $V_z = -q_0 a$, $M_T = q_0 a^2/2$, $M_y = -q_0 x_2$.

Exemplo 7.21 Determine a distância a da articulação G (figura 7.35) de modo que a magnitude do momento de flexão máximo torne-se mínima.

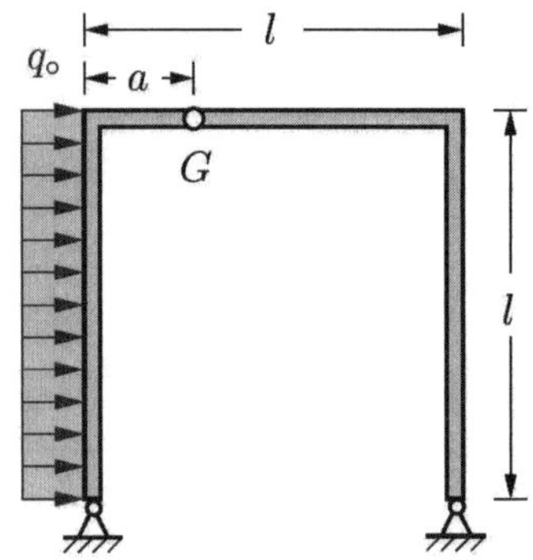

Figura 7.35

Resultado: veja (A) $a = (2\sqrt{3} - 3)l = 0{,}464l$.

Exemplo 7.22 Trace os diagramas de força de cisalhamento e de momento de flexão para o quadro mostrado na figura 7.36.

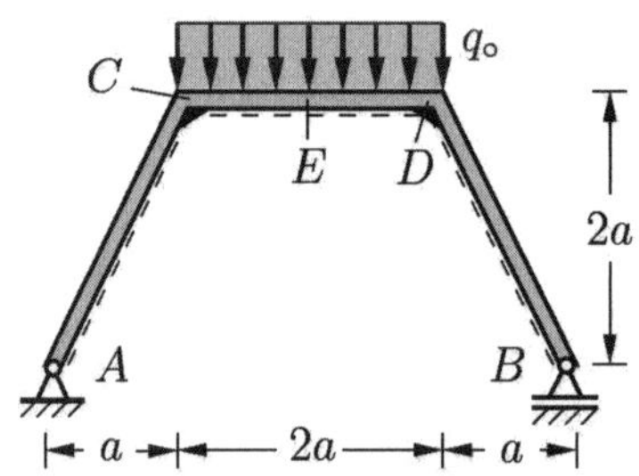

Figura 7.36

Resultado: veja (A) Valores selecionados:

$V(A) = -V(B) = q_0 a / \sqrt{5}$, $V(C) = -V(D) = q_0 a$,

$M(C) = M(D) = q_0 a^2$, $M(E) = 3q_0 a^2/2$.

Exemplo 7.23 O arco mostrado na figura 7.37 suporta uma carga de linha constante q_0.

Calcule os valores máximos da força normal e do momento de flexão.

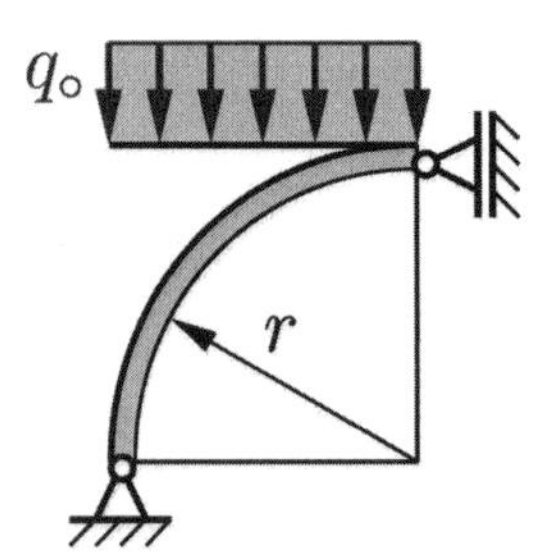

Figura 7.37

Resultados: veja (A) $N_{máx} = 17q_0r/16, M_{máx} = -q_0r^2/8.$

Exemplo 7.24 Um arco fixo na forma de um quarto de círculo (peso desprezível) suporta uma carga de linha q_0 (figura 7.38).

Determine as resultantes de esforço como funções da coordenada φ.

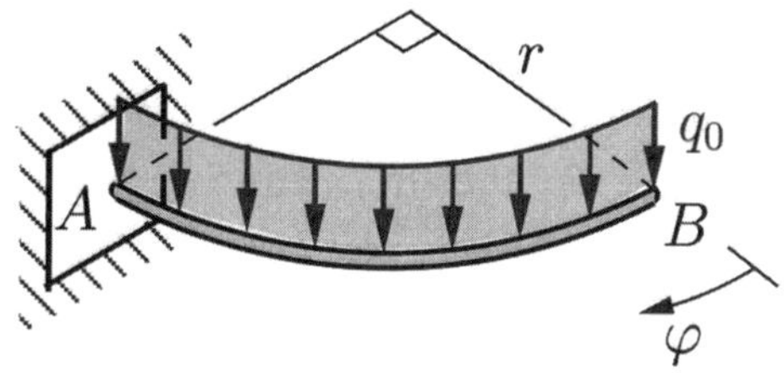

Figura 7.38

Resultados: veja (B)

$V_z = -q_0r\varphi,\qquad M_y = -q_0r^2(1 - \cos\varphi),$

$M_T = -q_0r^2(\varphi - \text{sen}\,\varphi).$

Exemplo 7.25 Trace os diagramas de força de cisalhamento e de momento de flexão para a viga articulada mostrada na figura 7.39.

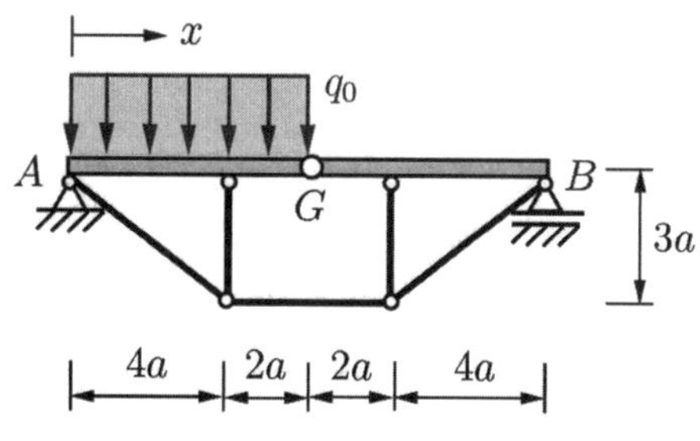

Figura 7.39

Resultados: veja (B) Valores selecionados:

$$V(0) = \frac{9}{4}q_0a,\quad V(6a) = -\frac{3}{2}q_0a,\quad V(12a) = \frac{3}{4}q_0a,$$

$$M(9a/4) = \frac{81}{32}q_0a^2,\qquad M(4a) = q_0a^2,\quad M(8a) = -3q_0a^2.$$

7.6 Resumo

- Em problemas planos, as resultantes de esforço numa viga, num quadro ou num arco são a força normal N, a força de cisalhamento V e o momento de flexão M.

- Convenção de sinal para resultantes de esforço: resultantes de esforço positivas numa face positiva (negativa) apontam nos sentidos positivos (negativos) das coordenadas.

- As resultantes de esforço podem ser determinadas usando-se o método das seções:
    - Passar um corte imaginário através da viga (quadro, arco);
    - Escolher um sistema de coordenadas;
    - Traçar um diagrama de corpo livre de uma porção da estrutura (resultantes de esforço atuando em seus sentidos positivos);
    - Formular as condições de equilíbrio (3 equações num problema plano, 6 equações num problema espacial);
    - Resolver as equações;
    - O sistema de equações terá uma solução única se a estrutura for (externa e internamente) estaticamente determinada.
- As relações diferenciais

$$V' = -q, \qquad M' = V$$

  são válidas para vigas e para as partes retas de um quadro (não para arcos). Se a carga q aplicada for conhecida, as resultantes de esforço poderão ser obtidas através de integração. As constantes de integração são determinadas a partir de condições limites ou de condições limites e condições correspondentes.

- Frequentemente, basta calcular-se as resultantes de esforço em vários pontos específicos, apenas. As curvas entre esses pontos são determinadas pelas cargas correspondentes. Note as relações entre q, V e M.

Capítulo 8

Trabalho e energia potencial

Objetivos: Os estudantes vão se familiarizar com os conceitos de *trabalho*, *forças conservativas* e *energia potencial*. Além disso, eles vão conhecer o *princípio do trabalho virtual*. Depois de estudar este capítulo, os estudantes deverão ser capazes de aplicar corretamente este princípio para determinar estados de equilíbrio em sistemas não rígidos, bem como reações de apoio e forças e momentos internos. Por fim, mostraremos como investigar a *estabilidade* de estados de equilíbrio de sistemas conservativos com um grau de liberdade.

8.1 Trabalho e energia potencial

O conceito de trabalho envolve deslocamentos e, consequentemente, pertence ao campo da cinética, uma vez que no campo da estática, nenhum movimento ocorre. Contudo, como será visto na seção 8.2, problemas no campo da estática também podem ser resolvidos com o auxílio de conceitos de trabalho. Para tanto, primeiro o termo da mecânica "trabalho" é introduzido.

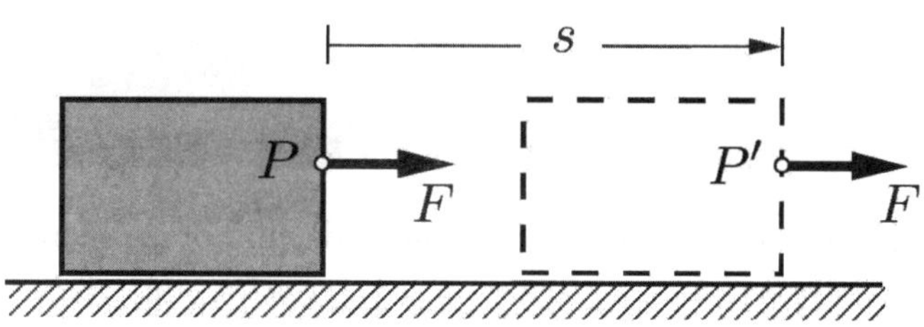

Figura 8.1

A figura 8.1 mostra um corpo que é deslocado por uma distância s por uma força F atuando no sentido do deslocamento s. Aqui, o *trabalho* da força F é definido como o produto de F pelo deslocamento s do ponto de aplicação P.

$$U = Fs.$$

Esta definição pode ser generalizada com o auxílio do cálculo vetorial. Na figura 8.2a, o ponto de aplicação P de uma força $\boldsymbol{F}$ se move ao longo de um caminho arbitrário. Vamos, agora, considerar um deslocamento infinitesimal $\mathrm{d}\boldsymbol{r}$ da posição atual dada pelo vetor $\boldsymbol{r}$ até uma posição vizinha. O trabalho infinitesimal $\mathrm{d}U$ realizado pela força $\boldsymbol{F}$ é, então, definido como o produto escalar

$$dU = \boldsymbol{F} \cdot d\boldsymbol{r}. \tag{8.1}$$

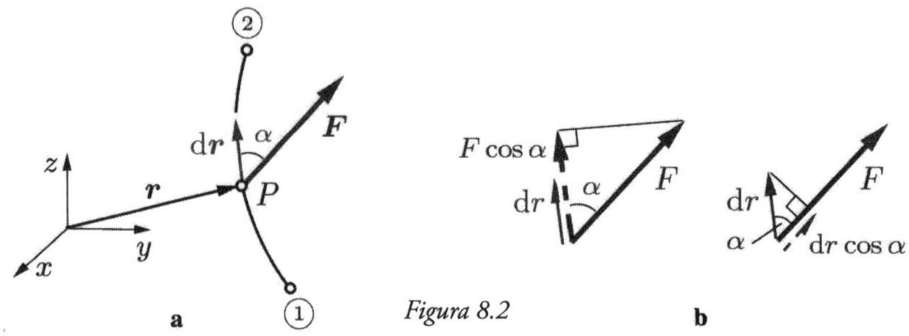

Figura 8.2

De acordo com (A.19), este produto dos vetores $\boldsymbol{F}$ e $d\boldsymbol{r}$ é dado pelo valor escalar

$$dU = |\boldsymbol{F}||d\boldsymbol{r}| \cos \alpha = (F \cos \alpha)dr = F(dr \cos \alpha). \tag{8.2}$$

Assim, o trabalho dU é o deslocamento dr multiplicado pela componente $F \cos \alpha$ da força no sentido do deslocamento. Alternativamente, ele pode ser interpretado como o produto da força F pela componente do deslocamento $dr \cos \alpha$ no sentido da força (figura 8.2b). Se a força e o deslocamento forem ortogonais ($\alpha = \pi/2$), então nenhum trabalho será realizado: $dU = 0$.

O trabalho realizado ao longo de um caminho arbitrário (figura 8.2a) do ponto ① até o ponto ② pode ser determinado a partir da integral de linha

$$U = \int dU = \int_{①}^{②} \boldsymbol{F} \cdot d\boldsymbol{r}. \tag{8.3}$$

O trabalho tem a dimensão $[Fl]$ e é dado na unidade denominada em homenagem ao físico James Prescott Joule (1818–1889):

1 J = 1 Nm.

A magnitude e o sentido da força $\boldsymbol{F}$ em (8.3) pode depender do vetor posição $\boldsymbol{r}$, isto é, $\boldsymbol{F} = \boldsymbol{F}(\boldsymbol{r})$. Portanto, a expressão "trabalho = força × distância" só é válida quando ambos os vetores $\boldsymbol{F}$ e $d\boldsymbol{r}$ tiverem permanentemente o mesmo sentido ($\alpha = 0$), e a magnitude de $\boldsymbol{F}$ for constante.

Como exemplo, vamos considerar um sistema de dois corpos com pesos W e Q, respectivamente, conectados por um cabo não esticável (figura 8.3). Se o corpo do lado esquerdo sofrer um deslocamento para baixo de extensão ds, então o corpo do lado direito será puxado para cima pela mesma extensão ao longo do plano inclinado. O trabalho realizado pelo peso W é dado por $dU_W = W ds$, já que os sentidos da força e do deslocamento coincidem. Apenas a componente Q sen α no sentido do deslocamento é levada em conta para o trabalho realizado por Q, uma vez que a componente de uma força perpendicular ao sentido do deslocamento não trabalha. Como a componente que trabalha atua no sentido oposto do deslocamento, seu trabalho é negativo: $dU_Q = -Q \text{ sen } \alpha \, ds$.

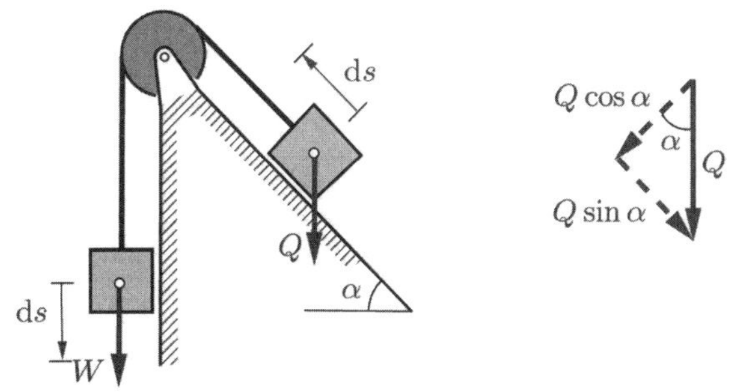

Figura 8.3

Como outro exemplo, considere uma alavanca de dois lados na qual as forças F_1 e F_2 são aplicadas (figura 8.4a). Durante uma rotação infinitesimal dφ em torno do ponto de apoio A, a força F_1 não trabalha (figura 8.4b):

$$dU = F_1 ds_1 = F_1 a d\varphi.$$

O produto da força F_1 pelo comprimento a do braço da alavanca é, de acordo com (3.5), o momento M_1 da força F_1 em torno de A. Desta forma, o trabalho pode também ser expresso por

$$dU = M_1 d\varphi.$$

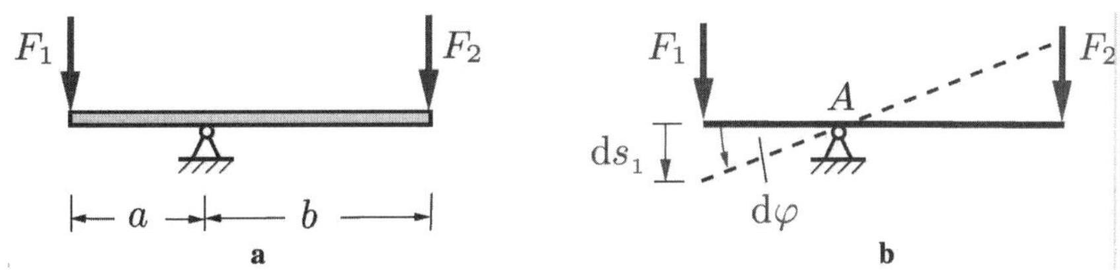

Figura 8.4

Para generalizar os resultados obtidos até aqui, introduzimos um vetor rotação infinitesimal dφ, cujo sentido coincide com o eixo de rotação e cuja magnitude é o ângulo dφ. Destarte, o trabalho realizado por um vetor momento $\boldsymbol{M}$ durante uma rotação infinitesimal é dado por

$$dU = \boldsymbol{M} \cdot d\boldsymbol{\varphi}. \tag{8.4}$$

O trabalho realizado por um vetor momento $\boldsymbol{M}$ durante uma rotação finita do corpo sobre o qual ele atua, provém da integração:

$$U = \int dU = \int \boldsymbol{M} \cdot d\boldsymbol{\varphi}. \tag{8.5}$$

Esta equação é análoga à expressão (8.3) para o trabalho de uma força. Se $\boldsymbol{M}$ e dφ forem paralelos, segue-se de (8.4) que $dU = M d\varphi$. Se, além disso, M for constante durante uma rotação finita φ, então (8.5) produzirá $U = M\varphi$. Como um ângulo não tem dimensões, momento e trabalho (embora sejam quantidades físicas diferentes) têm a mesma dimensão $[Fl]$.

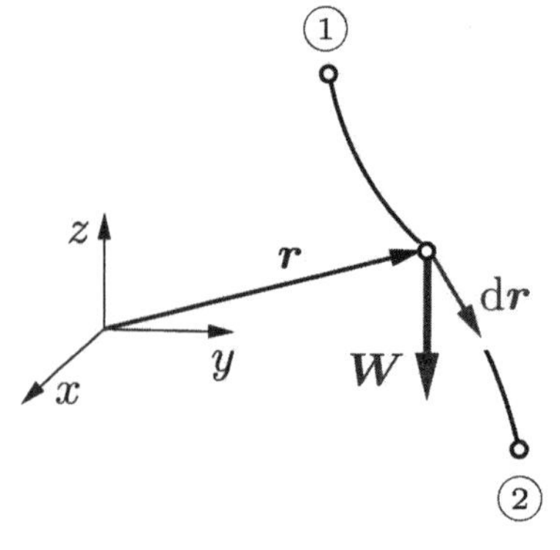

Figura 8.5

Agora, um caso especial de uma força constante é considerado, especificamente, o peso W de um corpo (carga morta) na vizinhança da superfície da terra (figura 8.5). Seja a coordenada z apontando perpendicularmente para fora da superfície da terra, então o vetor força é dado por

$$\boldsymbol{W} = -W\boldsymbol{e}_z.$$

Com a mudança do vetor posição

$$\mathrm{d}\boldsymbol{r} = \mathrm{d}x\boldsymbol{e}_x + \mathrm{d}y\boldsymbol{e}_y + \mathrm{d}z\boldsymbol{e}_z$$

e

$$\boldsymbol{e}_z \cdot \boldsymbol{e}_x = \boldsymbol{e}_z \cdot \boldsymbol{e}_y = 0, \quad \boldsymbol{e}_z \cdot \boldsymbol{e}_z = 1 \quad \text{(veja (A.22))},$$

obtemos de (8.1)

$$\mathrm{d}U = \boldsymbol{W} \cdot \mathrm{d}\boldsymbol{r} = -W\boldsymbol{e}_z \cdot (\mathrm{d}x\boldsymbol{e}_x + \mathrm{d}y\boldsymbol{e}_y + \mathrm{d}z\boldsymbol{e}_z) = -W\mathrm{d}z.$$

Consequentemente, de acordo com (8.3), o trabalho realizado pelo peso ao longo do caminho de ① até ② é dada por

$$U = \int \mathrm{d}U = -\int_{z_1}^{z_2} W\mathrm{d}z = W(z_1 - z_2). \tag{8.6}$$

O trabalho U depende apenas da localização das extremidades. Deste modo, o trabalho realizado pelo peso ao longo de caminhos arbitrários é inalterado, desde que as extremidades ① e ② sejam as mesmas, isto é, o trabalho é *independente do caminho.*

Forças cujo trabalho é independente do caminho são chamadas de *forças conservativas* ou *forças potenciais*. Essas forças, e somente essas forças, podem ser derivadas de um *potencial* V, que é definido como

$$V = -U = -\int \boldsymbol{F} \cdot d\boldsymbol{r}. \quad (8.7)$$

O valor V também é chamado de *energia potencial.*

Como primeiro exemplo, consideramos novamente o peso W da figura 8.6a. Com $z_2 = z$, a equação (8.6) produz

$$V(z) = -U = W(z - z_1) = Wz - Wz_1. \quad (8.8a)$$

No volume sobre Dinâmica, mostramos como uma força conservativa pode ser derivada de seu potencial. No nosso caso, o peso W é obtido pelo cálculo da derivada negativa de V com relação à coordenada z:

$$-\frac{dV}{dz} = -W. \quad (8.8b)$$

O sinal de menos em frente ao W indica que o peso atua no sentido negativo de z.

De acordo com (8.8a), o potencial depende da escolha do sistema de coordenadas (localização da origem). Ele é determinado até uma constante aditiva arbitrária (aqui, Wz_1). Porém, essa constante não entra no cálculo da força W, cf. (8.8b). Ela também não tem influência no trabalho, porque este depende apenas da diferença de altura $z - z_1$. Assim, a localização do sistema de coordenadas pode ser arbitrariamente escolhido. Frequentemente é útil escolhermos um sistema de coordenadas de tal forma que o potencial seja zero em $z = 0$; $V(0) = 0$ (nível zero).

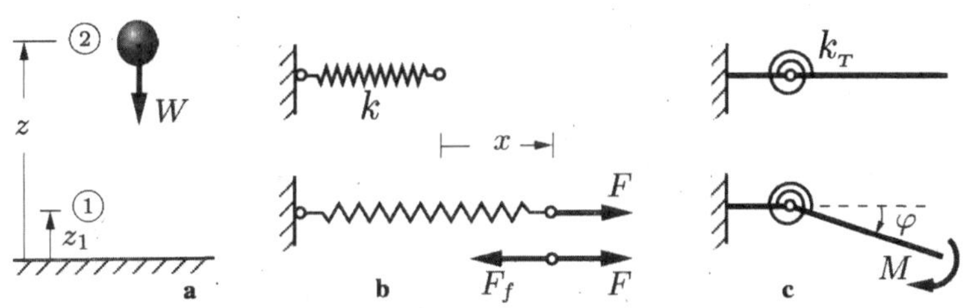

Figura 8.6

Como outro exemplo, o potencial da força numa mola é considerado. A mola apresentada na figura 8.6b é alongada por um comprimento x a partir de seu comprimento de repouso através de uma força externa F. Sabemos, por experiência, que existe a relação linear $F = kx$ entre a força F e o alongamento x da mola, desde que esse alongamento permaneça suficientemente pequeno. A constante elástica k é uma medida da rigidez da mola. Ela tem a dimensão força dividida pelo comprimento e, portanto, a unidade N cm^{-1}. A força F_f da mola (força de recuperação) é a força de reação associada a F e aponta no sentido oposto do alongamento. Deste modo, o cálculo do trabalho realizado pela força da mola durante o alongamento produz

$$U = -\int_0^x F_f d\bar{x} = -\int_0^x k\bar{x} d\bar{x} = -\frac{1}{2}kx^2.$$

De acordo com (8.7), o potencial da força da mola é dado por

$$V(x) = \frac{1}{2}kx^2. \tag{8.9}$$

O potencial representa a energia armazenada na mola, devido a seu alongamento. A força F_f da mola também vem da derivada negativa de V com relação à coordenada x:

$$F_f = -\frac{dV}{dx} = -kx.$$

Considere, agora, uma mola de torção linear, como mostrado na figura 8.6c. Há uma relação linear $M = k_T\varphi$ entre o momento M e o ângulo de rotação φ. Essa relação é análoga a $F = kx$ no caso seguinte. A constante da mola de torção k_T tem a dimensão $[Fl]$ e, portanto, a unidade N cm ou um múltiplo dela. Se na equação (8.9) k for substituído por k_T, e x por φ, o potencial do momento de uma mola de torção será obtido:

$$V = \frac{1}{2}k_T\varphi^2. \tag{8.10}$$

8.2 Princípio do trabalho virtual

Até agora, neste capítulo, calculamos o trabalho realizado por uma força quando o ponto de aplicação realmente se move ao longo de um caminho. No entanto, o conceito de trabalho também pode ser aplicado a estática, onde *nenhum deslocamento ocorre*. Nessa estrutura, deslocamentos reais devem ser substituídos por *deslocamentos virtuais*. Deslocamentos virtuais são deslocamentos (ou rotações) que são

a. fictícios, isto é, não existem, em verdade,
b. infinitesimalmente pequenos,
c. geometricamente (cineticamente) admissíveis, isto é, consistente com as restrições do sistema.

Para distinguir deslocamentos virtuais de deslocamentos reais $d\boldsymbol{r}$, denotamos os primeiros com o símbolo δ, tirado do cálculo de variações. Em conformidade, o *trabalho virtual* realizado por forças ou momentos durante um deslocamento virtual é escrito como

$\delta U = \boldsymbol{F} \cdot \delta\boldsymbol{r}$ (compare (8.1)),

$\delta U = \boldsymbol{M} \cdot \delta\varphi$ (compare (8.4)).

Agora, reconsideramos a alavanca de duas faces (figura 8.7a) e calculamos o trabalho realizado durante um deslocamento virtual. Um deslocamento virtual, isto é, uma deflexão que seja consistente com as restrições do sistema, é uma rotação com um ângulo $\delta\varphi$ em torno do apoio A (figura 8.7b). O trabalho virtual total δU realizado pelas duas forças F_1 e F_2 é

$$\delta U = F_1 a\delta\varphi - F_2 b\delta\varphi = (F_1 a - F_2 b)\delta\varphi.$$

O sinal de menos no segundo termo leva em conta que a força F_2 atua no sentid[illegible] deflexão virtual $b\delta\varphi$.

No estado de equilíbrio, a expressão entre parênteses desaparece, devido à condição de equilíbrio de momentos $F_2b = F_1a$ (princípio da alavanca de Arquimedes). Consequentemente, neste exemplo, o trabalho virtual desaparece na posição de equilíbrio: $\delta U = 0$. Deve-se notar que apenas as forças *externas* F_1 e F_2 (cf. seção 1.4) entram no trabalho virtual, enquanto a força de reação em A não contribui.

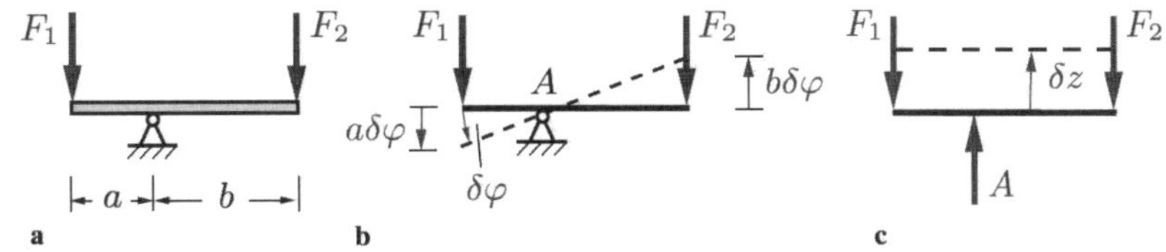

Figura 8.7

Os resultados supramencionados podem ser generalizados. Postulamos como axioma que para um sistema arbitrário com um número arbitrário de forças externas $\boldsymbol{F}_i^{(e)}$ e momentos externos $\boldsymbol{M}_i^{(e)}$ todo o trabalho virtual deve desaparecer num estado de equilíbrio:

$$\delta U = \sum \boldsymbol{F}_i^{(e)} \cdot \delta \boldsymbol{r}_i + \sum \boldsymbol{M}_i^{(e)} \cdot \delta \boldsymbol{\varphi}_i = 0. \quad (8.11)$$

Como este axioma do equilíbrio fornece uma sentença sobre o trabalho realizado durante deslocamentos virtuais, ele é chamado de *princípio do trabalho virtual*. Ele pode ser expresso como segue:

Um sistema mecânico estará em equilíbrio se o trabalho virtual das cargas externas (forças e momentos) desaparecerem durante um deslocamento virtual arbitrário.

O axioma do princípio do trabalho virtual $\delta U = 0$ também é frequentemente chamado de *princípio dos deslocamentos virtuais*. Na mecânica de sólidos deformáveis, uma versão estendida desse princípio tem importante significação. As condições de equilíbrio podem ser derivadas do princípio do trabalho virtual; da mesma forma, o princípio do trabalho virtual pode ser derivado das condições de equilíbrio, o que também tem um caráter axiomático. Portanto, todo o campo da estática pode ser baseado nas condições de equilíbrio ou no princípio do trabalho virtual. Do ponto de vista prático, o princípio do trabalho virtual oferece a grande vantagem de que o número de incógnitas nas equações pode muitas vezes ser reduzido através de uma escolha apropriada de deslocamentos virtuais. A desvantagem é que condições cinemáticas complicadas podem ter de ser formuladas.

O princípio do trabalho virtual não pode apenas ser aplicado a sistemas móveis, mas também a sistema rigidamente apoiados, isto é, imóveis. No caso de um sistema rígido, um ou vários apoios são removidos e substituídos pelas reações de apoio. Essas reações são então consideradas como cargas externas e, consequentemente, levadas em conta no princípio do trabalho virtual. Por exemplo, se removermos na figura 8.7b o pino da junta em A, ele será substituído pela força A (figura 8.7c). Essa força realiza o trabalho virtual $A\delta z$ durante um deslocamento virtual δz. Daí, o princípio do trabalho virtual torna-se

$$\delta U = A\delta z - F_1\delta z - F_2\delta z = (A - F_1 - F_2)\delta z = 0.$$

Como o deslocamento virtual δz é diferente de zero, o termo entre parênteses deve desaparecer, resultando na força de apoio $A = F_1 + F_2$.

8.3 Estados de equilíbrio e forças em sistemas não rígidos

No que segue, consideramos sistemas de corpos rígidos que são incompletamente restritos e, deste modo, capazes de se mover. Se as forças aplicadas forem prescritas, a configuração de equilíbrio correspondente poderá ser determinada com o auxílio do princípio do trabalho virtual. Por outro lado, se uma posição de equilíbrio for prescrita, o princípio do trabalho virtual resultará nas forças necessárias. Há duas maneiras de formularmos o princípio do trabalho virtual:

a. Podemos desenhar o sistema numa configuração arbitrária e numa configuração adjacente. As magnitudes e sentidos dos deslocamentos associados às forças aplicadas podem ser tirados desse desenho. Os termos correspondentes para o trabalho virtual (incluindo os sinais algébricos) são inseridos no princípio do trabalho virtual;
b. Podemos escolher um sistema de coordenadas e descrever as coordenadas do ponto de aplicação de cada força nesse sistema de coordenadas. Os deslocamentos virtuais são iguais a mudanças infinitesimais das coordenadas. Eles são obtidos formalmente através de diferenciação (o símbolo δ pode ser tratado como uma diferencial). Por exemplo, se $\boldsymbol{r}$ for uma função de uma coordenada α, isto é, $\boldsymbol{r} = \boldsymbol{r}(\alpha)$, então $\delta\boldsymbol{r} = (\mathrm{d}\boldsymbol{r}/\mathrm{d}\alpha)\delta\alpha$. A diferenciação leva automaticamente ao sinal algébrico correto para cada termo.

Ambos os métodos agora serão aplicados ao exemplo simples de uma haste (peso desprezível) de comprimento l, apoiada por uma junta com pino em A (figura 8.8a). A haste é carregada por uma força horizontal P e outra vertical Q na extremidade livre B. Nosso objetivo é determinar o ângulo α na posição de equilíbrio. Aplicando o primeiro método, a haste é considerada com rotação infinitesimal por $\delta\alpha$, a partir de uma posição arbitrária α, ainda incógnita (figura 8.8b). O ponto de aplicação das forças, então, é deslocado por uma quantidade $l\,\delta\alpha$ sen α para cima, e por uma quantidade $l\,\delta\alpha$ cos α para a esquerda. O princípio do trabalho virtual

$$\delta U = Pl\,\delta\alpha \cos\alpha - Ql\,\delta\alpha \operatorname{sen}\alpha = (P\cos\alpha - Q\operatorname{sen}\alpha)\,l\,\delta\alpha = 0$$

fornece a posição de equilíbrio ($\delta\alpha \neq 0$!):

$$P\cos\alpha - Q\operatorname{sen}\alpha = 0 \quad \rightarrow \quad \operatorname{tg}\alpha = \frac{P}{Q}.$$

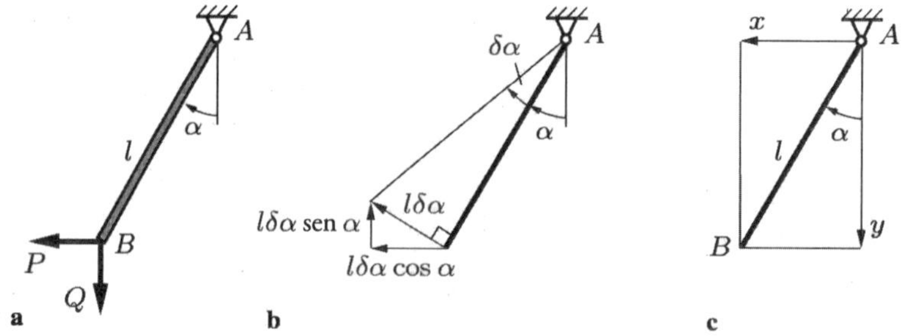

Figura 8.8

No segundo método, mais formal, descrevemos a posição do ponto B (ponto de aplicação das forças) com o auxílio do vetor posição $\boldsymbol{r}$ que aponta do apoio fixo A para B. No sistema de coordenadas mostrado na figura 8.8c, as coordenadas de $\boldsymbol{r}$ são $x = l \operatorname{sen} \alpha$ e $y = l \cos \alpha$. Os deslocamentos virtuais são obtidos através de diferenciação:

$$\delta x = \frac{dx}{d\alpha}\delta\alpha = l \cos \alpha \, \delta \, \alpha, \qquad \delta y = \frac{dx}{d\alpha}\delta\alpha = -\, l \operatorname{sen} \alpha \, \delta\alpha.$$

Inserindo essas relações no princípio do trabalho virtual (ambas as forças apontam nos sentidos dos eixos de coordenadas positivos)

$$\begin{aligned}\delta U &= P\delta x + Q\delta y = Pl \cos \alpha \, \delta\alpha - Ql \operatorname{sen} \alpha \, \delta\alpha \\ &= (P \cos \alpha - Q \operatorname{sen} \alpha) l \, \delta\alpha = 0\end{aligned}$$

leva ao mesmo resultado anterior.

A vantagem do método formal, agora, torna-se clara: no primeiro método, os sinais algébricos dos deslocamentos virtuais têm de ser determinados a partir da observação, enquanto o segundo método fornece os sinais corretos automaticamente ($\delta\alpha > 0$ produz $\delta y < 0$). O segundo método é preferível no caso de cinemáticas (geometrias) complicadas, uma vez que nem sempre é possível confiar na observação. Deve-se notar que α também pode ser determinado pela formulação da condição de equilíbrio do momento $\widehat{A}$: $Pl \cos \alpha - Q \operatorname{sen} \delta = 0$.

Se um sistema tiver várias possibilidades de movimento (graus de liberdade) independentes, a posição $\boldsymbol{r}(\alpha, \beta, \ldots)$ do ponto de aplicação de uma força será dada por várias coordenadas independentes $\alpha, \beta, \ldots$. Os deslocamentos virtuais podem, então, ser encontrados análogos à diferencial total de uma função de várias variáveis:

$$\delta \boldsymbol{r} = \frac{\partial r}{\partial \alpha}\delta\alpha + \frac{\partial r}{\partial \beta}\delta\beta + \ldots. \tag{8.12}$$

Exemplo 8.1 Uma ponte levadiça de peso W pode ser elevada com o auxílio de um cabo (peso desprezível) e um contrapeso Q (figura 8.9a).

Determine as posições de equilíbrio.

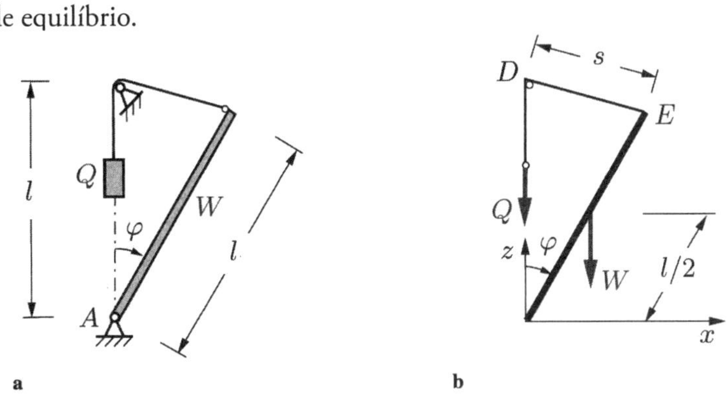

Figura 8.9

Solução Como o ângulo φ descreve exclusivamente a posição do sistema, este tem um grau de liberdade.

Se a posição arbitrária dada por φ for modificada por um deslocamento virtual $\delta\varphi$, os pontos de aplicação das forças W e Q serão deslocados. Para determinar o trabalho virtual de W, temos de considerar apenas a mudança de sua elevação, já que o peso não trabalha num deslocamento horizontal. Com o sistema de coordenadas escolhido na figura 8.9b (origem no apoio fixo A), obtemos

$$z_W = \frac{l}{2}\cos\varphi \qquad \rightarrow \qquad \delta z_W = \frac{dz_W}{d\varphi}\,\delta\varphi = -\frac{l}{2}\,\text{sen}\,\varphi\,\delta\,\varphi.$$

Determinar o deslocamento virtual do ponto de aplicação de Q é mais difícil. Para tanto, introduzimos a coordenada auxiliar s, isto é, a distância entre o ponto fixo D e ponto E (figura 8.9b):

$$s = 2l\,\text{sen}\,\frac{\varphi}{2}.$$

Um deslocamento virtual $\delta\varphi$ causa uma variação virtual δs de s, que é igual ao deslocamento virtual δz_Q do peso Q (cabo inextensível!):

$$\delta z_Q = \delta s = \frac{ds}{d\varphi}\,\delta\varphi = l\cos\frac{\varphi}{2}\,\delta\varphi.$$

Como ambas as forças apontam no sentido do eixo z negativo, o princípio do trabalho virtual produz

$$\delta U = -W\delta z_W - Q\,\delta z_Q = (W\,\frac{l}{2}\,\text{sen}\,\varphi - Ql\cos\frac{\varphi}{2})\delta\varphi = 0.$$

Com sen φ = 2 sen (φ/2) cos (φ/2) e $\delta\,\varphi \neq 0$, obtemos

$$\cos\frac{\varphi}{2}(W\,\text{sen}\,\frac{\varphi}{2} - Q) = 0.$$

A primeira solução cos (φ/2) = 0 leva a $\varphi = \pi$. Portanto, a única solução restante é

$$\underline{\underline{sen\frac{\varphi}{2} = \frac{Q}{W}}}.$$

Para φ incidindo na região tecnicamente razoável $0 < \varphi < \pi/2$, a desigualdade sen (φ/2) < sen (π/4) = $\sqrt{2}/2$ deve ser satisfeita. Essa exigência leva à seguinte condição para a carga Q:

$$\frac{Q}{W} < sen\frac{\pi}{4} = \frac{\sqrt{2}}{2}.$$

Exemplo 8.2 Um elevador automotivo carregado com um peso W é mostrado esquematicamente na figura 8.10. A altura do passo do parafuso é h.

Qual o torque M que deve ser aplicado ao elevador para manter o elevador em equilíbrio? O parafuso, quando girado, move-se sem atrito.

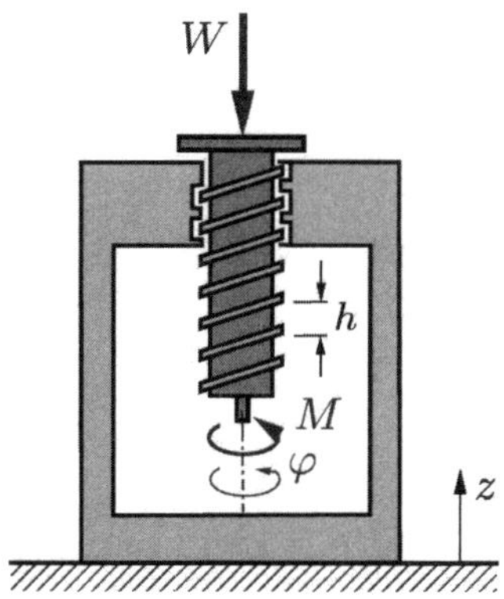

Figura 8.10

Solução De acordo com o princípio do trabalho virtual, o sistema está em equilíbrio quando o trabalho total realizado pela força W e pelo torque M desaparece:

$$\delta U = M\delta\varphi - W\delta z = 0.$$

Aqui, os sentidos de M e φ coincidem, enquanto W e z têm sentidos opostos (figura 8.10). Os deslocamentos virtuais $\delta\varphi$ e δz não são independentes. Uma rotação $\Delta\varphi = 2\pi$ subirá o elevador a uma altura $\Delta z = h$ do passo do parafuso. Assim, uma rotação de $\delta\varphi$ resulta em $\delta z = (h/2\pi)\delta\varphi$. Então, o princípio do trabalho virtual produz

$$\delta U = (M - \frac{h}{2\pi} W)\delta\varphi = 0.$$

Com $\delta\varphi \neq 0$, obtemos o torque necessário para o equilíbrio:

$$\underline{\underline{M = \frac{h}{2\pi} W.}}$$

Podemos reconhecer que um grande peso W poderá ser elevado com uma pequena força K por um torque externamente aplicado $M = lK$ se $l \gg h$.

Exemplo 8.3 Duas hastes juntas por um pino, de pesos W_1 e W_2, são deslocadas da posição vertical por uma força horizontal F (figura 8.11a).

Determine a configuração de equilíbrio.

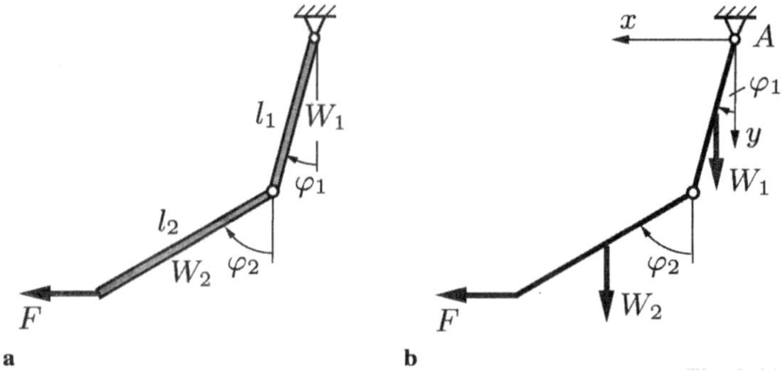

Figura 8.11

Solução A configuração do sistema é exclusivamente determinada pelos dois ângulos φ_1 e φ_2. Usamos um sistema de coordenadas que tem sua origem no apoio fixo A (figura 8.11b). Então, obtemos as seguintes coordenadas dos pontos de aplicação das forças:

$$y_1 = \frac{l_1}{2} \cos \varphi, \qquad y_2 = l_1 \cos \varphi_1 + \frac{l_2}{2} \cos \varphi_2,$$

$$x_F = l_1 \operatorname{sen} \varphi_1 + l_2 \operatorname{sen} \varphi_2.$$

De acordo com (8.12), os deslocamentos virtuais são dados por

$$\delta y_1 = \frac{l_1}{2} \operatorname{sen} \varphi_1 \delta\varphi_1, \qquad \delta y_2 = -l_1 \operatorname{sen} \varphi_1 \delta\varphi_1 - \frac{l_2}{2} \operatorname{sen} \varphi_2 \delta\varphi_2,$$

$$\delta x_F = l_1 \cos \varphi_1 \delta\varphi_1 + l_2 \cos \varphi_2 \delta\varphi_2.$$

Consequentemente, o princípio do trabalho virtual leva a

$$\begin{aligned} \delta U &= W_1 \delta y_1 + W_2 \delta y_2 + F \delta x_F \\ &= W_1\left(\frac{l_1}{2} \operatorname{sen} \varphi_1 \delta\varphi_1\right) + W_2\left(-l_1 \operatorname{sen} \varphi_1 \delta\varphi_1 - \frac{l_2}{2} \operatorname{sen} \varphi_2 \delta\varphi_2\right) \\ &\quad + F(l_1 \cos \varphi_1 \delta\varphi_1 + l_2 \cos \varphi_2 \delta\varphi_2) \\ &= \left(Fl_1 \cos \varphi_1 - W_1 \frac{l_1}{2} \operatorname{sen} \varphi_1 - W_2 l_1 \operatorname{sen} \varphi_1\right)\delta\varphi_1 \\ &\quad + \left(Fl_2 \cos \varphi_2 - W_2 \frac{l_2}{2} \operatorname{sen} \varphi_2\right)\delta\varphi_2 = 0. \end{aligned}$$

Como o sistema tem dois graus de liberdade, há dois deslocamentos virtuais, $\delta\varphi_1$ e $\delta\varphi_2$. Eles são independentes um do outro e diferentes de zero ao mesmo tempo. Portanto, o trabalho virtual só desaparecerá se as expressões em ambos os parênteses forem zero:

$$Fl_1 \cos \varphi_1 - W_1 \frac{l_1}{2} \operatorname{sen} \varphi_1 - W_2 l_1 \operatorname{sen} \varphi_1 = 0$$

$$\rightarrow \qquad \underline{\underline{\tan\varphi_1 = \frac{2F}{W_1 + 2W_2},}}$$

$$Fl_2 \cos\varphi_2 - W_2 \frac{l_2}{2} \operatorname{sen}\varphi_2 = 0 \qquad \rightarrow \qquad \underline{\underline{tg\ \varphi_2 = \frac{2F}{W_2}.}}$$

8.4 Forças de reação e resultantes de esforço

Estruturas tais como vigas, quadros ou treliças são rigidamente apoiadas. Para calcular uma força (momento) de reação com o auxílio do princípio do trabalho virtual, o apoio correspondente deve ser removido e substituído pela reação do apoio. O ponto de aplicação da reação do apoio é, então, capaz de se mover. Destarte, a força (momento) de reação é considerada uma força (momento) externa no princípio do trabalho virtual. Similarmente, a força num pino interno ou as resultantes de esforço em vigas podem ser determinadas pelo corte apropriado do sistema. Devido a esse corte imaginário, o sistema se torna móvel e a força interna correspondente realiza trabalho virtual durante um deslocamento virtual. Os exemplos seguintes explicam o procedimento.

Exemplo 8.4 Determine a força no pino G da estrutura mostrada na figura 8.12a.

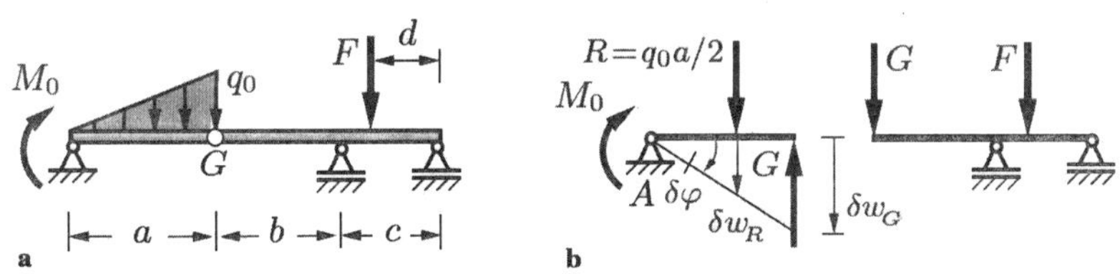

Figura 8.12

Solução A componente horizontal da força no pino é zero. Para determinar a componente vertical, dividimos a estrutura em duas partes por meio de um corte pelo pino. A parte esquerda é, então, capaz de girar em torno do ponto A, enquanto a porção direita não pode se mover na direção vertical (figura 8.12b). Além disso, a carga triangular é substituída por sua resultante

$$R = q_0 a/2$$

que está localizada a uma distância $2a/3$ de A. Com os deslocamentos virtuais

$$\delta w_R = \frac{2}{3} a\delta\varphi, \quad \delta w_G = a\delta\varphi,$$

o princípio do trabalho virtual produz

$$\delta U = R\,\delta w_R + M_0\delta\varphi - G\,\delta w_G = \frac{q_0 a}{2}\frac{2}{3}a\ \delta\varphi + M_0\delta\varphi - G\,a\delta\varphi$$

$$= (q_0 \frac{a^2}{3} + M_0 - Ga)\delta\varphi = 0.$$

Como $\delta\varphi \neq 0$, a força no pino G torna-se

$$G = \frac{q_0 a}{3} + \frac{M_0}{a}.$$

A força F atuando na seção direita não tem influência sobre a força no pino G.

Exemplo 8.5 A estrutura da figura 8.13a consiste de três vigas que são conectadas por pinos em G_1 e G_2. Ela está sujeita a uma força concentrada F e a uma carga de linha constante $q_0 = F/(3a)$.

Determine as reações de apoio em A com o auxílio do princípio do trabalho virtual.

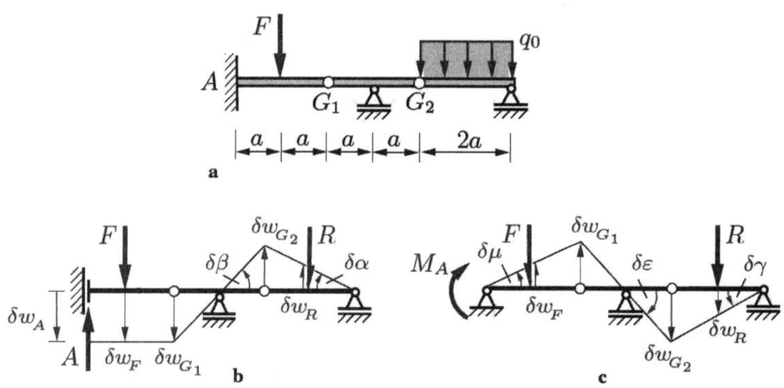

Figura 8.13

Solução Para determinar a reação do apoio vertical , a extremidade fixa da estrutura tem de ser substituída por um movimento paralelo conforme a figura 8.13b. Deste modo, o ponto A pode se mover na direção vertical e a reação de apoio A tem de ser tratada como uma carga externa no princípio do trabalho virtual. Como nenhuma rotação é possível em A, o momento M_A é um momento de reação e não realiza trabalho. A partir da figura 8.13b, obtemos as seguintes relações entre os deslocamentos virtuais:

$$\delta w_A = \delta w_F = \delta w_{G1} = a\delta\beta, \quad \delta w_A = a\,\delta\alpha.$$

Os ângulos $\delta\alpha$ e $\delta\beta$ são mutuamente dependentes. Considerando o deslocamento do pino G_2, encontramos

$$\delta w_{G2} = 2a\delta\alpha = a\delta\beta \quad \rightarrow \quad \delta\alpha = \frac{1}{2}\,\delta\beta.$$

A partir do princípio do trabalho virtual

$$\delta U = -A\delta w_A + F\delta w_F - R\delta w_R = -Aa\,\delta\beta + Fa\,\delta\beta - \frac{2}{3}\,Fa\,\delta\alpha$$

$$= (-A + F - \frac{2}{3}F\frac{1}{2})\,a\,\delta\beta = 0$$

e $\delta\beta \neq 0$, obtemos a reação de apoio

$$\underline{\underline{A = \frac{2}{3}F.}}$$

Para calcular o momento M_A, substituímos o apoio fixo por um pino liso (figura 8.13c). Depois, a parte esquerda da estrutura pode girar em torno de A e o momento M_A entra no princípio do trabalho virtual como momento externo. Agora, o ponto A não pode ser deslocado verticalmente. Consequentemente, a força A é uma força de reação e não realiza trabalho. Os três ângulos na figura 8.13c são mutuamente dependentes:

$$\delta w_{G1} = 2\,a\,\delta\mu = a\delta\varepsilon, \qquad \delta w_{G2} = a\delta\varepsilon = 2a\delta\gamma$$
$$\rightarrow \quad \delta\varepsilon = 2\delta\mu \qquad \text{e} \qquad \delta\gamma = \delta\mu.$$

Considerando os sinais algébricos (F atua no sentido oposto a δw_F e M_A atua no sentido oposto a $\delta\mu$), o princípio do trabalho virtual produz

$$\begin{aligned} \delta U &= -M_A\delta\mu - F\,\delta w_F + R\,\delta w_R \\ &= -M_A\,\delta\mu - Fa\,\delta\mu + \frac{F}{3a}\,2aa\,\delta\gamma \\ &= (-M_A - Fa + \frac{2}{3}\,Fa)\,\delta\mu = 0 \qquad \rightarrow \qquad \underline{\underline{M_A = -\frac{1}{3}Fa.}} \end{aligned}$$

Ambos os cálculos mostram a vantagem do princípio do trabalho virtual: as forças G_1 e G_2 nos pinos e as demais reações de apoio, que aparecem no cálculo clássico (cf. seção 5.3.3), não realizam trabalho e, portanto, não precisam ser levadas em conta quando da aplicação do princípio do trabalho virtual.

Exemplo 8.6 Determine a força no membro 5 da treliça mostrada na figura 8.14a.

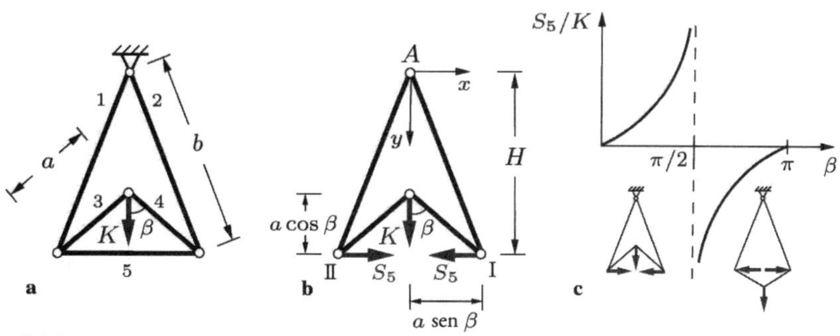

Figura 8.14

Solução Removemos o membro 5 da treliça. Depois, as forças internas S_5 nos pinos I e II atuam como forças externas (figura 8.14b). Para determinar as posições dos pontos de aplicação das várias forças, um sistema de coordenadas x,y é introduzido com sua origem no ponto fixo A. O ponto de aplicação da força K tem a coordenada y

$y_K = H - a\cos\beta = \sqrt{b^2 - a^2 sen^2\beta} - a\cos\beta .- a\cos\beta.$

O pino I (ponto de aplicação de S_5) tem a coordenada x

$x_I = a$ sen β.

Um deslocamento virtual (isto é, uma pequena mudança do ângulo β) resulta em

$$\delta y_K = \frac{dy}{d\beta}\delta\beta = \left(\frac{-a^2 2sen\beta\cos\beta}{2\sqrt{b^2 - a^2 sen^2\beta}} + asen\beta\right)\delta\beta,$$

$$\delta x_I = \frac{dx_I}{d\beta}\delta\beta = a\cos\beta\delta\beta.$$

Devido à simetria do sistema e à carga, o deslocamento do pino II (à direita) é igual ao deslocamento do pino I (à esquerda). Portanto, o trabalho virtual total realizado pelas forças é

$$\delta U = K\delta y_K - 2S_5\delta x_I$$

$$= \left[Kasen\beta\left(1 - \frac{a\cos\beta}{\sqrt{b^2 - a^2 sen^2\beta}}\right) - 2S_5 a\cos\beta\right]\delta\beta.$$

Uma vez que $\delta U = 0$ e $\delta\beta \neq 0$, obtemos

$$\underline{\underline{S_5 = \frac{1}{2}K\ tg\ \beta\left(1 - \frac{a\cos\beta}{\sqrt{b^2 - a^2 sen^2\beta}}\right).}}$$

A figura 8.14c mostra qualitativamente a razão entre S_5/K e β. Uma vez que b > a, a força S5 será positiva para $0 \leqq \beta < \pi/2$ e negativa para $\pi/2 < \beta \leqq \pi$. Este resultado pode ser verificado por meio de inspeção

8.5 Estabilidade de estados de equilíbrio

Na seção 8.3, os estados de equilíbrio foram determinados pela aplicação do princípio do trabalho virtual $\delta U = 0$. Contudo, a experiência ensina que há "diferentes tipos" de estados de equilíbrio. Para caracterizar esses estados, o conceito de *estabilidade* deve ser introduzido. No que segue, a discussão está limitada a forças conservativas e sistemas com apenas *um* grau de liberdade. Nesse caso, o potencial V depende apenas de *uma* coordenada. A figura 8.15 mostra dois exemplos em que a única força aplicada é o peso. O primeiro exemplo na figura 8.15a mostra uma esfera (peso W) que se encontra no ponto mais inferior de uma superfície côncava (posição de equilíbrio). Se um pequeno distúrbio for imposto, por exemplo, uma pequena deflexão lateral x, a esfera será erguida por uma quantidade Δz e o potencial será aumentado em

$\Delta V = W\Delta z > 0.$

No segundo exemplo, uma haste apoiada por um pino sem atrito em sua extremidade superior é mostrada na posição de equilíbrio (posição vertical). Um pequeno distúrbio (pequeno ângulo φ) eleva o centro de gravidade da haste (ponto de aplicação de *W*) e, consequentemente, aumenta o potencial. Em ambos os casos, o corpo respectivo retorna a sua posição de equilíbrio quando abandonado a si mesmo. Tais posições de equilíbrio são denominadas *estáveis*.

Agora, consideremos uma esfera que se encontra num plano horizontal e uma haste apoiada em seu centro de gravidade (figura 8.15b). A elevação dos pontos de aplicação dos pesos permanece inalterada no caso de um deslocamento *x* ou de uma rotação φ. Assim, não há alteração no potencial:

$\Delta V = W\Delta z = 0.$

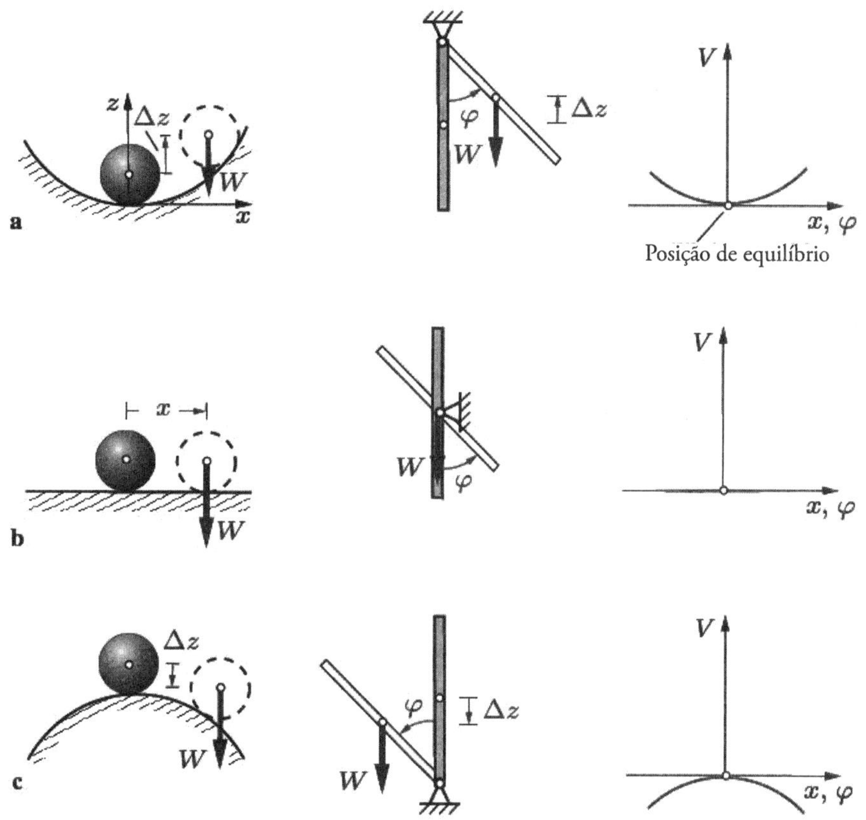

Figura 8.15

As posições deslocadas são também posições de equilíbrio. Os corpos permanecem em repouso quando abandonados a si mesmos. Tais estados de equilíbrio são denominados *neutros*.

Se a esfera estiver em equilíbrio no ponto mais alto de uma superfície convexa, ou se a haste estiver apoiada em sua extremidade inferior (figura 8.15c), o potencial diminuirá devido a um deslocamento:

$\Delta V = W\Delta z < 0.$

Quando a esfera ou a haste forem abandonadas a si mesmas na posição deslocada, elas se moverão para longe do estado de equilíbrio. Tais estados de equilíbrio são denominados *instáveis*.

Do lado direito da figura 8.15, o gráfico do potencial é mostrado qualitativamente como função de x (esfera) ou como função de φ (haste) para os três casos. Podemos reconhecer, a partir dos diagramas, que o potencial em cada estado de equilíbrio tem um valor extremo. Esse valor extremo é equivalente ao princípio do trabalho virtual que, de acordo com (8.11), requer para equilíbrio

$$\delta V = -\delta U = 0.$$

Se o potencial depender de apenas uma coordenada, por exemplo, $V = V(x)$, então

$$\delta V = \frac{dV}{dx}\delta x = 0.$$

Como $\delta x \neq 0$, esta equação leva à seguinte condição para um estado de equilíbrio:

$$\frac{dV}{dx} V' = 0. \tag{8.13}$$

O gráfico da função do potencial tem uma tangente horizontal no ponto correspondente a uma posição de equilíbrio.

O *critério de estabilidade* vem do comportamento da curva de potencial na vizinhança do estado de equilíbrio considerado. No caso a), o potencial aumenta devido a um deslocamento x ou a uma rotação φ; no caso c), o potencial diminui. Portanto, levando em conta os conceitos supramencionados, podemos afirmar:

$$\Delta V \begin{Bmatrix} > 0 & \textit{estável} \\ \equiv 0 & \textit{neutro} \\ < 0 & \textit{instável} \end{Bmatrix} \textit{equilibrio} \tag{8.14}$$

Em conformidade, o potencial tem um mínimo num estado de equilíbrio estável e um máximo num estado de equilíbrio instável. Consequentemente, o critério de estabilidade (8.14) também pode ser formulado em termos da segunda derivada da função do potencial, $V(x)$, caracterizando um mínimo e um máximo:

$$\begin{aligned} V''(x_0) > 0 &\quad \rightarrow \quad \text{mínimo} \rightarrow \quad \text{estável,} \\ V''(x_0) < 0 &\quad \rightarrow \quad \text{máximo} \rightarrow \quad \text{instável.} \end{aligned} \tag{8.13}$$

Aqui, a posição x_0 denota o estado de equilíbrio.

No caso $V''(x_0) = 0$, mais investigação faz-se necessário. Seja $V(x_0) = V_0$ o valor do potencial no estado de equilíbrio x_0. O potencial numa posição vizinha $x_0 + \delta x$ pode ser expresso pelas séries de Taylor

$$V(x_0 + \delta x) = V_0 + V'(x_0)\delta x + \frac{1}{2} V''(x_0)(\delta x)^2 + \frac{1}{6} V'''(x_0)(\delta x)^3 + \dots .$$

Desta forma, a alteração no potencial é

$$\Delta V = V(x_0 + \delta x) - V_0 = V'(x_0)\delta x + \frac{1}{2} V''(x_0)(\delta x)^2 + \frac{1}{6} V'''(x_0)(\delta x)^3 + \dots . \tag{8.16}$$

De acordo com (8.13), a primeira derivada do potencial desaparece no estado de equilíbrio, isto é, $V'(x_0) = 0$. Deste modo, o sinal algébrico da segunda derivada $V''(x_0)$ do potencial determina se ΔV é maior ou menor que zero e, assim, se o estado de equilíbrio é estável ou instável. Se $V''(x_0)$ e *todas* as derivadas superiores desaparecerem, então $\Delta V \equiv 0$, de acordo com (8.16). Isso corresponde a um estado de equilíbrio *neutro*. Por outro lado, se $V''(x_0) = 0$ for válido e as derivadas superiores forem diferentes de zero, o sinal algébrico da derivada inferior do potencial que não desaparecer determinará o tipo de equilíbrio.

Exemplo 8.7 Três rodas dentadas são apoiadas sem atrito em seus centros. Três partículas (pesos W_1, W_2 e W_3) são montadas excentricamente nas rodas, como mostrado na figura 8.16a.

Determine os estados de equilíbrio e investigue seu tipo de estabilidade (isto é, estável ou instável) para $W_1 = W_3 = 2W$, $W_2 = W$ e $x = \sqrt{3}r$.

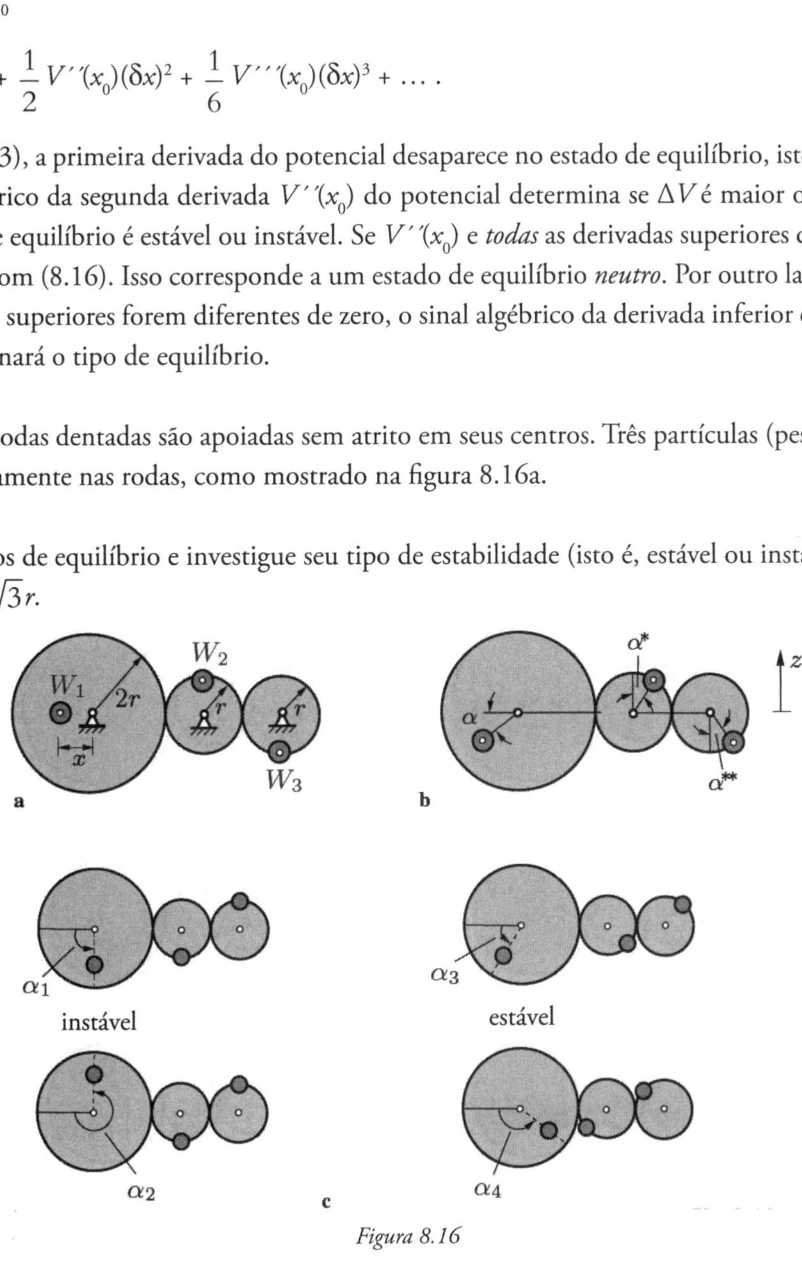

Figura 8.16

Solução Para formular o potencial, introduzimos a coordenada z como mostrado na figura 8.16b. Vamos fazer a roda grande girar por um ângulo arbitrário α a partir da posição inicial (figura 8.16b). Essa rotação faz com que as outras rodas também girem. Os comprimentos de arco nos pontos de contato das rodas devem ser os mesmos para cada uma delas. Com os raios dados, obtemos

$$2r\,\alpha = r\,\alpha^* = r\,\alpha^{**} \qquad \rightarrow \qquad \alpha^* = \alpha^{**} = 2\,\alpha.$$

As coordenadas de W_1, W_2 e W_3 são dadas por

$$z_1 = -x \operatorname{sen} \alpha, \qquad z_2 = r \cos \alpha^* = r \cos 2\,\alpha,$$

$$z_3 = -r \cos \alpha^{**} = -r \cos 2\alpha.$$

Desta forma, o potencial total pode ser expresso como

$$\begin{aligned} V &= W_1 z_1 + W_2 z_2 + W_3 z_3 \\ &= 2W(-x \operatorname{sen} \alpha) + Wr \cos 2\alpha + 2W(-r \cos 2\alpha) \\ &= -Wr\,(2\sqrt{3} \operatorname{sen} \alpha + \cos 2\alpha). \end{aligned}$$

De acordo com (8.13), os estados de equilíbrio são determinado a partir de

$$\begin{aligned} V' = \frac{dV}{d\alpha} &= -Wr\,(2\sqrt{3} \cos \alpha - 2 \operatorname{sen} 2\alpha) \\ &= -2Wr \cos \alpha(\sqrt{3} - 2 \operatorname{sen} \alpha) = 0. \end{aligned}$$

Uma primeira solução é obtida pelo ajuste do primeiro fator para zero:

$$\cos \alpha = 0.$$

As posições de equilíbrio correspondentes são

$$\underline{\underline{\alpha_1 = \pi / 2}}, \qquad \underline{\underline{\alpha_2 = 3\pi / 2.}}$$

Uma segunda solução vem do desaparecimento do termo entre parênteses:

$$\sqrt{3} - 2 \operatorname{sen} \alpha = 0 \qquad \rightarrow \qquad \operatorname{sen} \alpha = \sqrt{3}/2.$$

As posições de equilíbrio correspondentes são

$$\underline{\underline{\alpha_3 = \pi / 3}}, \qquad \underline{\underline{\alpha_4 = 2\pi / 3.}}$$

De acordo com (8.15), o tipo de equilíbrio das quatro diferentes posições pode ser determinado com o auxílio da segunda derivada do potencial:

$$V'' = \frac{d^2V}{d\alpha^2} = -Wr(-2\sqrt{3}\ \text{sen}\ \alpha - 4\cos 2\alpha)$$

$$= 2Wr(\sqrt{3}\ \text{sen}\ \alpha + 2\cos 2\alpha).$$

Inserindo as soluções α_i, obtemos:

$$V''(\alpha_1) = V''(\tfrac{1}{2}\pi) = 2Wr(\sqrt{3} - 2) < 0 \quad \rightarrow \quad \text{instável,}$$

$$V''(\alpha_2) = V''(\tfrac{3}{2}\pi) = 2Wr(-\sqrt{3} - 2) < 0 \quad \rightarrow \quad \text{instável,}$$

$$V''(\alpha_3) = V''(\tfrac{1}{3}\pi) = 2Wr\left[\sqrt{3}\frac{1}{2}\sqrt{3} + 2\left(-\frac{1}{2}\right)\right] = Wr > 0 \quad \rightarrow \quad \text{estável,}$$

$$V''(\alpha_4) = V''(\tfrac{2}{3}\pi) = 2Wr\left[\sqrt{3}\frac{1}{2}\sqrt{3} + 2\left(-\frac{1}{2}\right)\right] = Wr > 0 \quad \rightarrow \quad \text{estável,}$$

A figura 8.16c mostra as quatro configurações de equilíbrio.

Exemplo 8.8 Uma haste sem peso está sujeita a uma força vertical F e está presa de cada lado por uma mola (figura 8.17a). A constante elástica de cada mola é k. Um apoio apropriado mantém as molas numa posição horizontal durante uma rotação da haste.

Determine o tipo de estabilidade das posições de equilíbrio.

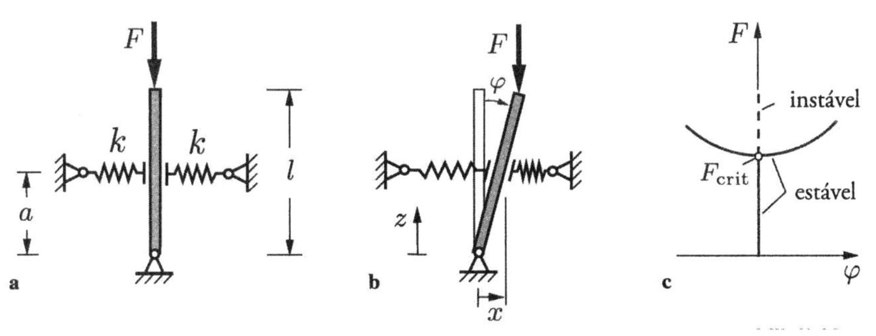

Figura 8.17

Solução Introduzimos um sistema de coordenadas com sua origem no apoio fixo (figura 8.17b). Para determinar os potenciais da força F e as forças das molas, consideramos uma posição arbitrária da haste. O nível zero do potencial da força F (carga morta, cf. seção 8.1) é escolhido como sendo $z = 0$. Assim, seu potencial é

$V_F = Fz_F$.

De acordo com (8.9), o potencial de uma mola (constante elástica *k*) devido a um alongamento *x* é dado por

$$V_f = \frac{1}{2}kx^2.$$

O sistema tem um grau de liberdade. Portanto, o potencial total depende apenas de uma única coordenada; é útil escolhermos o ângulo φ (figura 8.17b). Com as relações geométricas $z_F = l \cos \varphi$ e $x = a \operatorname{tg} \varphi$, o potencial total torna-se

$$V(\varphi) = Fl \cos \varphi + 2\,\frac{1}{2}k(a \operatorname{tg} \varphi)^2.$$

Determinamos as posições de equilíbrio usando a condição (8.13):

$$V' = \frac{dV}{d\varphi} = -Fl sen\varphi + 2ka^2 \frac{tg\,\varphi}{\cos^2 \varphi} = 0$$

$$\rightarrow sen\varphi\left(-Fl + 2ka^2 \frac{1}{\cos^3 \varphi}\right) = 0.$$

Uma primeira posição de equilíbrio é obtida de

$$\text{sen}\ \varphi = 0 \qquad \rightarrow \qquad \underline{\underline{\varphi_1 = 0.}}$$

Outras soluções vêm do termo entre parênteses:

$$-Fl + 2ka^2 \frac{1}{\cos^3 \varphi} = 0 \rightarrow \cos^3 \varphi_2 = \frac{2ka^2}{Fl}$$

$$\rightarrow \underline{\underline{\varphi_2 = \arccos\sqrt{\frac{2ka^2}{Fl}}.}} \qquad \text{(a)}$$

Essas posições só existem para $Fl > 2ka^2$.
Para investigar o tipo de estabilidade, a segunda derivada do potencial total é calculada:

$$V'' = \frac{d^2V}{d\varphi^2} = -Fl\cos\varphi + 2ka^2 \frac{\cos^2\varphi \frac{1}{\cos^2\varphi} + \operatorname{tg}\varphi 2\cos\varphi sen\varphi}{\cos^4\varphi}$$

$$= -Fl\cos\varphi + 2ka^2 \frac{1 + 2sen^2\varphi}{\cos^4\varphi} \qquad \text{(b)}$$

$$= -Fl\cos\varphi + 2ka^2 \frac{3 - 2\cos^2\varphi}{\cos^4\varphi}.$$

Inserindo a primeira solução $\varphi_1 = 0$, obtemos

$$V''(\varphi_1) = (-Fl + 2ka^2) = 2ka^2\left(1 - \frac{Fl}{2ka^2}\right). \tag{c}$$

O sinal algébrico de V'' (e, portanto, a estabilidade dessa posição de equilíbrio) depende dos parâmetros que aparecem entre parênteses. De (c), obtemos

$$V''(\varphi_1) > 0 \quad \text{para} \quad \frac{Fl}{2ka^2} < 1 \quad \rightarrow \quad \text{posição estável,}$$

$$V''(\varphi_1) < 0 \quad \text{para} \quad \frac{Fl}{2ka^2} > 1 \quad \rightarrow \quad \text{posição instável.}$$

O caso especial

$$\frac{Fl}{2ka^2} = 1 \quad \rightarrow \quad F = 2\frac{ka^2}{l} = F_{\text{crít}} \tag{d}$$

caracteriza a "carga crítica", já que nesse ponto da curva de deslocamento de carga, na figura 8.17c, a posição estável $\varphi = 0$ (para $F < F_{\text{crít}}$) muda para uma posição instável (para $F > F_{\text{crít}}$).

A segunda derivada $V''(\varphi_1)$ é igual a zero para $F = F_{\text{crít}}$. Para investigar o tipo de estabilidade nesse ponto em particular, seria necessário considerarmos derivadas mais altas de V.

Se o ângulo φ_2 da segunda posição de equilíbrio for inserido em (b) e a relação $2ka^2 = Fl\cos^3\varphi_2$ for usada, obteremos para a segunda derivada de V

$$V''(\varphi 2) = -Fl\cos\varphi_2\left(1 - \cos^2\varphi_2\frac{3 - 2\cos^2\varphi_2}{\cos^4\varphi_2}\right)$$

$$= -Fl\cos\varphi_2\left(1 - \frac{3}{\cos^2\varphi_2} + 2\right)$$

$$= 3Fl\cos\varphi_2\left(\frac{1}{\cos^2\varphi_2} - 1\right).$$

Para $0 < \varphi_2 < \pi/2$, temos $\cos\varphi_{22} < 1$. Então, $V''(\varphi_{22}) > 0$, isto é, a posição de equilíbrio $\varphi_2 = \varphi_{22}$ é estável. Note que, como $\cos\varphi_2$ é uma função par, existe uma segunda solução $\varphi_{22}{}^* = -\varphi_{22}$. Como consequência, de acordo com (a), $2ka^2/Fl < 1$ é válido e, assim, de acordo com (d), $F > F_{\text{crít}}$. No caso especial de $\varphi_2 = 0$, obtemos $V''(\varphi_{22}) = 0$ e $F = F_{\text{crít}}$.

O resultado é apresentado na figura 8.17c: para $F < F_{\text{crít}}$, existe apenas uma posição de equilíbrio, isto é, $\varphi = 0$; esta posição é estável. Para $F > F_{\text{crít}}$, esta posição se torna instável, e duas novas posições de equilíbrio estável $\pm\varphi_2$ aparecem. Então, existem três diferentes posições de equilíbrio nessa região.

Como uma bifurcação da solução aparece para a carga crítica $F = F_{crít}$, este determinado valor em diagramas de deslocamento de carga é chamado de "ponto de bifurcação". A carga crítica e a bifurcação de uma solução desempenham papel importante na análise do comportamento da estabilidade de estruturas *elásticas*.

Exemplo 8.9 O corpo homogêneo mostrado na figura 8.18a (densidade *g*) consiste de um cilindro semicircular (raio *r*) e um bloco retangular (altura *h*).

Determine o valor de *h* para o qual o corpo está em equilíbrio neutro numa posição arbitrária.

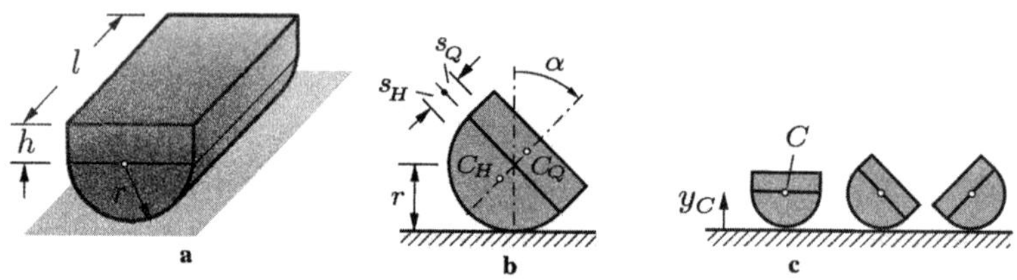

Figura 8.18

Solução O bloco retangular tem o peso

$$W_Q = 2rhl\varrho g$$

e a distância de seu centro de gravidade medida a partir das superfície de separação das duas partes do corpo é

$$s_Q = h/2$$

(figura 8.18b). Os valores correspondentes para o semicilindro são

$$W_H = \frac{1}{2}\pi r^2 l \varrho g$$

e

$$s_H = \frac{4}{3}\pi r$$

(veja a tabela 4.1).

Se escolhermos a superfície da base como nível de referência para o potencial, obteremos a seguinte expressão para uma posição arbitrária α:

$$V = \varrho g l \left[\frac{\pi r^2}{2}\left(r - \frac{4r}{3\pi}\cos\alpha\right) + 2rh\left(r + \frac{h}{2}\cos\alpha\right)\right].$$

As posições de equilíbrio são determinadas a partir de

$$V' = \frac{dV}{d\alpha} = \varrho\, gl \operatorname{sen}\alpha \left[\frac{2}{3}r^3 - rh^2\right] = 0.$$

Uma primeira posição de equilíbrio vem de

$$\text{sen}\,\alpha = 0 \qquad \rightarrow \qquad \alpha_1 = 0.$$

Assim, a configuração de referência (caracterizada por $\alpha = 0$) em que os centros de gravidade C_Q e C_H se encontram um sobre o outro numa linha vertical é uma posição de equilíbrio. A derivada V' também desaparecerá se o termo entre chaves se tornar zero:

$$\frac{2}{3}r^3 - rh^2 = 0 \qquad \rightarrow \qquad \underline{\underline{h = \sqrt{\frac{2}{3}}r.}}$$

Posições de equilíbrio com α arbitrário só existem para esse valor específico de h.

Para aplicar o critério de estabilidade, consideramos a segunda derivada

$$V'' = \varrho\, gl \cos\alpha \left[\frac{2}{3}r^3 - rh^2\right].$$

Para um valor arbitrário de α e $h = \sqrt{2/3}\;r$, a segunda derivada V'' e todas as derivadas mais altas são iguais a zero. As posições de equilíbrio são, portanto, neutras. O corpo, então, está em equilíbrio em toda posição arbitrária, como mostrado na figura 8.18c.

Este problema também pode ser resolvido sem o uso do potencial e suas derivadas. Uma posição de equilíbrio será neutra se o centro de gravidade permanecer na mesma elevação durante uma rotação ($\Delta V \equiv 0$). Então, o centro de gravidade C do corpo inteiro deve ter a elevação r constante acima da base para α arbitrário. Usando (4.13), o centro de gravidade é dado por

$$y_C = \frac{\dfrac{\pi r^2}{2}\left(r - \dfrac{4r}{3\pi}\right) + 2rh\left(r + \dfrac{h}{2}\right)}{\dfrac{\pi r^2}{2} + 2rh}.$$

Após algumas manipulações algébricas, h resulta da condição $y_C = r$. Este valor é idêntico àquele calculado acima.

Exemplo 8.10 Determine o tipo de estabilidade da posição de equilíbrio do problema 8.1.

Solução Escolhemos o nível zero do potencial da força W no nível do apoio A (figura 8.9a). O nível zero do potencial da força Q é escolhido na altura em que o contrapeso está localizado quando a ponte levadiça está na posição vertical ($\varphi = 0$). Com $s = 2l\,\text{sen}\,(\varphi/2)$, o potencial total como função da coordenada φ torna-se

$$V(\varphi) = \frac{Wl}{2}\cos\varphi + Qs = \frac{Wl}{2}\cos\varphi + 2Ql\,\text{sen}\,\frac{\varphi}{2}.$$

Usando a relação $\text{sen}\,\varphi = 2\text{sen}\,(\varphi/2)\cos(\varphi/2)$, as derivadas são obtidas como

$$V' = \frac{Wl}{2}\,\text{sen}\,\varphi + Ql\cos\frac{\varphi}{2} = (-W\,\text{sen}\,\frac{\varphi}{2} + Q)l\cos\frac{\varphi}{2},$$

$$V'' = \frac{Wl}{2}\cos\varphi - \frac{Ql}{2}\,\text{sen}\,\frac{\varphi}{2}.$$

A partir de $V' = 0$, novamente obtemos a posição de equilíbrio

$$\text{sen}\,(\varphi/2) = Q/W.$$

Sem mais cálculos, podemos ver que V'' é negativa para $\varphi < \pi/2$. Deste modo, a posição de equilíbrio determinada no problema 8.1 é instável.

8.6 Problemas suplementares

Soluções detalhadas para a maioria dos exemplos seguintes são dadas em (**A**) D. Gross et al. *Formeln und Aufgaben zur Technischen Mechanik 1*, Springer, Berlin 2011, ou (**B**) W. Hauger et al. *Aufgaben zur Technischen Mechanik 1-3*, Springer, Berlin 2011.

Exemplo 8.11 O mecanismo mostrado na figura 8.19 está sujeito a uma força F e um momento M_0. Os pesos dos três elos podem ser desprezados.

Aplique o princípio do trabalho virtual para encontrar a posição de equilíbrio $\varphi = \varphi^*$.

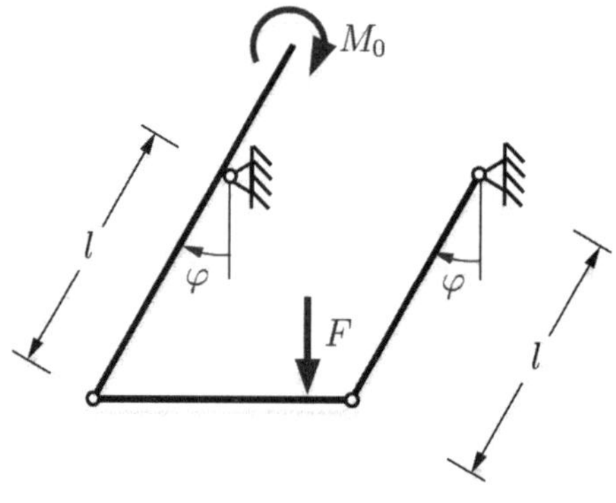

Figura 8.19

Resultado: veja (B) $\qquad \varphi^* = \arcsen \dfrac{M_0}{Fl}.$

Exemplo 8.12 Uma viga articulada está sujeita a uma carga de linha q_0 e a uma força concentrada F (figura 8.20).

Determine a reação de apoio B com o auxílio do princípio do trabalho virtual.

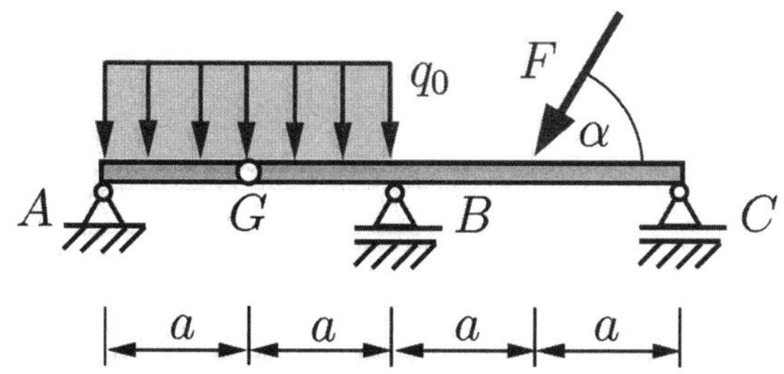

Figura 8.20

Resultado: veja (B) $B = 2q_0a + \frac{1}{2}F \operatorname{sen} \alpha.$

Exemplo 8.13 O sistema da figura 8.21 é preso por uma mola (rigidez k) e uma mola de torção (rigidez k_T). A força na mola e o momento na mola de torção são zero na posição de equilíbrio mostrada na figura. Essa posição de equilíbrio será instável se a força aplicada F exceder um valor crítico $F_{crít}$.

Encontre $F_{crít}$.

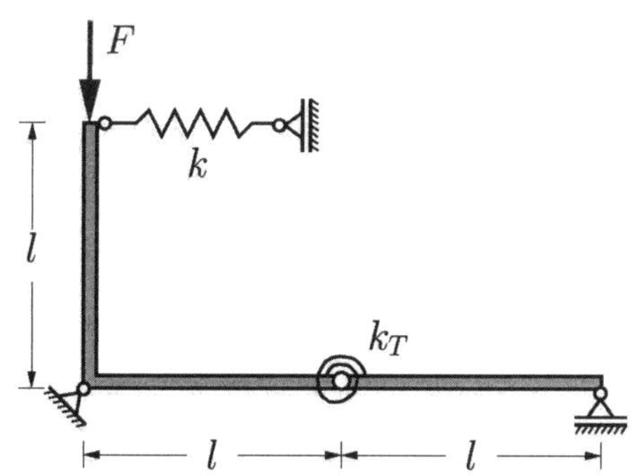

Figura 8.21

Resultado: veja (A) $F_{crít} = kl + 4k_T/l.$

Exemplo 8.14 Uma rampa hidráulica é esquematicamente apresentada na figura 8.22. Os dois braços (ambos de comprimento l) são conectados por pinos em seus centros M. Um carro (peso W) encontra-se sobre a rampa.

Determine a força F que tem de ser gerada no pistão hidráulico e aplicada à alavanca de comprimento a para manter o sistema em equilíbrio.

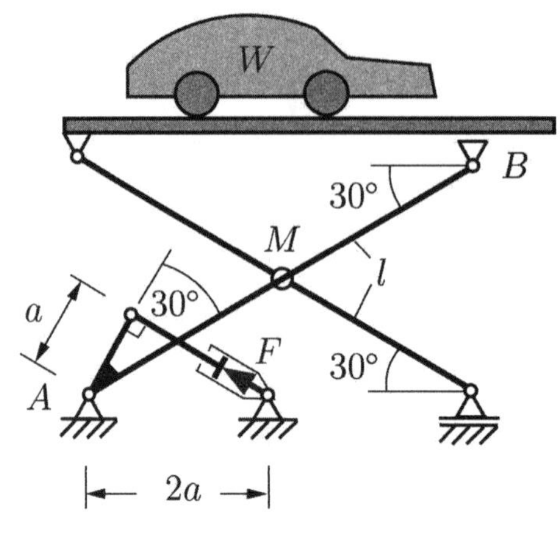

Figura 8.22

Resultado: veja (B) $F = \frac{\sqrt{3}l}{2a}W.$

Exemplo 8.15 Uma roda (peso *W*, raio *r*) rola sobre um cilindro circular (raio *R*) sem deslizar. Ela está presa a uma parede por uma mola (rigidez *k*). A mola é mantida numa posição horizontal pelo apoio; a força na mola é zero na posição mostrada na figura 8.23.

Determine as posições de equilíbrio e investigue sua estabilidade.

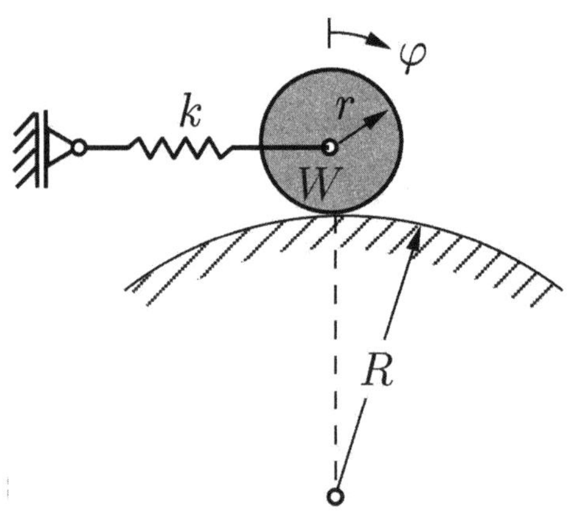

Figura 8.23

Resultados: veja (B)

$\varphi_1 = 0$ ($W < k(R + r)$: estável),
($W \geq k(R + r)$: instável),

$$\varphi_{2,3} = \pm\arccos \frac{W}{k(R+r)} \text{ (instável).}$$

Exemplo 8.16 O mecanismo de guindaste deslizante mostrado na figura 8.24 consiste do braço $\overline{AC}$ e da haste de conexão $\overline{BC}$. Seus pesos podem ser desprezados em comparação com a força F que atua em B.

Determine o momento $M(\alpha)$ que é necessário para manter o sistema em equilíbrio num ângulo arbitrário α.

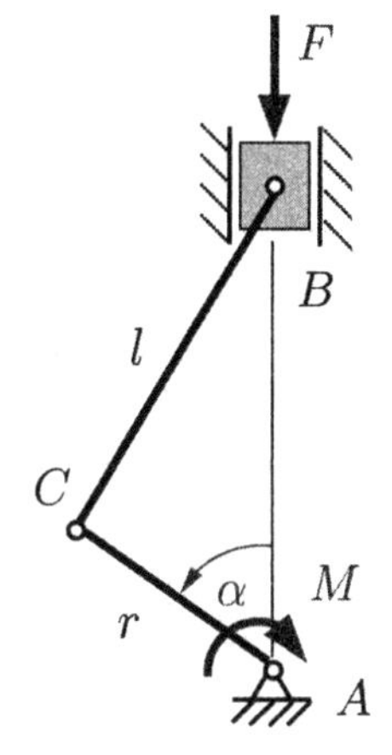

Figura 8.24

Resultado: veja (A) $M = Fr \operatorname{sen} \alpha \left(1 + \dfrac{r\cos\alpha}{\sqrt{l^2 - r^2 sen^2\alpha}}\right)$

Exemplo 8.17 Calcule a força S_1 no membro 1 da estrutura da figura 8.25.

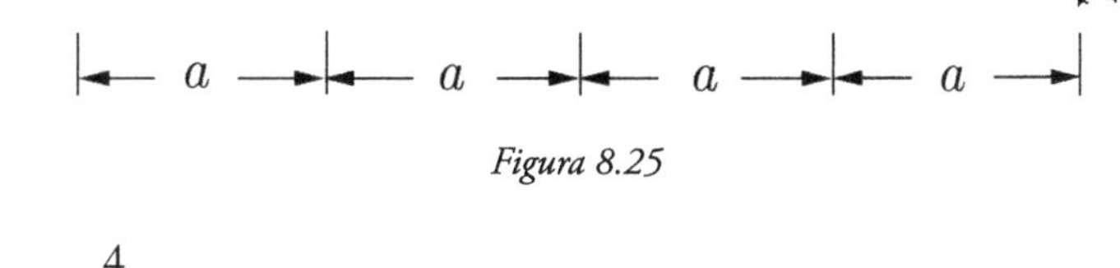

Figura 8.25

Resultado: veja (A) $S_1 = \dfrac{4}{3} q_0 a.$

Exemplo 8.18 Uma massa concentrada m é presa a um disco circular (raio R, massa M) como mostrado na figura 8.26. O disco rola num plano inclinado (sem deslizamento!).

Determine as posições de equilíbrio e investigue sua estabilidade.

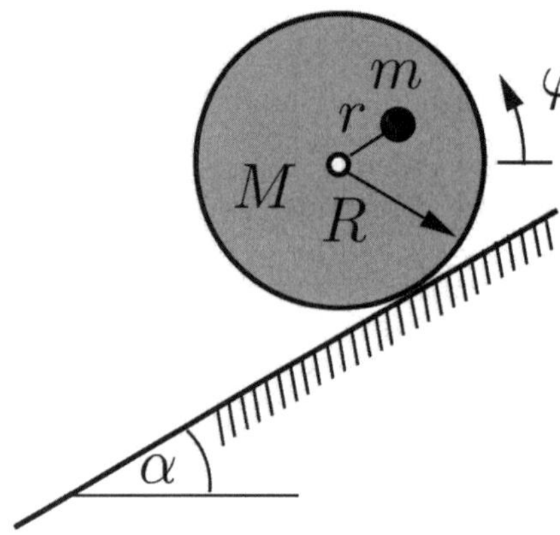

Figura 8.26

Resultados: veja (B)

$\varphi_1 = 0 \quad (\kappa = 1$, instável),

$\varphi_2 = \pm\arccos\kappa \quad (\kappa < 1$, estável),

$$\kappa = \cos\varphi = (M + m)R \operatorname{sen}\alpha/(mr).$$

Exemplo 8.19 A figura 8.27 mostra esquematicamente a porta *CD* (peso *W*, altura $2r$) de uma garagem. Ela é apoiada numa alavanca *BC* e numa mola *AB* (rigidez *k*). A mola está em repouso para $\alpha = \pi$. A distância entre os pontos *B* e *M* é denotada por *a*.

Investigue a estabilidade das configurações de equilíbrio para o caso $a \ll r$ e $Wr/ka^2 = 3$.

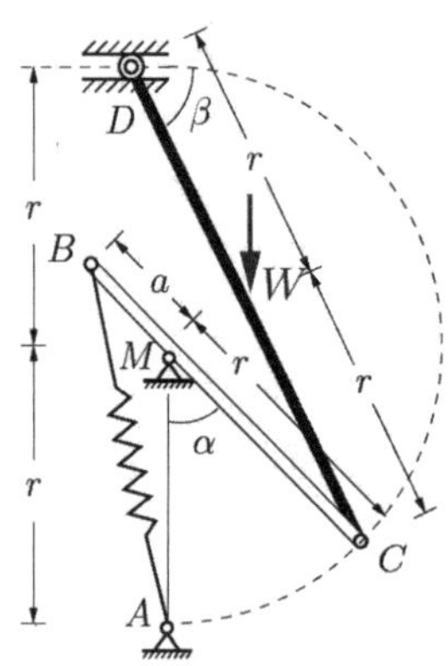

Figura 8.27

Resultado: veja (A)

$\alpha_1 = 0$ (instável), $\alpha_2 = \pi/3$ (estável), $\alpha_3 = \pi$ (instável).

8.7 Resumo

- O trabalho realizado por uma força $\boldsymbol{F}$ durante um deslocamento infinitesimal $\mathrm{d}\boldsymbol{r}$ do ponto de aplicação da força é $\mathrm{d}U = \boldsymbol{F} \cdot \mathrm{d}\boldsymbol{r}$. O trabalho realizado durante um deslocamento finito é dado por

  $$U = \int \boldsymbol{F} \cdot \mathrm{d}\boldsymbol{r}.$$

  Nota: a expressão "trabalho = força x deslocamento" será válida se, e somente se, os sentidos da força e do deslocamento coincidirem e a força for constante.

- O trabalho U de uma força conservativa é independente do caminho. Uma força conservativa pode ser derivada de um potencial (energia potencial) $V = -U$.

- Os potenciais de um peso W, da força de uma mola e do momento de uma mola de torção, respectivamente, são dados por

  $$V = Wz, \qquad V = \frac{1}{2}kx^2, \qquad V = \frac{1}{2}k_T\varphi^2.$$

- Deslocamentos virtuais $\delta\boldsymbol{r}$ ou rotações $\delta\varphi$ são infinitesimais, imaginários (eles não existem realmente) e cinematicamente possíveis. O trabalho virtual de uma força $\boldsymbol{F}$ é dado por $\delta U = \boldsymbol{F} \cdot \delta\boldsymbol{r}$, e o trabalho virtual de um momento $\boldsymbol{M}$ por $\delta U = \boldsymbol{M} \cdot \delta\varphi$.

- Um sistema mecânico estará em equilíbrio se o trabalho realizado pelas forças externas desaparecer durante um deslocamento virtual a partir desta posição:

  $$\delta U = 0.$$

- Num sistema conservativo, o potencial total tem um valor extremo numa posição de equilíbrio. A posição de equilíbrio x_0 de um sistema com um grau de liberdade é caracterizada por

  $$V'(x_0) = 0.$$

- Um estado de equilíbrio será estável (instável) se seu potencial total tiver um mínimo (máximo):

  $$V''(x_0) > 0 \quad \rightarrow \quad \text{estável}, \quad V''(x_0) < 0 \quad \rightarrow \quad \text{instável}.$$

Capítulo 9

Atrito estático e cinético

Objetivos: Corpos em contato exercem uma força uns contra os outros. No caso de superfícies idealmente lisas, essa força atua perpendicularmente ao plano de contato. Se as superfícies forem ásperas, porém, poderá haver também uma componente de força tangencial. Os estudantes vão aprender que essa componente tangencial será uma força de reação se os corpos aderirem, e uma força ativa se os corpos deslizarem. Depois de estudar este capítulo, os estudantes deverão ser capazes de aplicar a teoria do atrito de Coulomb para determinar as forças em sistemas com contato.

9.1 Princípios básicos

Neste livro didático, até agora, ficou subentendido que todos os corpos considerados tinham superfícies *lisas*. Depois, de acordo com o capítulo 2.4, apenas forças perpendiculares ao plano de contato podiam ser transferidas entre dois corpos em contato. Esta descrição do comportamento mecânico será apropriada se as forças tangenciais que ocorrem em verdade devido à *aspereza* das superfícies puderem ser desprezadas. Neste capítulo, veremos problemas para os quais esta simplificação não é válida. Primeiro, vamos considerar o seguinte exemplo simples.

A figura 9.1a mostra uma caixa de peso W repousando sobre uma superfície horizontal áspera. Se uma força horizontal F suficientemente pequena for aplicada à caixa, poderemos esperar que ela fique em repouso. A razão para esse comportamento é a transferência de uma força tangencial entre a base e a caixa, devido à aspereza das superfícies. Essa força tangencial é frequentemente chamada de *força de atrito estático H*.

Usando a notação dada no diagrama de corpo livre (figura 9.1b), as condições de equilíbrio para esse sistema levam às relações seguintes:

$$\uparrow: \quad N = W, \qquad \rightarrow: \quad H = F. \tag{9.1}$$

O equilíbrio dos momentos levariam, adicionalmente, à localização de N, que não é necessária, aqui.

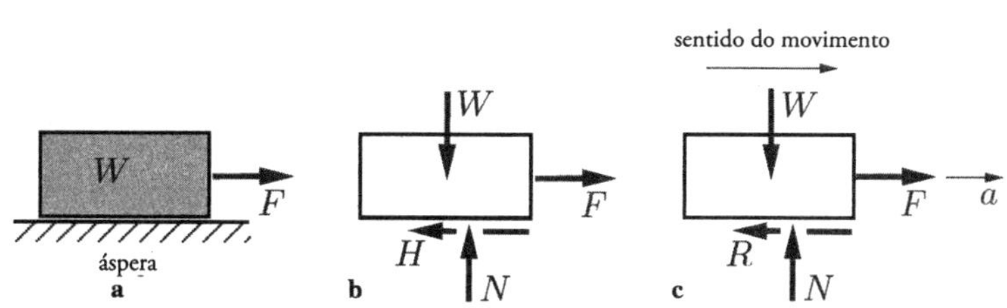

Figura 9.1

Se a força F exceder um certo limite, a caixa deslizará sobre a base (figura 9.1c). Novamente, uma força é transferida entre a caixa e a base devida à aspereza das superfícies. Essa força tangencial é comumente denominada *força de atrito cinético R*. Como ela tende a impedir o movimento, sua orientação é oposta ao sentido do movimento. Supondo que a aceleração a seja positiva para a direita, a segunda condição de equilíbrio (9.1) é substituída pela segunda lei de Newton (cf. volume sobre *Dinâmica*)

$$\text{massa vezes aceleração} = \sum \text{forças},$$

isto é, no exemplo atual,

$$ma = F - R. \tag{9.2}$$

Aqui, a força de atrito cinético R ainda é desconhecida.

Muito embora o atrito estático e cinético seja causado pela aspereza das superfícies, sua natureza específica é fundamentalmente diferente. A força de atrito estático H é uma *força de reação* que pode ser determinada a partir das condições de equilíbrio para sistemas estaticamente determinados, sem exigir considerações adicionais. Por outro lado, a força de atrito cinético R representa uma *força ativa*, dependendo das características da superfície dos corpos em contato. Para manter em mente essa diferença fundamental, devemos cuidadosamente distinguir entre *atrito estático* correspondendo a atrito numa posição de repouso e *atrito cinético* relacionado ao movimento de corpos em contato. Em conformidade, distinguimos precisamente entre as *forças de atrito estático* e as de *atrito cinético*.

Forças de atrito serão fortemente alteradas se outros materiais forem postos entre os corpos considerados. Todo motorista ou ciclista sabe a diferença entre uma pista seca, molhada ou mesmo congelada. Lubrificantes podem reduzir significativamente o atrito no caso de partes móveis de máquinas. Devido à natureza introdutória deste capítulo, o "atrito fluido" e fenômenos relacionados não serão estudados.

As investigações seguintes estão restritas ao caso do assim chamado atrito *seco* que ocorre devido à aspereza da superfície de qualquer corpo sólido.

Atritos estáticos e cinéticos são de grande relevância prática. É o atrito estático que permite o movimento no chão. Por exemplo, rodas de veículos aderem à superfície da estrada. Forças necessárias para aceleração ou desaceleração são transferidas nas áreas de contato. Se essas forças não puderem ser aplicadas, por exemplo, no caso de estradas congeladas, as rodas deslizarão e o estado desejado de movimento não poderá ser alcançado.

Parafusos e pregos são capazes de realizar suas tarefas devido a sua aspereza. Este efeito é reforçado no caso de buchas de parafusos, com a aspereza aumentada de sua superfície.

Por outro lado, o atrito cinético muitas vezes é indesejado, devido à perda de energia resultante. Nas áreas de contato, energia mecânica é convertida em energia térmica, resultando num aumento de temperatura. Enquanto tentamos aumentar o atrito estático em estradas com deslizamentos, espalhando areia, o atrito cinético de partes rotatórias de máquinas é reduzido por lubrificantes, como mencionado anteriormente. Novamente, fica evidente que atrito estático e cinético precisam ser cuidadosamente distinguidos.

9.2 Teoria do atrito de Coulomb

Vamos primeiro considerar o atrito estático, usando o exemplo da figura 9.1b. Desde que F seja menor que um certo limite F_0, a caixa permanecerá em repouso e o equilíbrio produz $H = F$. A força tangencial H atinge seu valor máximo $H = H_0$ para $F = F_0$. Charles Augustine de Coulomb (1736–1806) mostrou em suas experiências que essa força limite H_0 está numa primeira aproximação proporcional à força normal N:

$$H_0 = \mu_0 N. \tag{9.3}$$

O fator de proporcionalidade μ_0 é comumente denominado *coeficiente de atrito estático*. Ele depende unicamente da aspereza das superfícies em contato, a despeito de seus tamanhos. A tabela 9.1 mostra vários valores numéricos para diferentes configurações. Note que coeficientes derivados de experimentos só podem ser dados dentro de certos limites de tolerância; o coeficiente para "madeira sobre madeira", por exemplo, depende fortemente do tipo de madeira e do tratamento das superfícies. Também devemos notar que (9.3) só se relaciona com a força tangencial e a força normal no caso limite quando o deslizamento é iminente; ela *não é* uma equação para a força de atrito estático H.

Tabela 9.1

	coeficiente de atrito estático μ_0	coeficiente de atrito cinético μ
aço sobre gelo	0,03	0,015
aço sobre aço	0,15 … 0,5	0,1 … 0,4
aço sobre Teflon	0,04	0,04
couro sobre metal	0,4	0,3
madeira sobre madeira	0,5	0,3
pneu sobre neve	0,7 … 0,9	0,5 … 0,8
esqui sobre neve	0,1 … 0,3	0,04 … 0,2

Um corpo adere a sua base desde que a *condição de atrito estático*

$$H \leq H_0 = \mu_0 N \tag{9.4a}$$

é satisfeita. A orientação da força de atrito H sempre se opõe ao sentido do movimento que ocorreria na ausência do atrito. Para sistemas complexos, essa orientação muitas vezes não é facilmente identificável, e deve, portanto, ser considerada arbitrariamente. O sinal algébrico do resultado mostra se esta consideração foi correta (compare, por exemplo, com a seção 5.1.3). Na vista de um possível sinal algébrico negativo de H, generalizamos a condição (9.4a) como segue:

$$|H| \leq H_0 = \mu_0 N. \tag{9.4b}$$

A força normal N e a força de atrito estático H podem ser montadas numa força resultante K (figura 9.2a). Seu sentido é definido pelo ângulo φ, que pode ser derivado de

$$tg\,\varphi = \frac{H}{N}$$

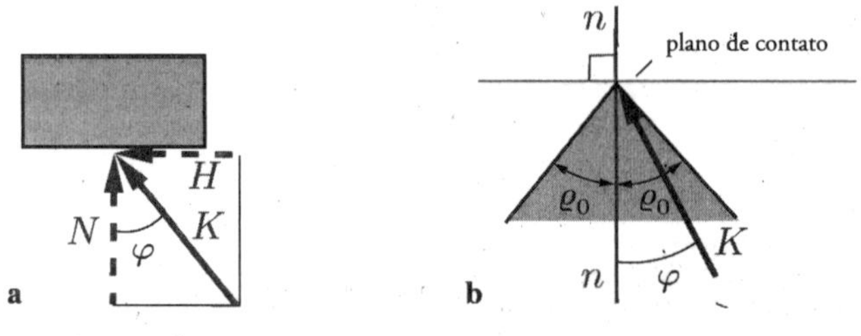

Figura 9.2

Referindo-nos ao ângulo limite φl como ϱ_0 (no caso $H = H_0$), temos

$$\text{tg}\,\varphi l = \text{tg}\,\varrho_0 = \frac{H_0}{N} = \frac{\mu_0 N}{N} = \mu_0.$$

Este assim chamado "ângulo de atrito estático" ϱ_0 está relacionado com o coeficiente de atrito estático:

$$\text{tg}\,\varrho_0 = \mu_0. \tag{9.5}$$

Uma "cunha de atrito estático" para um problema plano (figura 9.2b) é obtida pelo desenho do ângulo de atrito estático ϱ_0 de ambos os lados da normal n. Se K estiver localizado dentro desta cunha, $H < H_0$ será válido e o corpo permanecerá em repouso.

No espaço tridimensional, o ângulo de atrito estático ϱ_0 também pode ser interpretado graficamente. Um corpo permanecerá em repouso se a força de reação K correspondente a uma carga externa arbitrariamente orientada estiver localizada dentro do assim chamado "cone de atrito estático". Este cone de revolução em torno da normal n do plano de contato tem um ângulo de abertura de $2\varrho_0$. Se K estiver localizado dentro do cone de atrito estático, $\varphi < \varrho_0$ e, consequentemente, $|H| < H_0$ será válido (figura 9.3).

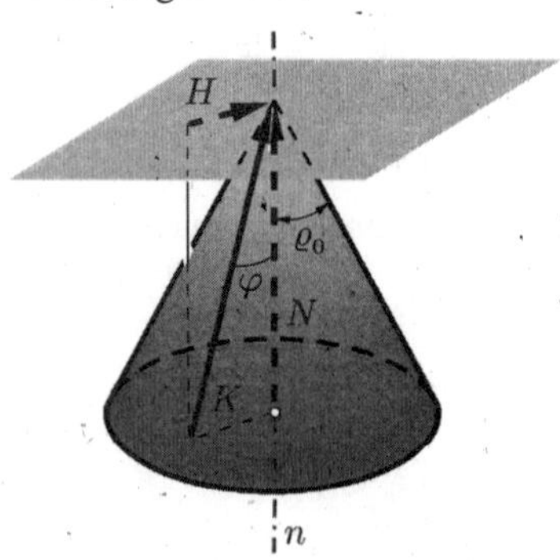

Figura 9.3

Se K estiver fora desse cone, o equilíbrio não será mais possível: o corpo começará a se mover. Agora, vamos discutir o fenômeno do atrito ocorrendo nesse caso. Mais uma vez, Coulomb demonstrou experimentalmente que a força de atrito R relacionada com o movimento é (numa boa aproximação)

a. proporcional à força normal N (fator de proporcionalidade μ) e
b. orientada no sentido oposto do vetor velocidade, ao mesmo tempo que é independente da velocidade.

Consequentemente, a *lei do atrito* pode ser afirmada como segue:

$$R = \mu N. \tag{9.6}$$

O fator de proporcionalidade μ é denominado *coeficiente de atrito cinético*. Em geral, seu valor é menor que o coeficiente de atrito estático μ_0, introduzido anteriormente (compare com a tabela 9.1).

Quando considerando o sentido de $\boldsymbol{R}$ por meio de uma fórmula matemática, um vetor unitário $\boldsymbol{v}/|\boldsymbol{v}|$ orientado na direção do vetor velocidade $\boldsymbol{v}$ deve ser introduzido. A lei do atrito de Coulomb, então, torna-se

$$R = -\mu N \frac{v}{|v|},$$

com o sinal de menos indicando que a força de atrito atua no sentido oposto do vetor velocidade. Em comparação com as forças de atrito estático, o sentido de direção de forças de atrito cinético, portanto, não pode ser arbitrariamente presumido.

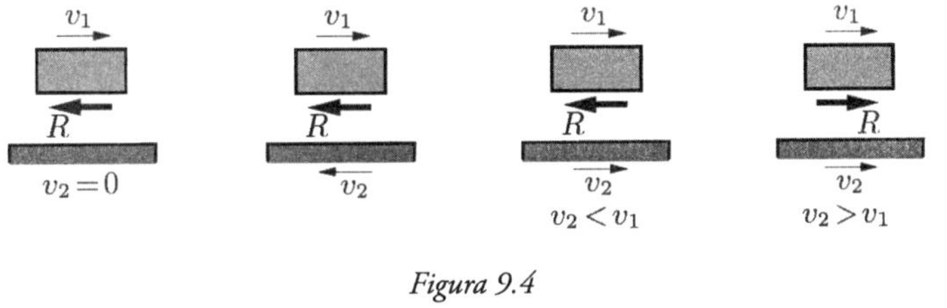

Figura 9.4

Se ambos, o corpo e a base, se moverem (p.ex., produtos em massa deslizando numa esteira de transporte), então o sentido da força de atrito cinético dependerá da velocidade relativa, isto é, da diferença das velocidades v_1 e v_2 (cf. volume sobre Dinâmica). Na figura 9.4, o sentido resultante da força de atrito cinético exercida sobre o corpo é ilustrado para diferentes configurações.

Em resumo, os três casos seguintes têm de ser distinguidos:

a) "Atrito estático" $H < \mu_0 N$ — O corpo permanece em repouso; a força de atrito estático correspondente H pode ser calculada a partir das condições de equilíbrio.

b) "Atrito limitante" $H = \mu_0 N$ — O corpo ainda está em repouso mas no limite de se mover. Após uma perturbação, o corpo se porá em movimento devido ao fato de que $\mu < \mu_0$.

c) "Atrito cinético" $R = \mu N$ — Se o corpo deslizar, a força de atrito cinético R atuará como força ativa.

Quando investigando fenômenos de atrito, temos de distinguir entre sistemas estaticamente determinados e indeterminados, respectivamente. No primeiro caso, as forças de reação H e N podem ser calculadas a partir das condições de equilíbrio, num primeiro passo. Subsequentemente, o preenchimento da condição de atrito estático (9.4b) pode ser verificado. Em problemas estaticamente indeterminados, a determinação das forças de reação H e N não é possível. Neste caso, só podemos formular condições de equilíbrio, bem como condições de atrito estático, nas localizações em que os corpos aderem. Assim, um sistema de equações e inequações algébricas precisa ser resolvido. Porém, neste caso, muitas vezes é mais fácil investigarmos apenas o caso de atrito limitante.

Exemplo 9.1 Um bloco de peso W repousa sobre um plano inclinado áspero (ângulo de inclinação α, coeficiente de atrito estático μ_0) está sujeito a uma força externa F (figura 9.5a).

Especifique a faixa de F tal que o bloco permaneça em repouso.

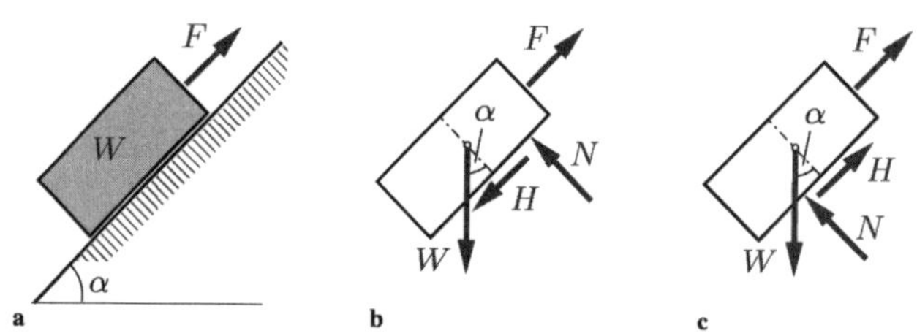

Figura 9.5

Solução Se F for uma força suficientemente grande, o bloco se moverá para cima sem atrito estático. A força de atrito estático H, então, é orientada para baixo (figura 9.5b). A partir das condições de equilíbrio

$$\nearrow: \quad F - W \operatorname{sen} \alpha - H = 0, \qquad \nwarrow: \quad N - W \cos \alpha = 0,$$

a força de atrito estático e a força normal podem ser determinadas:

$$H = F - W \operatorname{sen} \alpha, \qquad N = W \cos \alpha.$$

Inserindo essas forças em (9.4a), estabelecemos a faixa de F que preenche a cond[illegible] estático:

$F - W \text{sen}\, \alpha \leq \mu_0 W \cos \alpha \qquad \rightarrow \qquad F \leq W(\text{sen}\, \alpha + \mu_0 \cos \alpha).$

Usando (9.5), podemos reformular a relação anterior em termos do ângulo de atrito estático ϱ_0:

$$F \leq W(\text{sen}\, \alpha + \text{tg}\, \varrho_0 \cos \alpha) = W \frac{sen(\alpha + \varrho_0)}{\cos \varrho_0}. \tag{a}$$

Por outro lado, se F for muito pequena, o bloco poderá deslizar para baixo, devido a seu peso. A força de atrito estático que impede esse movimento é, então, orientada para cima, de acordo com a figura 9.5c. Nesse caso, a partir das equações de equilíbrio

$\nearrow: \quad F - W \text{sen}\, \alpha + H = 0, \qquad \nwarrow: \quad N - W \cos \alpha = 0$

e da condição de atrito estático

$H \leq \mu_0 N,$

obtemos a seguinte desigualdade:

$W \text{sen}\, \alpha - F \leq \mu_0 W \cos \alpha.$

Este resultado pode ser formulado em termos do ângulo de atrito estático:

$$F \geq W(\text{sen}\, \alpha - \mu_0 \cos \alpha) = W \frac{sen(\alpha + \varrho)}{\cos \varrho_0}. \tag{b}$$

Resumindo os resultados (a) e (b), temos a seguinte faixa admissível para a força F:

$$\underline{\underline{W \frac{sen(\alpha - \varrho_0)}{\cos \varrho_0} \leq F \leq W \frac{sen(\alpha + \varrho_0)}{\cos \varrho_0}}}. \tag{c}$$

Supondo, por exemplo, o caso "aço sobre aço", o coeficiente de atrito $\mu_0 = 0{,}15$, da tabela 9.1, temos que $\varrho_0 = \text{arctg}\ 0{,}15 = 0{,}149$. Escolhendo ainda mais $\alpha = 10^\circ \triangleq 0{,}175$ rad, obtemos, de (c)

$$W \frac{sen(0.175 - 0.149)}{\cos 0.149} \leq F \leq W \frac{sen(0.175 + 0.149)}{\cos 0.149}$$

ou

$0{,}026 W \leq F \leq 0{,}32 W.$

Nesse exemplo numérico, o bloco permanece em repouso desde que F esteja na faixa entre aproximadamente 3% e 30% de seu peso W. Se $\alpha < \varrho_0$, o limite inferior da faixa de F será igual a zero. Consequentemente, a inclinação do plano será uma medida direta do coeficiente de atrito estático. Um corpo sob ação unicamente de seu próprio peso (isto é, $F = 0$), permanece em repouso num plano inclinado desde que $\alpha \leq \varrho_0$ seja válido.

Exemplo 9.2 Um homem pesando Q encontra-se sobre uma escada como mostrado na figura 9.6a.

Determine a posição máxima x a que ele pode chegar na escada se a) *somente* o piso e b) o piso *e* a parede tiverem superfícies ásperas. O coeficiente de atrito estático em ambos os casos é μ_0.

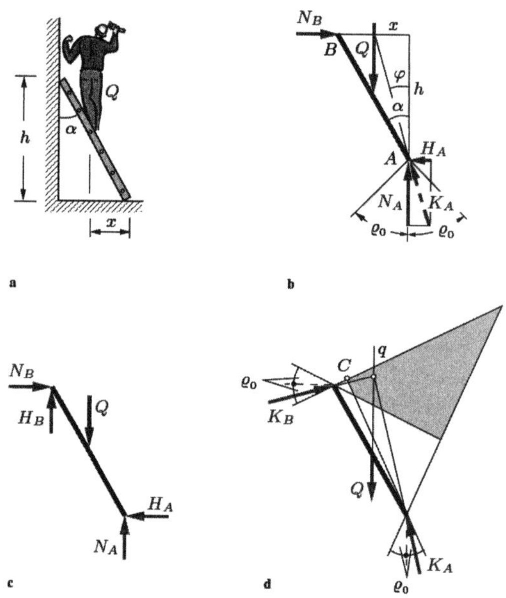

Figura 9.6

Solução a) Se a superfície da parede for lisa, a escada estará sujeita apenas a uma força normal N_B em B (figura 9.6b). Em A, temos uma força normal N_A e uma força de atrito estático H_A (opondo-se ao movimento que ocorreria sem atrito estático). A partir das condições de equilíbrio

$$\rightarrow: \quad N_B - H_A = 0, \qquad \uparrow: \quad N_A - Q = 0, \qquad \widehat{A}: \quad xQ - hN_B = 0,$$

a força normal e a força de atrito estático no ponto A podem ser calculadas:

$$H_A = \frac{x}{h}Q, \qquad N_A = Q.$$

A inserção na condição de atrito estático

$$H_A \leq \mu_0 N_A$$

produz a solução

$$\frac{x}{h}Q \leq \mu_0 Q \quad \rightarrow \quad \underline{\underline{x \leq \mu_0 h.}}$$

Este resultado pode também ser obtido da seguinte forma: em equilíbrio, as linhas de ação das três forças Q, N_B e K_A (resultante de N_A e H_A) têm de fazer interseção em *um* ponto (figura 9.6b). Assim,

$$tg\varphi = \frac{H_A}{N_A} = \frac{x}{h}.$$

A linha de ação da força de reação K_A deve ser localizada dentro do cone de atrito estático ($\varphi \leq \varrho_0$). Consequentemente, a escada permanecerá em repouso desde que

$$\frac{x}{h} = \text{tg}\ \varphi \leq \text{tg}\ \varrho_0 = \mu_0 \quad \rightarrow \quad x \leq \mu_0 h.$$

Para $\alpha \leq \varrho_0$, a estabilidade da escada é assegurada para todos os valores possíveis de x, devido a $x \leq h$ tg α.

b) Se a superfície da parede também for *áspera*, quatro forças de reação incógnitas serão exercidas sobre a escada, de acordo com a figura 9.6c. No entanto, apenas três equações de equilíbrio estão disponíveis. Assim, essas forças não podem ser determinadas inequivocamente e o problema é *estaticamente indeterminado*. De qualquer forma, podemos calcular a faixa admissível de x a partir das equações de equilíbrio

$$\rightarrow: \quad N_B = H_A, \qquad \uparrow: \quad N_A + H_B = Q,$$

$$\widehat{A}: \quad xQ = hN_B + (h\ \text{tg}\ \alpha)H_B$$

e as condições de atrito estático

$$H_B \leq \mu_0 N_B, \qquad H_A \leq \mu_0 N_A.$$

Uma vez que a solução do sistema de equações e inequações não é direta, preferimos a abordagem gráfica ilustrada na figura 9.6d. Para tanto, os cones de atrito estático são desenhados em ambos os pontos de contato. Se a linha de ação q da carga Q estiver localizada dentro do domínio dos cones sobrepostos, marcado em verde, uma infinidade de forças de reação possíveis será concebível; um exemplo de *uma* combinação é ilustrado na figura 9.6d. A escada começa a deslizar se q estiver localizado à esquerda de C, já que, neste caso, a força de atrito estático necessária não poderá mais ser aplicada. Obviamente, o perigo de deslizamento é reduzido ou mesmo eliminado no caso de uma posição mais íngreme da escada.

Exemplo 9.3 Um parafuso com segmento chato (coeficiente de atrito estática μ_0, inclinação h, raio r) está sujeito a uma carga vertical F e a um momento M_d, como mostrado na figura 9.7a.

Informe a condição para equilíbrio se as forças normais e as forças de atrito estático forem uniformemente distribuídas ao longo de seu segmento.

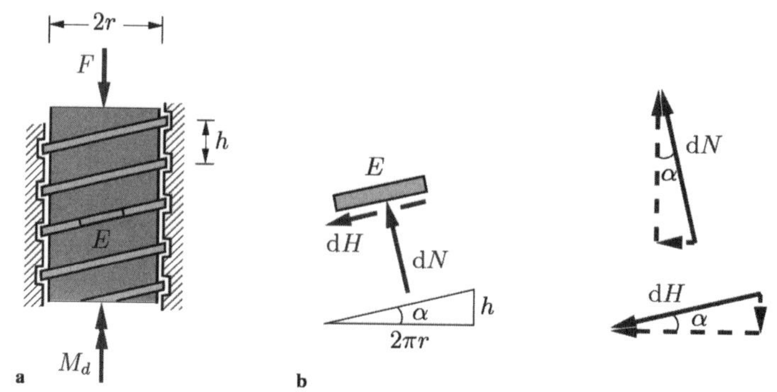

Figura 9.7

Solução Decompomos a força normal dN e a força de atrito estático dH exercidas sobre um elemento E do segmento em suas componentes horizontal e vertical, como ilustrado na figura 9.7b. O ângulo α correspondente pode ser determinado a partir da inclinação h e do perímetro desenrolado $2\pi r$ como tg $\alpha = h/2\pi r$. A resultante, isto é, a integral das componentes verticais, tem de equilibrar a carga externa F:

$$F = \int dN \cos\alpha - \int dH \operatorname{sen}\alpha = \cos\alpha \int dN - \operatorname{sen}\alpha \int dH. \tag{a}$$

Além disso, M_d tem de estar em equilíbrio com o momento resultante das componentes horizontais:

$$M_d = \int r\, dN \operatorname{sen}\alpha + \int r\, dH \cos\alpha = r \operatorname{sen}\alpha \int dN + r\cos\alpha \int dH.$$

Em combinação com (a), obtemos

$$\int dN = F\cos\alpha + \frac{M_d}{r}\operatorname{sen}\alpha, \qquad \int dH = \frac{M_d}{r}\cos\alpha - F\operatorname{sen}\alpha.$$

Introduzindo a condição de atrito estático

$$|dH| \leq \mu_0 dN \qquad \text{ou} \qquad \int |dH| \leq \mu_0 \int dN,$$

obtemos

$$\left|\frac{M_d}{r}\cos\alpha - F sen\alpha\right| \leq \mu_0\left(F\cos\alpha + \frac{M_d}{r} sen\alpha\right).$$

Se $M_d/r > F$ tg α, essa inequação resultará em

$$\left|\frac{M_d}{r} - Ftg\,\alpha\right| = \frac{M_d}{r} - Ftg\,\alpha \leq \mu_0\left(F + \frac{M_d}{r}tg\,\alpha\right)$$

ou, usando (9.5) e o teorema da adição da função tangente

$$\frac{M_d}{r} \leq F\frac{tg\,\alpha + \mu_0}{1 - tg\,\alpha\,\mu_0} = F\frac{tg\,\alpha + tg\,\varrho_0}{1 - tg\,\alpha\,tg\,\varrho_0} = Ftg(\alpha + \varrho_0).$$

Se, por outro lado, $M_d/r < F\,\text{tg}\,\alpha$, analogamente obteremos de

$$\left|\frac{M_d}{r} - Ftg\,\alpha\right| = Ftg\,\alpha - \frac{M_d}{r} \leq \mu_0\left(F + \frac{M_d}{r}tg\,\alpha\right)$$

a condição

$$\frac{M_d}{r} \geq F\,\text{tg}\,(\alpha - \varrho_0).$$

Portanto, o parafuso está em equilíbrio desde que

$$\underline{\underline{Ftg(\alpha - \varrho_0) \leq \frac{M_d}{r} \leq Ftg(\alpha + \varrho_0)}}$$

seja válido. Em particular, se $\alpha \leq \varrho_0$ (isto é, $\text{tg}\,\alpha \leq \mu_0$), a carga F será suportada apenas pelas forças de atrito estático e nenhum momento externo será necessário para o equilíbrio ($M_d = 0$). Neste caso, o parafuso é "autotravado".

9.3 Atrito de fita

Se uma corda envolta num poste áspero estiver sujeita a uma grande força em uma de suas extremidades, uma força pequena na outra extremidade poderá ser capaz de impedir a corda de deslizar. Na figura 9.8a, a corda está envolta em torno do poste num ângulo α. Presumimos que a força S_2 aplicada à extremidade esquerda da corda é maior que a força S_1 exercida na extremidade direita. Para estabelecer uma relação entre essas forças, traçamos o diagrama de corpo livre mostrado na figura 9.8b e aplicamos as condições de equilíbrio a um elemento da corda com comprimento $\mathrm{d}s$. Nesse contexto, levamos em conta que a tensão está mudando por uma força infinitesimal $\mathrm{d}S$ ao longo de $\mathrm{d}s$. Como $S_2 > S_1$ é válido, a corda deslizaria para a esquerda num caso sem atrito; isto é, o deslizamento só pode ser evitado se a força de atrito estático $\mathrm{d}H$ estiver orientada para a direita. As condições de equilíbrio estático são

$$\rightarrow: \quad S\cos\frac{d\varphi}{2} - (S + \mathrm{d}S)\cos\frac{d\varphi}{2} + \mathrm{d}H = 0,$$

$$\uparrow: \quad \mathrm{d}N - S\,\text{sen}\,\frac{d\varphi}{2} - (S + \mathrm{d}S)\,\text{sen}\,\frac{d\varphi}{2} = 0.$$

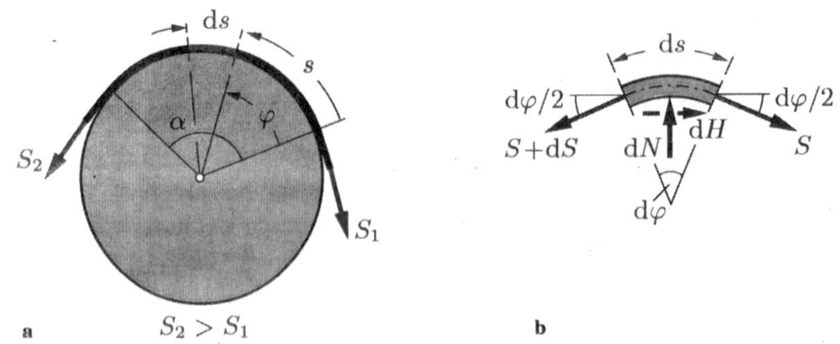

Figura 9.8

Como dφ é infinitesimalmente pequeno, obtemos cos (dφ/2) ≈ 1 e sen (dφ/2) ≈ dφ/2; além disso, o termo de mais alta ordem dS(dφ/2) é pequeno e pode ser desprezado no que segue. Consequentemente, as relações acima são simplificadas para

$$\mathrm{d}H = \mathrm{d}S, \qquad \mathrm{d}N = S\mathrm{d}\varphi. \tag{9.7}$$

Obviamente, as três incógnitas H, N e S não podem ser determinadas a partir dessas duas equações: o sistema é estaticamente indeterminado. Portanto, apenas o caso de atrito limitante é considerado, isto é, quando o deslizamento da corda é iminente. Neste caso, (9.3) dá

$$\mathrm{d}H = \mathrm{d}H_0 = \mu_0 \mathrm{d}N.$$

Aplicando (9.7), temos

$$\mathrm{d}H = \mu_0 S\mathrm{d}\varphi = \mathrm{d}S \qquad \rightarrow \qquad \mu_0 \mathrm{d}\varphi = \frac{dS}{S}.$$

A integração sobre o domínio de contato da corda produz

$$\mu_0 \int_0^\alpha d\varphi = \int_{S_1}^{S_2} \frac{dS}{S} \qquad \rightarrow \qquad \mu_0 \alpha = \ln \frac{S_2}{S_1}$$

ou

$$S_2 = S_1 e^{\mu_0 \alpha}. \tag{9.8}$$

Esta fórmula para o atrito de fita é comumente denominada em homenagem a Leonhard Euler (1707–1783) ou Johann Albert Eytelwein (1764–1848).

Se, ao contrário da suposição inicial, $S_1 > S_2$ for válido, temos simplesmente de trocar os subscritos para obter

$$S_1 = S_2 e^{\mu_0\alpha} \quad \text{ou} \quad S_2 = S_1 e^{-\mu_0\alpha}. \tag{9.9}$$

Para um dado S_1, o sistema está em equilíbrio desde que o valor de S_2 permaneça dentro dos limites dados em (9.8) e (9.9):

$$S_1 e^{-\mu_0\alpha} \le S_2 \le S_1 e^{\mu_0\alpha}. \tag{9.10}$$

A corda deslizará para a direita se $S_2 < S_1 e^{-\mu_0\alpha}$, e deslizará para a esquerda se $S_2 > S_1 e^{\mu_0\alpha}$

O exemplo numérico seguinte dá uma ideia da razão entre as duas forças. Consideramos a corda como enrolada n vezes em torno do poste; o coeficiente de atrito estático é dado por $\mu_0 = 0{,}3 \approx 1/\pi$. Neste caso, obtemos

$$e^{\mu_0 2n\pi} \approx e^{2n} \approx (7.5)^n \qquad \text{e} \qquad S_1 = \frac{S_2}{e^{\mu_0\alpha}} = \frac{S_2}{(7.5)^n}.$$

Consequentemente, quanto mais a corda estiver enrolada em torno do apoio, menor será a força S_1 necessária para equilibrar a força maior S_2. Tiramos vantagem desse efeito quando, por exemplo, atracamos um barco.

A fórmula de Euler-Eytelwein pode ser transferida do atrito de fita estático para o cinético pela simples substituição do coeficiente de atrito estático μ_0 pelo correspondente coeficiente de atrito cinético μ. O atrito cinético poderá ocorrer se a corda deslizar sobre um tambor fixo ou se o tambor girar enquanto a corda está em repouso. O sentido da força de atrito R é oposto ao sentido da velocidade relativa (compare com a figura 9.4). Quando sabemos em que sentido R atua, também sabemos qual das forças S_1 ou S_2 é a maior. Então

$$\begin{aligned} &\text{para } S_2 > S_1: && S_2 = S_1 e^{\mu\alpha}, \\ &\text{para } S_2 < S_1: && S_2 = S_1 e^{-\mu\alpha}. \end{aligned} \tag{9.11}$$

Exemplo 9.4 O rolete cilíndrico mostrado na figura 9.9a está sujeito a um momento M_d. Uma fita áspera (coeficiente de atrito estático μ_0) é enrolada em torno do rolete e conectada a uma alavanca.

Determine o valor mínimo de F tal que o rolete fique em repouso (freio de fita).

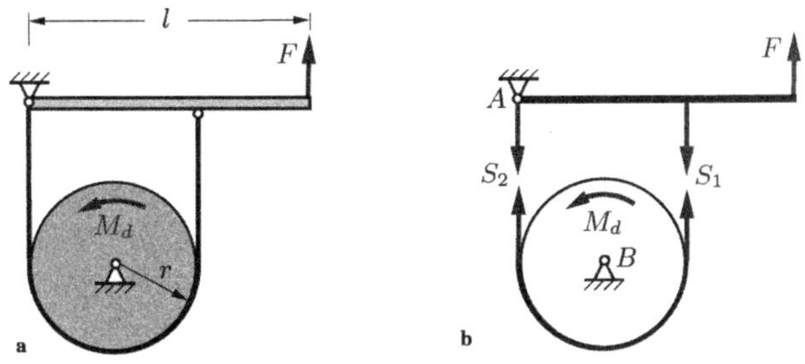

Figura 9.9

Solução O diagrama de corpo livre do sistema é dado na figura 9.9b. O equilíbrio de momentos para ambos, alavanca e rolete, produz:

$$\overset{\frown}{A}: \quad lF - 2rS_1 = 0 \quad \rightarrow \quad S_1 = \frac{l}{2r}F,$$

$$\overset{\frown}{B}: \quad M_d + (S_1 - S_2)r = 0 \quad \rightarrow \quad S_1 = S_2 - \frac{M_d}{r}.$$

Obviamente, $S_2 > S_1$ é válido para o equilíbrio devido à orientação de M_d. Introduzindo o ângulo de enrolamento $\alpha = \pi$, a condição para atrito limitante vem de (9.8):

$$S_2 = S_1 e^{\mu_0 \pi}.$$

Então,

$$S_1 = S_1 e^{\mu_0 \pi} - \frac{M_d}{r} \quad \rightarrow \quad S_1 = \frac{M_d}{r\left(e^{\mu_0 \pi} - 1\right)},$$

e obtemos a força necessária

$$\underline{\underline{F}} = \frac{2r}{l}S_1 = \underline{\underline{2\frac{M_d}{l}\frac{1}{e^{\mu_0 \pi} - 1}}}.$$

Exemplo 9.5 Um bloco de peso W repousa sobre um tambor giratório. Ele está preso por uma corda que está fixa num ponto A (figura 9.10a).

Determine a tensão em A se o atrito atuar entre o tambor e ambos, o bloco e a corda (cada qual com coeficiente de atrito cinético μ).

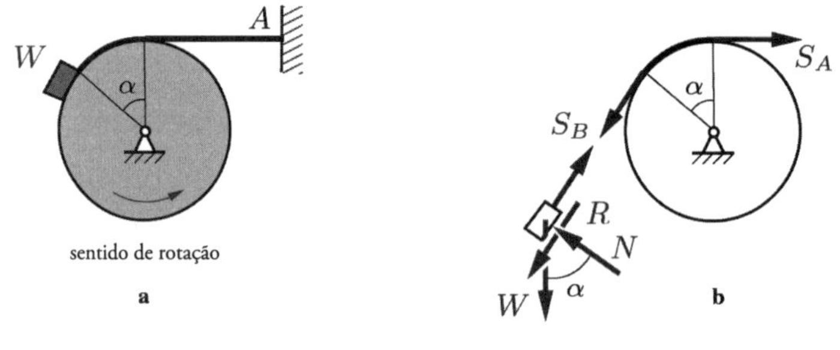

Figura 9.10

Solução Primeiro, os corpos são separados. Devido ao movimento do tambor, uma força de atrito R é exercida sobre o bloco. Seu sentido é dado no diagrama de corpo livre mostrado na figura 9.10b. Além disso, $S_A > S_B$ é válido. A partir das condições de equilíbrio para o bloco, as forças S_B e N são determinadas como

$$\nearrow: \quad S_B = W \operatorname{sen} \alpha + R, \qquad \nwarrow: \quad N = W \cos \alpha.$$

Introduzindo-as nas leis do atrito para a corda (9.11) e para o bloco (9.6)

$S_A = S_b e^{\mu\alpha}, \qquad R = \mu N,$

obtemos

$$\underline{\underline{S_A}} = (W sen\alpha + R)e^{\mu\alpha} = \underline{\underline{W(sen\alpha + \mu\cos\alpha)e^{\mu\alpha}}}.$$

9.4 Problemas suplementares

Soluções detalhadas para a maioria dos exemplos seguintes são dadas em (**A**) D. Gross et al. *Formeln und Aufgaben zur Technischen Mechanik 1*, Springer, Berlin 2011, ou (**B**) W. Hauger et al. *Aufgaben zur Technischen Mechanik 1-3*, Springer, Berlin 2011.

Exemplo 9.6 Uma esfera (peso W_1) e uma cunha (peso W_2) estão imprensadas entre duas paredes verticais com superfícies ásperas (figura 9.11). O coeficiente de atrito estático entre a esfera e a parede esquerda, e entre a cunha e a parede direita, respectivamente, é μ_0. A superfície inclinada O da cunha é lisa.

Determine o valor necessário de μ_0 para manter o sistema em equilíbrio.

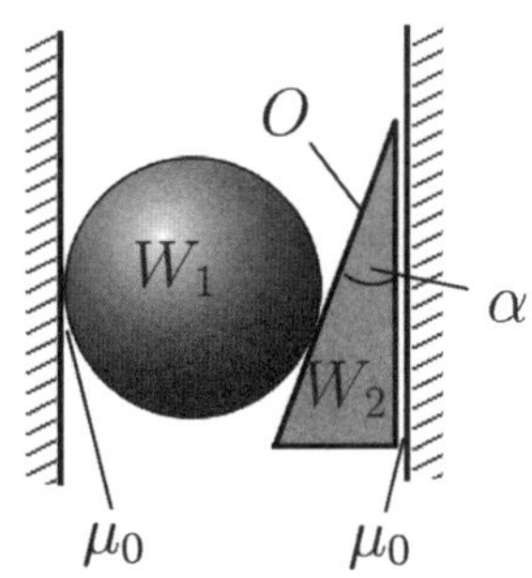

Figura 9.11

Resultado: veja (B) $\qquad \mu_0 \geq (1 + W_2/W_1)\text{tg}\,\alpha.$

Exemplo 9.7 O dispositivo excêntrico da figura 9.12 é usado para exercer uma grande força normal sobre a base. A força aplicada F, a força normal N desejada, o coeficiente de atrito estático μ_0, o comprimento l, o raio r e o ângulo α são dados.

Calcule a excentricidade e necessária.

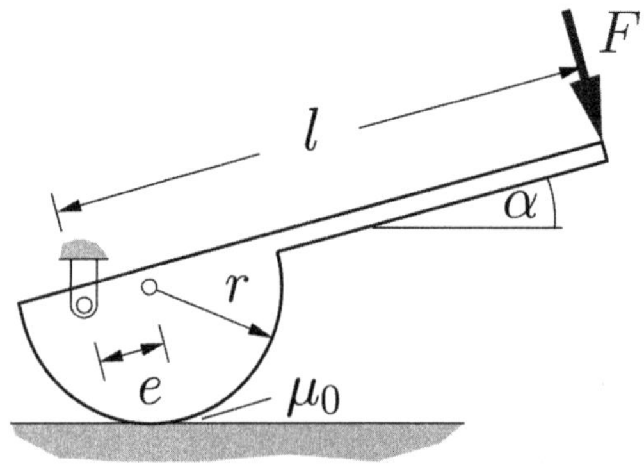

Figura 9.12

Resultado: veja (A) $e > \dfrac{l\dfrac{F}{N} - \mu_0 r}{\cos\alpha - \mu_0 sen\,\alpha}.$

Exemplo 9.8 Uma força *F* horizontal é exercida sobre uma alavanca vertical para impedir que uma carga (peso *W*) caia (figura 9.13). O tambor pode girar sem atrito em torno do ponto *B*; o coeficiente de atrito estático entre o tambor e o bloco é μ_0.

Determine a magnitude da força *F* necessária para evitar que o tambor gire.

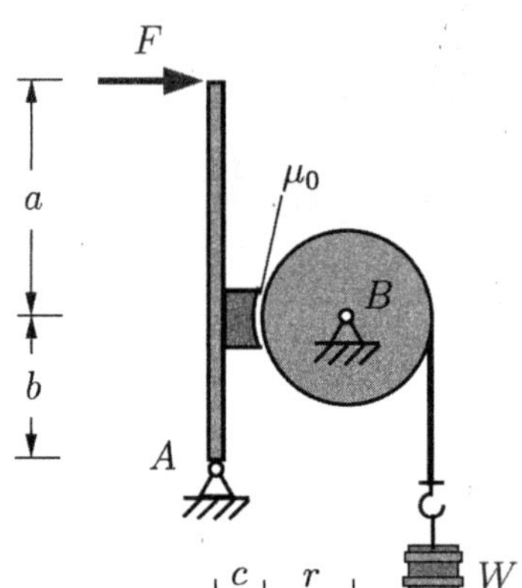

Figura 9.13

Resultado: veja (B) $F \geq \dfrac{b + \mu_0 c}{\mu_0 (a+b)} W.$

Exemplo 9.9 Uma parede e uma viga (peso W_2 = *W*) mantêm um rolete (peso W_1 = 3*W*) na posição, como mostrado na figura 9.14. A viga adere à base áspera; todas as demais áreas de contato são lisas.

Determine o valor mínimo do coeficiente de atrito estático μ_0 entre a base e a viga para evitar deslizamentos.

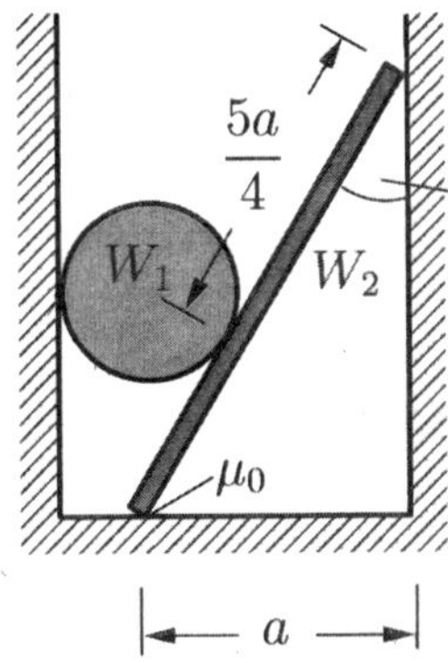

Figura 9.14

Resultado: veja (B) $\mu_0 \geq \sqrt{3}/3$.

Exemplo 9.10 Um bloco (peso W_2) é preso entre dois cilindros (cada qual de peso W_1) como mostrado na figura 9.15. Todas as superfícies são ásperas (coeficiente de atrito estático μ_0).

Encontre o valor máximo de W_2 para evitar deslizamentos.

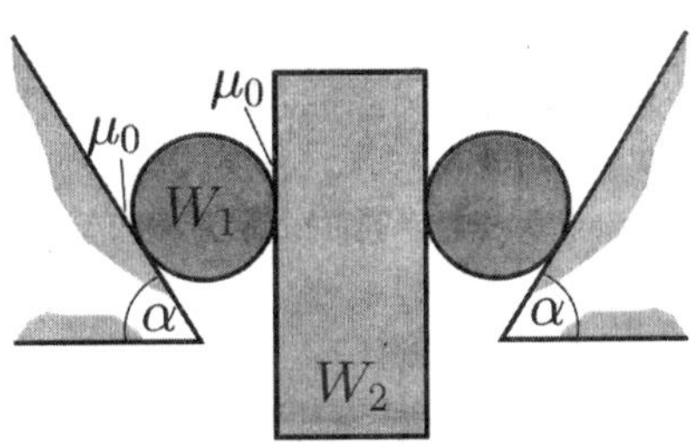

Figura 9.15

Resultado: veja (A) $$W_2 < \frac{2\mu_0 sen\,\alpha}{\cos\alpha - \mu_0(1 + sen\,\alpha)} W_1.$$

Exemplo 9.11 Um pino A que pode girar sem atrito e um pino fixo B estão presos a um membro curvo (peso W) como mostrado na figura 9.16. A corda suporta uma carga (peso $W_K = W/5$).

Determine o número de espiras da corda em torno do pino B necessárias para evitar deslizamento. Calcule o ângulo β na posição de equilíbrio.

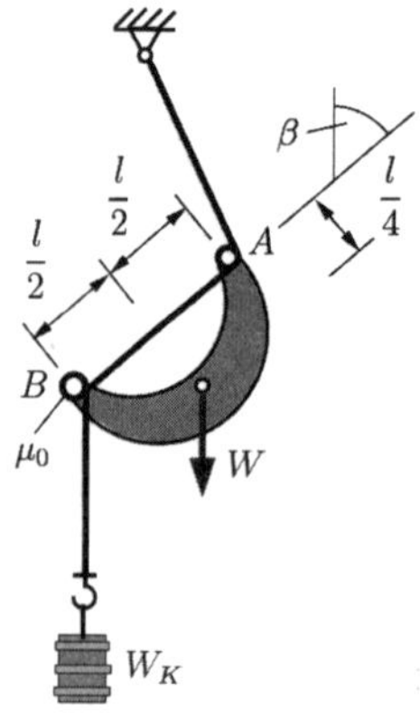

Figura 9.16

Resultados: veja (B) 3 espiras são suficientes, β = 19,7°.

Exemplo 9.12 Um bloco de peso *W* pode se mover verticalmente entre duas paredes lisas. Ele é preso por uma corda que passa em torno de três pinos ásperos fixos (coeficiente de atrito estático μ_0), como mostrado na figura 9.17.

Calcule a força *F* que vai assegurar que o bloco vai permanecer suspenso. Encontre as forças N_1, N_2 que são exercidas pelo bloco nas paredes.

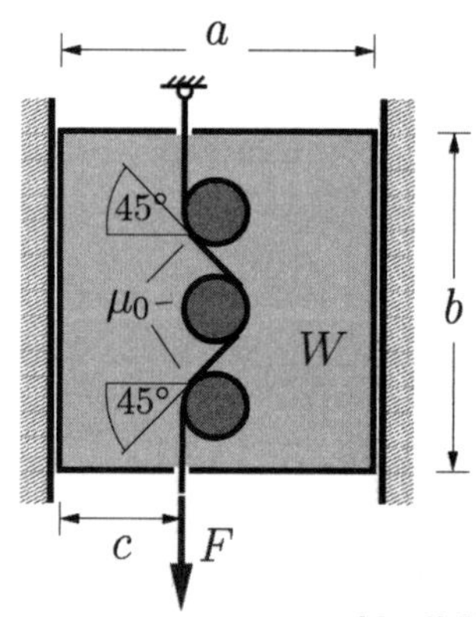

Figura 9.17

Resultados: veja (A) $F > \dfrac{W}{e^{\mu_0 \pi} - 1}$, $N_1 = N_2 = W\dfrac{a - 2c}{2b}$.

Exemplo 9.13 Três cilindros (cada qual de raio *r*, peso *W*) são arranjados como mostrado na figura 9.18. As superfícies de todos os planos de contato são ásperas (coeficiente de atrito estático μ_0).

Determine o valor mínimo de μ_0 para evitar deslizamentos.

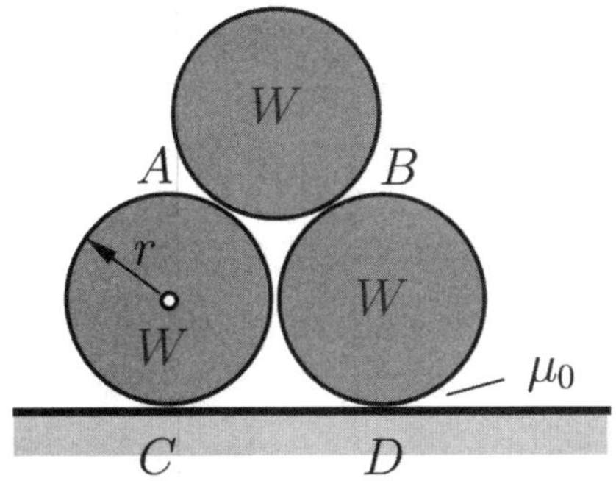

Figura 9.18

Resultado: $\mu_0 \geq 0{,}268$.

Exemplo 9.14 Um tambor giratório (peso W_1) exerce uma força normal e uma força de atrito cinético sobre uma cunha (figura 9.19). A cunha repousa sobre uma base áspera (coeficiente de atrito estático μ_0).

Encontre o valor do coeficiente de atrito cinético μ entre o tambor e a cunha que é necessário para mover a cunha para a direita.

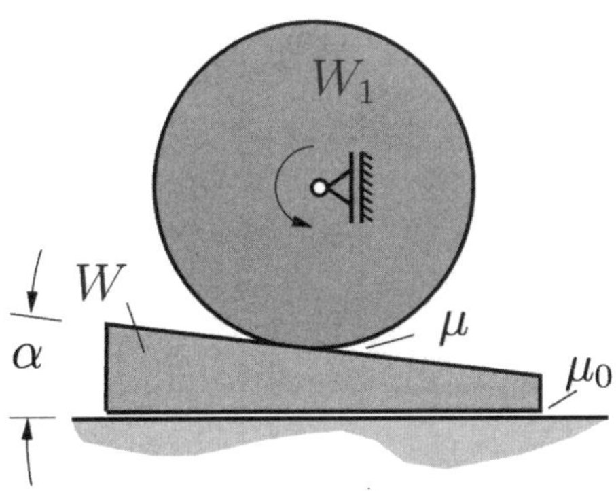

Figura 9.19

Resultado: veja (A) $$\mu = \frac{\mu_0 (1 + W / W_1) + tg\,\alpha}{1 - \mu_0 (1 + W / W_1) tg\,\alpha}.$$

Exemplo 9.15 Uma viga (comprimento $2a$, peso W) repousa sobre o apoio A. o triângulo preso a sua extremidade direita toca um tambor giratório (figura 9.20). O coeficiente de atrito estático μ_0 em A e o coeficiente de atrito cinético μ em B são dados.

a) Calcule o valor máximo permitido de x para evitar deslizamento em A.

b) Determine o valor necessário de μ_0 de modo que a viga não deslize para valores arbitrários de x ($0 \leq x \leq a$).

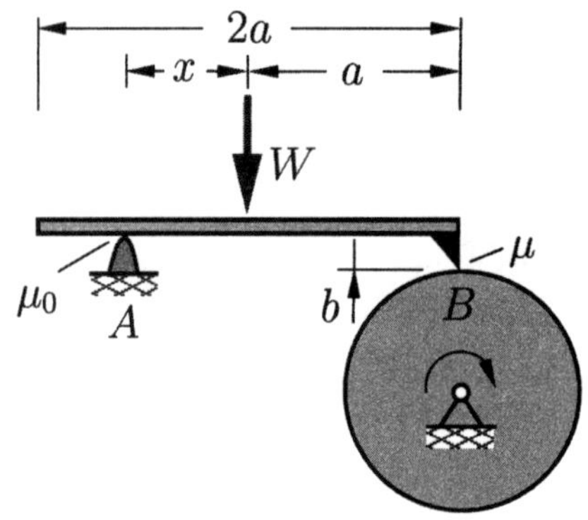

Figura 9.20

Resultados: a) $x \leq \dfrac{\mu_0 (a + \mu b)}{\mu}$ b) $\mu_0 \geq \dfrac{\mu a}{a + \mu b}$.

Exemplo 9.16 O tambor giratório da figura 9.21 está envolto por uma fita de freio que é apertada pela força F aplicada. O coeficiente de atrito cinético entre o tambor e a fita é μ.

Calcule a magnitude de F que é necessária para induzir um dado momento de frenagem M_B se a rotação do tambor for horária (h) e se ela for anti-horária (ah).

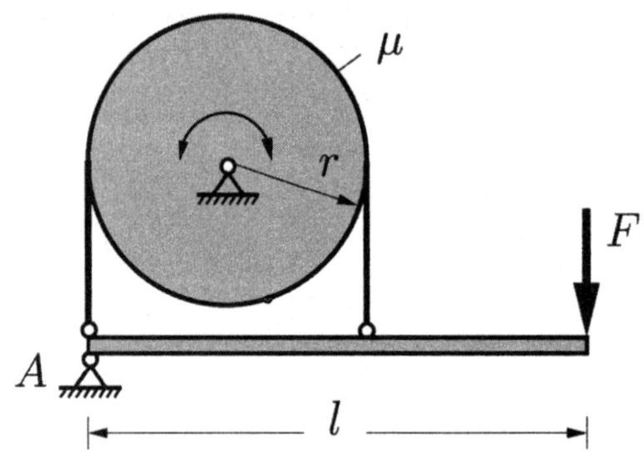

Figura 9.21

Resultados: veja (A) $F_c = \dfrac{2M_B}{l(e^{\mu\pi} - 1)}$, $F_{cc} = \dfrac{2M_B\, e^{\mu\pi}}{l(e^{\mu\pi} - 1)}$.

9.5 Resumo

- A força de atrito estático H é uma força de reação que pode ser determinada diretamente a partir das condições de equilíbrio, no caso de sistemas estaticamente determinados. Note que a orientação de H pode ser considerada arbitrariamente no diagrama de corpo livre.

- O valor absoluto da força de atrito estático H não pode exceder uma certa força de atrito limite H_0. Um corpo adere a outro se a condição de atrito estático

  $$|H| \leq H_0 = \mu_0 N$$

  for satisfeita.

- A força de atrito cinético R é uma força ativa dada pela lei do atrito de Coulomb

  $$R = \mu N.$$

  A força R é orientada no sentido oposto do vetor velocidade (relativa).

- No caso do atrito de fita estático, o caso limitante pode ser determinado com o auxílio da fórmula de Euler-Eytelwein:

  $$S_2 = S_1 e^{\mu_0 \alpha}.$$

- No caso do atrito de fita cinético, as forças também são relacionadas por meio da fórmula de Euler-Eytelwein se o coeficiente de atrito estático μ_0 for substituído pelo coeficiente cinético μ:

  $$S_2 = S_1 e^{\mu \alpha}.$$

Apêndice A

Vetores, sistemas de equações

A.1 Vetores

Quantidades físicas escalares (p.ex., tempo, massa, densidade) possuem apenas magnitude. *Vetores* são quantidades físicas (p.ex., força, velocidade, aceleração) que possuem magnitude e direção. Um vetor é representado geometricamente por uma seta. O sentido da seta coincide com o sentido do vetor; o comprimento da seta é uma medida da magnitude do vetor (figura A.1). É prática comum denotarmos um vetor por uma letra em negrito, por exemplo $\boldsymbol{A}$. A *magnitude* de um vetor é denotada por $|\boldsymbol{A}|$ ou por A. Ela é um número positivo ou zero. Um vetor com magnitude "1" é chamado de vetor unitário, e é denotado por $\boldsymbol{e}$. Um vetor com magnitude zero é chamado de vetor zero. O negativo de um vetor $\boldsymbol{A}$ é o vetor $-\boldsymbol{A}$; ele tem a mesma magnitude que $\boldsymbol{A}$, mas o sentido oposto. Dois vetores são iguais se tiverem a mesma magnitude e o mesmo sentido.

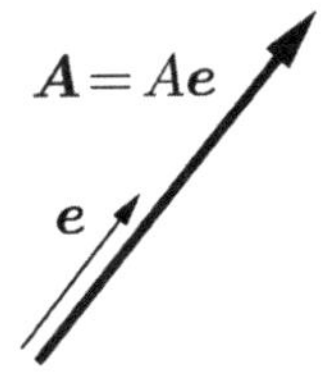

Figura A.1

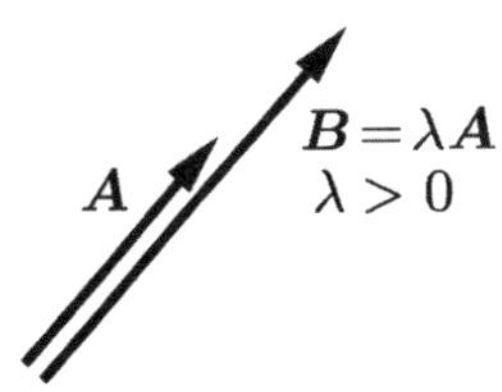

Figura A.2

Se um vetor $\boldsymbol{A}$ for multiplicado por um valor escalar λ, o vetor $\boldsymbol{B} = \lambda\boldsymbol{A}$ será obtido (figura A.2); ele tem a magnitude $|\boldsymbol{B}| = |\lambda||\boldsymbol{A}|$. O sentido de $\boldsymbol{B}$ coincide com o sentido de $\boldsymbol{A}$ se $\lambda > 0$, ao passo que será o oposto se $\lambda < 0$. Em conformidade, qualquer vetor pode ser escrito como o produto de sua magnitude pelo vetor unitário de mesmo sentido (figura A.1):

$$\boldsymbol{A} = A\boldsymbol{e}. \tag{A.1}$$

A adição de dois vetores $\boldsymbol{A}$ e $\boldsymbol{B}$ produz o vetor

$$\boldsymbol{C} = \boldsymbol{A} + \boldsymbol{B}. \tag{A.2}$$

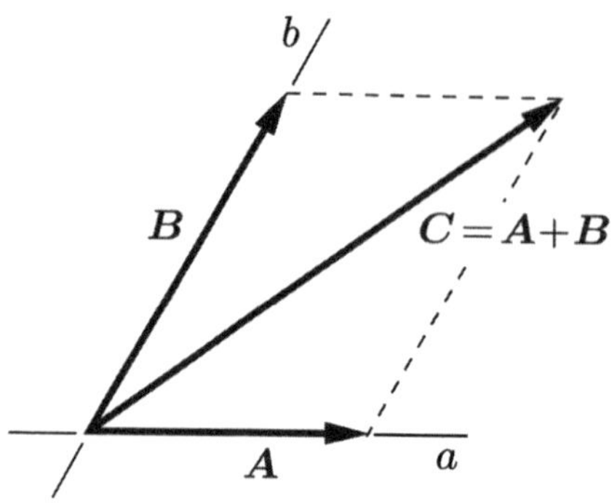

Figura A.3

Ele pode ser graficamente obtido: a soma dos dois vetores $\boldsymbol{A}$ e $\boldsymbol{B}$ é a diagonal do paralelogramo do qual $\boldsymbol{A}$ e $\boldsymbol{B}$ são lados adjacentes (figura A.3).

Esse paralelogramo também pode ser interpretado da seguinte maneira: um dado vetor $\boldsymbol{C}$ é decomposto em dois vetores $\boldsymbol{A}$ e $\boldsymbol{B}$ tendo as linhas de ação a e b. Os vetores $\boldsymbol{A}$ e $\boldsymbol{B}$ são, então, chamados de *componentes* do vetor $\boldsymbol{C}$ nas direções a e b. Em duas dimensões, a decomposição de um vetor em *duas* direções diferentes é única. Similarmente, a decomposição em *três* direções (não coplanares) é exclusivamente possível em problemas tridimensionais.

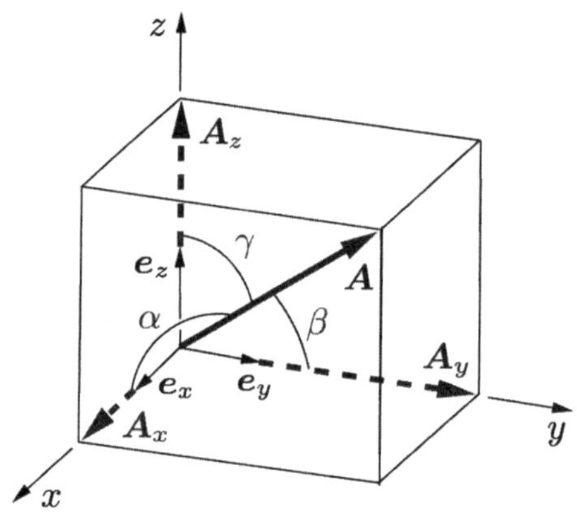

Figura A.4

Para conveniência de cálculos, vetores são normalmente decompostos num sistema de coordenadas cartesianas (figura A.4). As componentes são, então, chamadas de componentes retangulares. Os vetores unitários mutuamente perpendiculares $\boldsymbol{e}_x$, $\boldsymbol{e}_y$ e $\boldsymbol{e}_z$ (chamados de vetores base) apontam nos sentidos positivos de x, y e z, respectivamente. Os vetores $\boldsymbol{e}_x$, $\boldsymbol{e}_y$ e $\boldsymbol{e}_z$, nesta ordem, formam um sistema da mão direita: os dedos polegar, indicador e médio, nesta ordem, podem representar as direções de $\boldsymbol{e}_x$, $\boldsymbol{e}_y$ e $\boldsymbol{e}_z$.

O vetor $\boldsymbol{A}$ pode ser decomposto em suas componentes retangulares $\boldsymbol{A}_x$, $\boldsymbol{A}_y$ e $\boldsymbol{A}_z$ nas direções x, y e z, respectivamente (figura A.4):

$$\boldsymbol{A} = \boldsymbol{A}_x + \boldsymbol{A}_y + \boldsymbol{A}_z. \tag{A.3}$$

De acordo com (A.1), as componentes podem ser escritas como

$$\boldsymbol{A}_x = A_x\boldsymbol{e}_x, \qquad \boldsymbol{A}_y = A_y\boldsymbol{e}_y, \qquad \boldsymbol{A}_z = A_z\boldsymbol{e}_z. \tag{A.4}$$

Daí, obtemos de (A.3)

$$\boldsymbol{A} = A_x\boldsymbol{e}_x + A_y\boldsymbol{e}_y + A_z\boldsymbol{e}_z. \tag{A.5}$$

Os valores A_x, A_y e A_z são chamados de *coordenadas* do vetor $\boldsymbol{A}$. Note que eles também são frequentemente chamados de componentes de $\boldsymbol{A}$ (muito embora, estritamente falando, as componentes sejam os vetores $\boldsymbol{A}_j$ ($j = x,y,z$)).

Podemos arranjar as coordenadas na forma de uma coluna:

$$A = \begin{pmatrix} A_x \\ A_y \\ A_z \end{pmatrix}. \tag{A.6}$$

Esta representação do vetor $\boldsymbol{A}$ é chamada de vetor coluna. Frequentemente, é mais apropriado arranjar as coordenadas numa linha, em vez de uma coluna. Se as colunas e as linhas forem trocadas, o vetor será "transposto"; isso é indicado pelo sobrescrito "T". Assim, o vetor $\boldsymbol{A}$ pode também ser escrito na forma do assim chamado vetor linha:

$$\boldsymbol{A} = (A_x, A_y, A_z)^T. \tag{A.7}$$

Um vetor é exclusivamente determinado por suas três coordenadas. Sua magnitude vem do teorema de Pitágoras:

$$|A| = A = \sqrt{A_x^2 + A_y^2 + A_z^2}. \tag{A.8}$$

O sentido de $\boldsymbol{A}$ é determinado pelos três ângulos α, β e γ. Os cossenos do sentido

$$\cos\alpha = \frac{A_x}{A}, \qquad \cos\beta = \frac{A_y}{A}, \qquad \cos\gamma = \frac{A_z}{A} \tag{A.9}$$

são tiradas da figura A.4. Portanto, de (A.8)

$$\frac{A_x^2}{A^2} + \frac{A_y^2}{A^2} + \frac{A_z^2}{A^2} = 1 \tag{A.10}$$

e, consequentemente,

$$\cos^2\alpha + \cos^2\beta + \cos^2\gamma = 1. \tag{A.11}$$

Desta forma, os três ângulos α, β e γ não são independentes.

A equação vetorial

$$\boldsymbol{A} = \boldsymbol{B} \tag{A.12}$$

é equivalente às três equações escalares

$$A_x = B_x, \qquad A_y = B_y, \qquad A_z = B_z. \tag{A.13}$$

Assim, dois vetores serão iguais se as três coordenadas de ambos coincidirem.

No que segue, alguns elementos de álgebra vetorial são dados usando a representação dos vetores num sistema de coordenadas cartesianas.

A.1.1 Multiplicação de um vetor por um escalar

Usando (A.3) e (A.4), a multiplicação de um vetor $\boldsymbol{A}$ por um escalar λ (figura A.2) resulta no vetor

$$\begin{aligned} \boldsymbol{B} &= \lambda \boldsymbol{A} = \boldsymbol{A}\lambda = \lambda(\boldsymbol{A}_x + \boldsymbol{A}_y + \boldsymbol{A}_z) \\ &= \lambda A_x \boldsymbol{e}_x + \lambda A_y \boldsymbol{e}_y + \lambda A_z \boldsymbol{e}_z. \end{aligned} \tag{A.14}$$

Então, toda coordenada do vetor é multiplicada pelo escalar λ. Se λ for positivo, $\boldsymbol{B}$ terá o mesmo sentido de $\boldsymbol{A}$; se λ for negativo, $\boldsymbol{B}$ apontará no sentido oposto. No caso especial de $\lambda = -1$, o negativo do vetor $\boldsymbol{A}$ será obtido: $\boldsymbol{B} = -\boldsymbol{A}$. Para $\lambda = 0$, o vetor zero $\boldsymbol{0}$ será obtido.

A.1.2 Adição e subtração de vetores

A soma de dois vetores $\boldsymbol{A}$ e $\boldsymbol{B}$ é dada por

$$\begin{aligned} \boldsymbol{C} = \boldsymbol{A} + \boldsymbol{B} &= (A_x\boldsymbol{e}_x + A_y\boldsymbol{e}_y + A_z\boldsymbol{e}_z) + (B_x\boldsymbol{e}_x + B_y\boldsymbol{e}_y + B_z\boldsymbol{e}_z) \\ &= (A_x + B_x)\boldsymbol{e}_x + (A_y + B_y)\boldsymbol{e}_y + (A_z + B_z)\boldsymbol{e}_z \\ &= C_x\boldsymbol{e}_x + C_y\boldsymbol{e}_y + C_z\boldsymbol{e}_z. \end{aligned} \tag{A.15}$$

Então,

$$C_x = A_x + B_x, \qquad C_y = A_y + B_y, \qquad C_z = A_z + B_z. \tag{A.16}$$

Dois vetores são somados pela adição das coordenadas correspondentes.

Subtrair um vetor $\boldsymbol{B}$ de um vetor $\boldsymbol{A}$ é equivalente a adicionar o negativo de $\boldsymbol{B}$:

$$\boldsymbol{C} = \boldsymbol{A} - \boldsymbol{B} = \boldsymbol{A} + (-\boldsymbol{B}). \tag{A.17}$$

Consequentemente,

$$C_x = A_x - B_x, \quad C_y = A_y - B_y, \quad C_z = A_z - B_z. \tag{A.18}$$

A.1.3 Produto escalar

Considere dois vetores $\boldsymbol{A}$ e $\boldsymbol{B}$ que incluem o ângulo φ (figura A.5a). O *produto escalar* é definido como

$$\boldsymbol{A} \cdot \boldsymbol{B} = AB \cos \varphi. \tag{A.19}$$

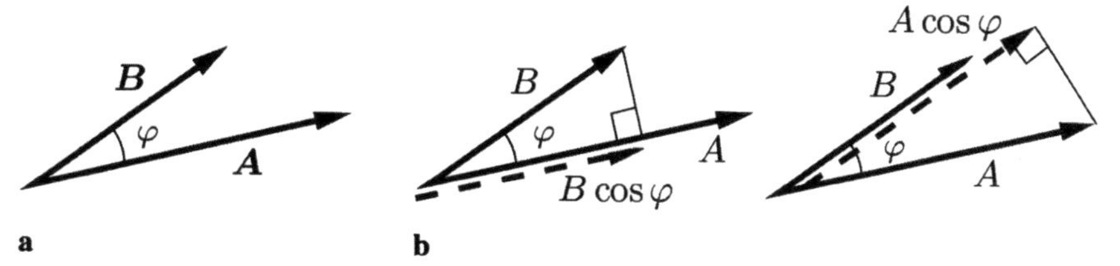

Figura A.5

O produto escalar produz um escalar (daí o nome), não um vetor! Ele pode ser interpretado de uma das seguintes maneiras (figura A.5b):

a. produto das magnitudes de $\boldsymbol{A}$ e $\boldsymbol{B}$ multiplicado pelo cosseno do ângulo φ;
b. magnitude de $\boldsymbol{A}$ multiplicada pela componente $B \cos \varphi$ de $\boldsymbol{B}$ no sentido de $\boldsymbol{A}$;
c. magnitude de $\boldsymbol{B}$ multiplicada pela componente $A \cos \varphi$ de $\boldsymbol{A}$ no sentido de $\boldsymbol{B}$.

O produto escalar será positivo se os dois vetores incluírem um ângulo agudo ($\varphi < \pi/2$) e negativo se o ângulo for obtuso ($\varphi > \pi/2$). No caso especial de dois vetores ortogonais ($\varphi = \pi/2$), o produto escalar será zero.

A partir da definição (A.19) do produto escalar, segue-se que

$$\boldsymbol{A} \cdot \boldsymbol{B} = \boldsymbol{B} \cdot \boldsymbol{A}. \tag{A.20}$$

Portanto, a ordem dos fatores pode ser invertida: a propriedade comutativa é válida.

Introduzindo as componentes do vetor, o produto escalar pode ser escrito como

$$\boldsymbol{A} \cdot \boldsymbol{B} = (A_x\boldsymbol{e}_x + A_y\boldsymbol{e}_y + A_z\boldsymbol{e}_z) \cdot (B_x\boldsymbol{e}_x + B_y\boldsymbol{e}_y + B_z\boldsymbol{e}_z). \tag{A.21}$$

Uma vez que

$$\begin{aligned} \boldsymbol{e}_x \cdot \boldsymbol{e}_x = \boldsymbol{e}_y \cdot \boldsymbol{e}_y = \boldsymbol{e}_z \cdot \boldsymbol{e}_z = 1, \\ \boldsymbol{e}_x \cdot \boldsymbol{e}_y = \boldsymbol{e}_y \cdot \boldsymbol{e}_z = \boldsymbol{e}_z \cdot \boldsymbol{e}_x = 0, \end{aligned} \tag{A.22}$$

obtemos

$$\boldsymbol{A} \cdot \boldsymbol{B} = A_x B_x + A_y B_y + A_z B_z. \tag{A.23}$$

No caso especial de $\boldsymbol{B} = \boldsymbol{A}$, o ângulo φ é zero. Então, (A.19) resulta na magnitude do vetor $\boldsymbol{A}$:

$$\boldsymbol{A} \cdot \boldsymbol{A} = A^2 \qquad \text{ou} \qquad A = \sqrt{A \cdot A}. \tag{A.24}$$

A.1.4 Produto vetorial (produto cruzado)

O *produto vetorial* (por causa da notação "×", também chamado de *produto cruzado*) de dois vetores **A** e **B** resulta num vetor. Ele é escrito como

$$\boldsymbol{C} = \boldsymbol{A} \times \boldsymbol{B} \tag{A.25}$$

e é definido como segue:

a. o vetor **C** é perpendicular a ambos os vetores **A** e **B** (figura A.6);
b. a magnitude de **C** é numericamente igual à área do paralelogramo formado por **A** e **B**:

$$|\boldsymbol{C}| = C = AB \text{ sen } \varphi. \tag{A.26}$$

c. os vetores **A**, **B** e **C**, nesta ordem, formam um sistema da mão direita.

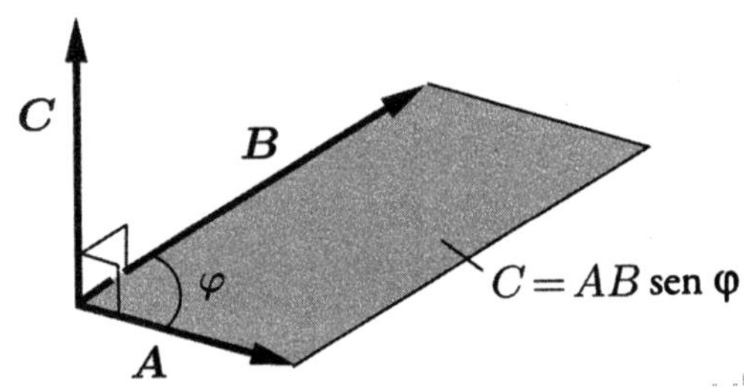

Figura A.6

Consequentemente,

$$\boldsymbol{A} \times \boldsymbol{B} = -\boldsymbol{B} \times \boldsymbol{A}. \tag{A.27}$$

Portanto, a propriedade comutativa não é válida para um produto vetorial.

Em conformidade com b), o produto vetorial é zero para dois vetores paralelos (φ = 0).

A partir da definição do produto vetorial, temos

$$\begin{aligned} &\boldsymbol{e}_x \times \boldsymbol{e}_x = \mathbf{0}, && \boldsymbol{e}_x \times \boldsymbol{e}_y = \boldsymbol{e}_z, && \boldsymbol{e}_x \times \boldsymbol{e}_z = -\boldsymbol{e}_y, \\ &\boldsymbol{e}_y \times \boldsymbol{e}_x = -\boldsymbol{e}_z, && \boldsymbol{e}_y \times \boldsymbol{e}_y = \mathbf{0}, && \boldsymbol{e}_y \times \boldsymbol{e}_z = \boldsymbol{e}_x, \\ &\boldsymbol{e}_z \times \boldsymbol{e}_x = \boldsymbol{e}_y, && \boldsymbol{e}_z \times \boldsymbol{e}_y = -\boldsymbol{e}_x, && \boldsymbol{e}_z \times \boldsymbol{e}_z = \mathbf{0}. \end{aligned} \tag{A.28}$$

Então,

$$\begin{aligned} \boldsymbol{C} = \boldsymbol{A} \times \boldsymbol{B} &= (A_x\boldsymbol{e}_x + A_y\boldsymbol{e}_y + A_z\boldsymbol{e}_z) \times (B_x\boldsymbol{e}_x + B_y\boldsymbol{e}_y + B_z\boldsymbol{e}_z) \\ &= (A_yB_z - A_zB_y)\boldsymbol{e}_x + (A_zB_x - A_xB_z)\boldsymbol{e}_y \\ &\quad + (A_xB_y - A_yB_x)\boldsymbol{e}_z, \end{aligned} \tag{A.29}$$

que resulta nas coordenadas do vetor $\boldsymbol{C}$:

$$\begin{aligned} C_x &= A_yB_z - A_zB_y, \\ C_y &= A_zB_x - A_xB_z, \\ C_z &= A_xB_y - A_yB_x. \end{aligned} \tag{A.30}$$

Note que C_y e C_z podem ser obtidos a partir de C_x também por *permutação cíclica*: x é substituído por y, y é substituído por z e z por x.

O produto vetorial também pode ser escrito na forma da determinante

$$C = A \times B = \begin{vmatrix} e_x & e_y & e_z \\ A_x & A_y & A_z \\ B_x & B_y & B_z \end{vmatrix}. \tag{A.31}$$

A primeira linha é dada pelos vetores unitários $\boldsymbol{e}_x$, $\boldsymbol{e}_y$ e $\boldsymbol{e}_z$. As coordenadas dos vetores $\boldsymbol{A}$ e $\boldsymbol{B}$ são escritos na segunda e terceira linhas, respectivamente. Expandindo a determinante, temos (compare com (A.29))

$$\begin{aligned} C &= \begin{vmatrix} A_y & A_z \\ B_y & B_z \end{vmatrix} e_x - \begin{vmatrix} A_x & A_z \\ B_x & B_z \end{vmatrix} e_y + \begin{vmatrix} A_x & A_y \\ B_x & B_y \end{vmatrix} e_z \\ &= (A_yB_z - A_zB_y)\boldsymbol{e}_x + (A_zB_x - A_xB_z)\boldsymbol{e}_y \\ &\quad + (A_xB_y - A_yB_x)\boldsymbol{e}_z, \end{aligned} \tag{A.32}$$

O produto vetorial triplo $\boldsymbol{A} \times (\boldsymbol{B} \times \boldsymbol{C})$ (os parênteses são necessários!) é um vetor que se encontra no plano definido por $\boldsymbol{B}$ e $\boldsymbol{C}$. Aplicando (A.31), temos a relação

$$\boldsymbol{A} \times (\boldsymbol{B} \times \boldsymbol{C}) = (\boldsymbol{A} \cdot \boldsymbol{C}) - (\boldsymbol{A} \cdot \boldsymbol{B})\boldsymbol{C}. \tag{A.33}$$

A.2 Sistemas de equações lineares

Frequentemente, o tratamento de um problema em mecânica leva a um sistema linear de equações. Exemplos são a determinação das reações de apoio de uma estrutura ou das forças nos membros de uma treliça. No caso de uma viga, num problema plano, as condições de equilíbrio produzem três equações para as três reações de apoio incógnitas. Para uma treliça espacial com j juntas, há $3j = m + r$ equações para calcularmos as m forças incógnitas nos membros e as r reações de apoio.

Vamos considerar o sistema

$$\begin{aligned} a_{11}x_1 + a_{12}x_2 + \ldots + a_{1n}x_n &= b_1, \\ a_{21}x_1 + a_{22}x_2 + \ldots + a_{2n}x_n &= b_2, \\ \ldots\ \ldots\ \ldots\ \ldots \\ a_{n1}x_1 + a_{n2}x_2 + \ldots + a_{nn}x_n &= b_n, \end{aligned} \tag{A.34}$$

de n equações lineares homogêneas para as n incógnitas $x_1, x_2, \ldots, x_n$ (por exemplo, as reações de apoio e/ou forças nos membros de uma treliça). Os coeficientes a_{jk} e os b_k "dos lados direitos" são conhecidos. Em notação matricial

$$A = \begin{pmatrix} a_{11} & a_{12} & \ldots & a_{1n} \\ a_{21} & a_{22} & \ldots & a_{2n} \\ \vdots & \vdots & & \vdots \\ a_{n1} & a_{n2} & \ldots & a_{nn} \end{pmatrix}, \quad x = \begin{pmatrix} x_1 \\ x_2 \\ \vdots \\ x_n \end{pmatrix}, \quad b = \begin{pmatrix} b_1 \\ b_2 \\ \vdots \\ b_n \end{pmatrix} \tag{A.35}$$

a equação (A.34) pode ser escrita na forma

$$\boldsymbol{Ax} = \boldsymbol{b}. \tag{A.36}$$

Se a determinante da matriz $\boldsymbol{A}$ for diferente de zero, isto é,

$$\det A = \begin{vmatrix} a_{11} & a_{12} & \ldots & a_{1n} \\ a_{21} & a_{22} & \ldots & a_{2n} \\ \vdots & \vdots & & \vdots \\ a_{n1} & a_{n2} & \ldots & a_{nn} \end{vmatrix} \neq 0, \tag{A.37}$$

então as n equações (A.34) são linearmente independentes. Neste caso, o sistema de equações (A.36) tem a única solução

$$x = A^{-1}b. \tag{A.38}$$

A matriz A^{-1} é chamada de *inversa* de A. Ela é definida por $A^{-1}A = 1$, onde

$$1 = \begin{pmatrix} 1 & 0 & \dots & 0 \\ 0 & 1 & \dots & 0 \\ \vdots & \vdots & & \vdots \\ 0 & 0 & \dots & 1 \end{pmatrix} \tag{A.39}$$

é a matriz unitária. De fato, muitas vezes é demorado o cálculo da inversa com lápis e papel. Porém, ela pode ser muito mais facilmente determinada com o auxílio de programas de computador, por exemplo, MATLAB ou MATHEMATICA.

Métodos práticos para resolução de um sistema de equações incluem a *eliminação gaussiana* (Carl Friedrich Gauss, 1777–1855) (também chamada de *algoritmo de Gauss*) e a *regra de Cramer* (Gabriel Cramer, 1704–1752). Se aplicarmos o algoritmo de Gauss, as incógnitas serão sistematicamente eliminadas para obtermos de (A.34) o sistema equivalente

$$\begin{aligned} a'_{11}x_1 + a'_{12}x_2 + \dots + a'_{1n}x_n &= b'_1, \\ a'_{22}x_2 + \dots + a'_{2n}x_n &= b'_2, \\ \dots\ \dots\ \dots\ \dots& \\ a'_{nn}x_n &= b'_n. \end{aligned} \tag{A.40}$$

Começando com a última equação, as incógnitas podem ser sucessivamente calculadas.
Como exemplo, considere o sistema

$$\begin{aligned} &2x_1 + 5x_2 + 8x_3 + 4x_4 = 3, \\ &6x_1 + 16x_2 + 22x_3 + 13x_4 = 9, \\ &4x_1 + 14x_2 + 28x_3 + 10x_4 = 4, \\ &10x_1 + 23x_2 + 84x_3 + 25x_4 = 22 \end{aligned}$$

de quatro equações para as quatro incógnitas $x_1, \dots, x_4$. A primeira equação (linha) é multiplicada por -3 e somada à segunda linha. Além disso, a primeira linha é multiplicada por -2 e somada à terceira, etc. Assim, a incógnita x_1 é eliminada das segunda, terceira e quarta equações:

$$\begin{aligned} 2x_1 + 5x_2 + 8x_3 + 4x_4 &= 3, \\ x_2 - 2x_3 + x_4 &= 0, \\ 4x_2 + 12x_3 + 2x_4 &= -2, \\ -2x_2 + 44x_3 + 5x_4 &= 7. \end{aligned}$$

Similarmente, as incógnitas x_2 e x_3 são subsequentemente eliminadas. É conveniente arranjar o algoritmo de acordo com o esquema seguinte, em que apenas os coeficientes a_{jk} e os lados direitos b_j são anotados:

x_1	x_2	x_3	x_4	b	
2	5	8	4	3	(a)
6	16	22	13	9	
4	14	28	10	4	
10	23	84	25	22	
0	1	–2	1	0	(b)
0	4	12	2	–2	
0	–2	44	5	7	
0	0	20	–2	–2	(c)
0	0	40	7	7	
0	0	0	11	11	(d)

Com os coeficientes (a)–(d), obtemos o sistema "escalonado" (compare com (A.40))

$$\begin{aligned} 2x_1 + 5x_2 + 8x_3 + 4x_4 &= 3, \\ x_2 - 2x_3 + x_4 &= 0, \\ 20x_3 - 2x_4 &= -2, \\ 11x_4 &= 11. \end{aligned}$$

Começando com a última linha, obtemos sucessivamente

$$x_4 = 1, \quad x_3 = 0, \quad x_2 = -1, \; x_1 = 2.$$

De acordo com a regra de Cramer, as incógnitas são dadas por

$$x_k = \frac{\det(A_K)}{\det A}, \qquad k = 1, \ldots, n. \tag{A.41}$$

A determinante $\det(\boldsymbol{A}_k)$ é obtida pela substituição da k-ésima coluna da determinante de $\boldsymbol{A}$ por $\boldsymbol{b}$.

Como exemplo, considere o sistema

$$\begin{aligned} a_{11}x_1 + a_{12}x_2 &= b_1, \\ a_{21}x_1 + a_{22}x_2 &= b_2. \end{aligned}$$

As incógnitas são encontradas como

$$x_1 = \frac{\begin{vmatrix} b_1 & a_{12} \\ b_2 & a_{22} \end{vmatrix}}{\begin{vmatrix} a_{11} & a_{12} \\ b_{21} & a_{22} \end{vmatrix}} = \frac{b_1 a_{22} - a_{12} b_2}{a_{11} a_{22} - a_{12} a_{21}},$$

$$x_1 = \frac{\begin{vmatrix} a_{11} & b_1 \\ a_{21} & b_2 \end{vmatrix}}{\begin{vmatrix} a_{11} & a_{12} \\ a_{21} & a_{22} \end{vmatrix}} = \frac{a_{11} b_2 - a_1 b_{21}}{a_{11} a_{22} - a_{12} a_{21}}.$$

Note que a regra de Cramer só é conveniente para sistemas com duas (no máximo três) incógnitas. Para sistemas maiores, a eliminação gaussiana é recomendada. Devemos notar, também, que para grandes sistemas, uma perda de precisão pode ocorrer devido a erros de arredondamento.

Índice

A

B

C

D

E

F

G

H

I

L

M

P

Q

R

S

T

V

Anotações

Anotações

Cálculo para Cursos de Engenharia:
Uma abordagem computacional

VOL. 1

Autor: Flávio Freitas Castilho
304 páginas
1ª edição - 2011
Formato: 21 x 28
ISBN: 9788539900299

O volume I da coleção "Cálculo para cursos de Engenharia" aborda uma revisão da Matemática Elementar, necessária para o estudo do Cálculo, que é normalmente conhecida como Pré-Cálculo.

O Objetivo do livro é sanar as deficiências apresentadas pelos alunos ingressantes nos cursos de Engenharia. Para esse fim, o livro possui uma exposição clara e sucinta dos conteúdos, além de uma grande quantidade de exercícios resolvidos e propostos, o que facilitará tanto o aluno quanto o professor no processo de ensino-aprendizagem.

Por fim, além de ensinar a construir gráficos e resolver exercícios pelo método tradicional, o livro também ensina ao aluno, com detalhes, como utilizar os softwares Maple e MATLAB e a calculadora HP 50g, que são as ferramentas que o engenheiro moderno utiliza em seu trabalho nos dias de hoje.

VOL. 2

Autor: Flávio Freitas Castilho
304 páginas
1ª edição - 2012
Formato: 21 x 28
ISBN: 9788539900527

Neste livro são abordadas, com detalhes, todas as funções usadas por engenheiros e cientistas. O autor desenvolve com maior ênfase as funções que são aplicadas nos cursos de Engenharia Elétrica e que não constam na maioria dos livros de Cálculo. São mostradas aplicações para todas as funções abordadas, tornando o livro mais interessante e prático. A obra ensina também a representar todas as funções e suas combinações usando Maple, Matlab e HP, que são os principais softwares utilizados por engenheiros e cientista

---

À venda nas melhores livrarias.

EDITORA CIÊNCIA MODERNA

Cálculo para Cursos de Engenharia:
Uma abordagem computacional

VOL. 3

Autor: Flávio Freitas Castilho
256 páginas
1ª edição - 2015
Formato: 21 x 28
ISBN: 9788539904914

"Cálculo para Cursos de Engenharia - Uma Abordagem Computacional - Volume III" desenvolve os capítulos de Derivadas com Aplicações e Integrais Indefinidas .
Após a apresentação da teoria, o livro apresenta grande número de exercícios resolvidos e propostos, possibilitando ao estudante desenvolver sozinho o conhecimento de Cálculo. O livro ensina, de maneira clara, a utilizar os softwares Maple, MatLab e a HP 50G para resolver os exercícios propostos

VOL. 4

Autor: Flávio Freitas Castilho
240 páginas
1ª edição - 2017
Formato: 21 x 28
ISBN: 9788539908394

"Cálculo para Cursos de Engenharia - Uma Abordagem Computacional - Volume IV" desenvolve a Teoria de Métodos de Integração com aplicações ao cálculo de áreas planas, incluindo métodos numéricos, área e volume de revolução e também aplicações aos problemas de Física e Engenharia.

Após a explicação da teoria, o livro apresenta grande número de exercícios resolvidos e propostos, possibilitando ao estudante desenvolver sozinho o conhecimento de Cálculo. O livro ensina, de maneira clara, a utilizar os softwares Maple, MatLab e a HP 50G para resolver os exercícios propostos

---

À venda nas melhores livrarias.

EDITORA CIÊNCIA MODERNA

Impressão e acabamento
Gráfica da Editora Ciência Moderna Ltda.
Tel: (21) 2201 - 6662